高 等 学 校 研 究 生 教 材

风景园林研究法

鲁敏 李东和 刘大亮 等著

化 学 工 业 出 版 社

·北京·

内容简介

《风景园林研究法》作为高等学校研究生教材，全书分为上、下两篇，共十章。上篇为风景园林研究方法，包括绪论、文献阅读与文献研究法、园林植物研究方法、风景园林景观规划研究方法、风景园林生态绿地研究方法、生态评价与生态规划研究方法、生态监测与生态修复研究方法、风景园林研究应用案例共八章；下篇为文献检索与论文写作，包括文献检索、论文写作方法两章。书中理论与实践相结合，既包括了科学研究、文献检索和论文写作的基本知识及理论，又有最新的风景园林各类研究方法、应用案例及研究成果。

本书可作为风景园林、园林、建筑学、城乡规划及环境艺术设计等专业研究生的研究法相关课程和文献检索与论文写作等相关课程的专用教材，同时也可作为园林绿化、园林工程、城市林业、园艺、景观建筑等专业技术人员的参考用书。

图书在版编目（CIP）数据

风景园林研究法/鲁敏等著 ． —— 北京：化学工业出版社，2024.10． —（高等学校研究生教材）．

　ISBN 978-7-122-46491-0

　Ⅰ．TU986.2

中国国家版本馆 CIP 数据核字第 20240VW356 号

责任编辑：尤彩霞　　　　　　文字编辑：王淑燕
责任校对：李露洁　　　　　　装帧设计：韩　飞

出版发行：化学工业出版社
　　　　　（北京市东城区青年湖南街 13 号　邮政编码 100011）
印　　装：北京科印技术咨询服务有限公司数码印刷分部
787mm×1092mm　1/16　印张 15　字数 380 千字
2025 年 1 月北京第 1 版第 1 次印刷

购书咨询：010-64518888　　　售后服务：010-64518899
网　　址：http://www.cip.com.cn
凡购买本书，如有缺损质量问题，本社销售中心负责调换。

本书著作者人员名单

鲁　敏　李东和　刘大亮　程正渭

王　渌　高庆宇　张俊峰　冯志远

孙速速　张晴晴　李明玉　郭晓伟

杨格格　潘美迪　李　璐　宁　静

前　言

为贯彻落实教育部《普通高等学校教材管理办法》（教材〔2019〕3号）和教育部、国家发展改革委、财政部《关于加快新时代研究生教育改革发展的意见》（教研〔2020〕9号）文件精神，推进研究生教育创新和教学改革，打造一批符合学校教学需要、反映学校培养特色的研究生教材，提升研究生教育整体水平，结合学校学科需要，山东建筑大学启动了首批研究生教材立项建设工作。《风景园林研究法》是山东建筑大学首批立项的研究生教材，同时也是山东省研究生教育优质课程（SDYKC21160）和山东省研究生教育课程思政示范课程（鲁教高函〔2022〕36号）以及山东省优质专业学位教学案例精品案例库（SDJAL2022020）课题研究成果。

新的时代，带给了风景园林发展新的机遇，人类命运共同体、人与自然和谐共生、美丽中国梦、生态文明建设、文化建设、振兴乡村、国家公园等，各种国家战略都与风景园林息息相关，在这样的学科发展背景下，研究方法成为学科科学研究重要的理论支撑。

知识体系的大厦必然建立在规范的研究方法之上，基于成体系的研究方法，将形成规范的研究范式。风景园林研究法和文献检索与论文写作是我国高等学校风景园林、园林专业研究生的专业基础课。

《风景园林研究法》一书旨在为高等学校风景园林、园林等相关专业的研究生培养和学位论文的写作提供先进的研究方法，使风景园林研究过程更为科学合理，科技论文的写作更为规范，从而有效快速地提高研究生的科学研究的水平和能力，促进风景园林专业的建设与发展。

在此书撰写过程中徐艳芳、李晓艳、张新鹏、刘林馨、徐放参与了文字整理和校对等工作，在此一并致谢。

由于著者水平有限，加之时间仓促，书中难免有疏漏或不妥之处，敬请广大读者提出宝贵意见。

著　者

2024 年 7 月

目　录

上篇　风景园林研究方法

下篇　文献检索与论文写作

风景园林研究方法

第1章 绪 论

1.1 风景园林科学研究概述

1.1.1 风景园林专业概述

风景园林是一门建立在广泛的自然科学和人文艺术学科基础上的应用学科。作为人类文明的重要载体，园林、风景与景观已持续存在数千年；作为一门现代学科专业，风景园林可追溯至19世纪末、20世纪初，是在古典造园、风景造园基础上通过科学革命方式建立起来的新的学科范式。风景园林是运用科学和艺术手段，研究、规划、设计、管理自然和人文环境的综合性学科，以协调人和自然的关系为宗旨，保护和恢复自然环境，营造健康优美的人居环境。

风景园林作为一门以设计为核心的专业，在研究层次上向宏观和微观两极拓展。在宏观层次上，拓展到国土空间的自然系统，甚至整个地球的自然系统，包括生物多样、生态安全格局、生态网络等；而在微观上，包括小微绿地、家庭花园及口袋公园的设计，直至植物的研究与栽培。从微观到宏观，风景园林研究和实践的尺度可以是个体的植物—小微绿地—城市自然—区域生态—国土生态—地球空间。

风景园林也是一个综合性、多学科交叉的应用型专业。与城乡规划、建筑学、环境学、生态学和生命科学等密切联系，学科交叉提升研究水平、拓展研究方向；学科交叉是当前学术研究的重要方法，有利于扩宽思路，发挥优势，积极创新，拓展研究方向。

科学研究是推动风景园林事业不断向前发展的原动力，为风景园林的科学研究提供方法论的支撑，为风景园林行业培养更多"高层次、实用型、复合型"的高素质人才。

1.1.2 研究方法的内涵

研究，指对事物进行调查、钻研或探讨，以寻求事物真相的性质和规律等。研究的英文"research"有反复探索、寻求之意，可见研究就是为寻求真知而反复探索未知，是一个充满艰辛和好奇的过程。

"方法"（method）一词源于希腊语，由 meta 和 hodos 合成，其本意是指某一道路或某种途径，后来指为达到某目标或做某事的程序或过程。中文"方法"一词最早见于《墨子·天志》，原为量度方形之法，后转义为知行的办法、门路和程序等。所谓方法就是主体从实践或理论上把握客体而采用的一般思维手段和操作步骤的总和；科学方法就是科学认识主体为从实践或理论上把握科学认识客体而采用的一般思维手段和操作步骤的总和。

在自然科学研究中，科学方法包括：观察与调查方法、试验研究方法、实验室实验法、数学方法、逻辑思维方法等。

1.1.3　科学技术与科学研究

1.1.3.1　科学技术的概念与分类

1.1.3.1.1　科学的概念与分类

科学是反映自然、社会和思维等客观规律的知识或学问，是世界观、社会意识、人类经验总结、技术预测、人类活动的组织形式，也是有关客观世界规律及其改造途径的学问。

（1）根据研究对象的不同分类

可以将科学分成以下三类。

① 自然科学　以自然界为对象，研究自然发展规律的科学。

② 社会科学　以人类社会为对象，研究社会发展规律的科学。

③ 思维科学　以思维活动规律和形式为对象，研究思维发展规律的科学。

（2）自然科学分类

可以分为基础科学与应用科学。

① 基础科学　是研究基础理论的科学。狭义的自然科学简称科学，可划分为数学、逻辑学、天文学、天体物理学、物理学、化学、地球科学、空间科学等。

② 应用科学　有时称为（广义的）技术科学，简称技术，是研究基础理论转化为应用的科学，即研究基础理论如何指导生产技术的科学。即从基础理论到应用实践。

应用科学研究的内容很广，主要是操作技能、生产工具和其他物质、设备及生产工艺流程或作业程序等，可直接转化为生产力。

（3）科学与技术的区别与联系（见表1-1）

表1-1　科学（science）与技术（technology）的区别和联系

项目	科学	技术
A. 目的(aim)	理解和阐明自然界及其规律，从现象中求本质，用以认识研究对象	控制和利用自然界，是认识或经验的升华，以改造研究对象为目的
B. 任务(task)	解决是什么、为什么、能不能等问题	着重解决做什么、怎么做等实际问题
C. 表现形态(form)	知识形态、理论形态，是精神财富	物质形态（生产过程中的劳动手段、工艺流程、加工方法），是物质财富
D. 作用(function)	领先的、开拓的	后继的
E. 最终产物(product)	出版物知识	物质的（可以买卖的物品和方法）
F. 效益(benefit)	社会效益	经济效益
G. 评价标准(appraising standard)	以对人类知识的贡献大小为标准，要求深	以对生产、经济的贡献大小为标准，要求新
H. 保密性(secrecy)	不保密，先进研究成果抢先发表。无强烈的商业性，在正常情况下或得到版权所有者同意时，可自由引用	最初绝对保密，可有专利，可购买或转让

（4）科学的基本组成成分

① 人　从事科学研究的人（包括人的理论、思想和方法）。

② 文献资料　参考文献（如书刊或其他信息资料）。

③ 工具（仪器）　仪器设备、各种原材料及用品等。

1.1.3.1.2　技术的概念与分类

技术是指人类在利用自然和改造自然的过程中积累起来，并在生产劳动中体现出来的经验和知识，也泛指其他方面的操作技巧，是可以买卖的物品和方法。

（1）根据生产行业的不同分类

技术可分为：农业技术、工业技术、通信技术、交通运输技术等。

（2）根据生产内容的不同分类

技术可分为：电子信息技术、生物技术、医药技术、材料技术、先进制造与自动化技术、能源与节能技术、环境保护技术、农业技术等。

（3）高技术

① 高技术是指正在迅速发展的、处于最前沿的、超越传统研究方式和工艺技术的新兴技术。

② 高技术主要特征：高效益、高智力、高投入、高竞争、高风险、高潜能。

③ 高技术领域包括：生物技术、信息技术、航天技术、新材料技术、新能源技术、海洋技术、激光技术等。

1.1.3.2　科学研究的基本任务与分类

科学研究是指对自然、社会和思维规律新知识的探求。科学研究分为以下几类：

（1）基础研究

基础研究又称基本研究或基础理论研究——研究科学技术的理论问题，主要是为了获得有关各种现象和能够观察到的事实基础的新科学知识而进行的任何实验性或理论性工作，它不以任何特定的、具体的应用或使用为目的（如自然科学基金课题、863课题）。

（2）应用研究

应用研究又称应用基础研究，是为获得新科学知识，针对某一具体的实际目标或目的而进行的创造性研究，即研究某一应用技术中的理论基础，以便为某一技术的合理应用提供依据。

（3）开发研究

开发研究又称试验性发展、应用技术研究，为了解决生产中的实际问题而进行的研究，如：

① 生产新材料、新产品或新装置。

② 建立新工艺、新系统或新设施。

③ 对已有的材料、产品、装置、工艺、系统或设施进行实质性的改进。

④ 运用现成的从研究中或实际经验中获得的科学知识而进行的任何系统性工作。

1.2　科学研究的程序与方法

1.2.1　科学研究的程序

1.2.1.1　科学研究的一般程序

科学研究的一般程序包括研究项目的准备阶段、调查和科学实验阶段和研究总结阶段三个阶段，见图1-1。

① 准备阶段　选题—拟定计划书—查新论证—制定试验方案。

② 调查和科学实验阶段　实验的实施—实验设计—实验结果调查—实验结果统计分析。

③ 研究总结阶段　论文撰写—研究工作验收—成果鉴定、推广、应用（答辩）。

1.2.1.2　科学研究过程

（1）科学研究的过程步骤

一项科学试验研究的完成，大致要经过：科研选题—查阅文献资料（撰写综述）制订选

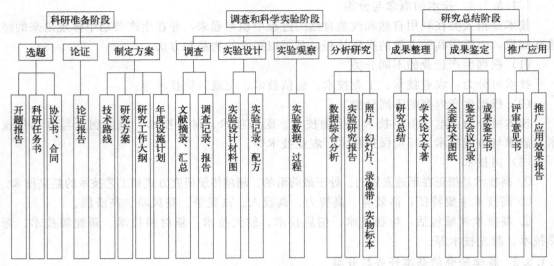

图 1-1　科学研究流程图

题计划（开题）—实验设计—基本培训（方法、技术）观察与实验研究、数据测定材料收集与整理、统计结果与分析项目总结（撰写期刊学术论文→投稿）—研究报告（撰写学位论文→盲审）—科技查新（文字复制比检测）—成果鉴定验收（答辩）等过程（图 1-2）。把握好每个环节，才能使一项科学研究顺利开展并最终转化为生产力，在科学研究开展的全过程中，每一环节都有相应的规范、要求和方法。

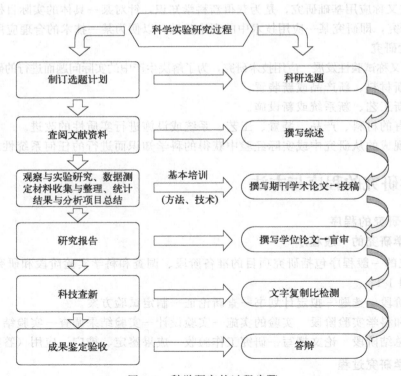

图 1-2　科学研究的过程步骤

（2）科学研究的流程

选题与开题—课题设计：研究方法、研究手段、研究内容—科学实验研究—数据整理与分析—结题鉴定报告（学位论文）撰写。

（3）科学研究的成果验证

所取得的科学成果应具备以下属性。

① 正确性　使用数学方法进行正确性证明；使用实验方法验证结论符合客观事实（如用统计的方法验证局部性原理成立）。

② 可实现性　研究成果在具体项目中可以实现、实施。

③ 实用性（可用性）　进行案例研究；经过实际应用检验。

④ 创新性　委托情报研究所进行文献查新；自己在网络上搜索，进行查新。

⑤ 先进性　成果发表在一流学报和会议集上；成果被他人大量引用；成果被三大检索机构索引；经过实验，对实验数据分析后，与现有代表性成果相比较，具有优势。

⑥ 严谨性　各部分衔接紧密，没有缺口；前后保持一致，无矛盾；所使用和提出的概念、原理、理论与人类共识相兼容，不挑战真理。

⑦ 内聚性　成果的高水平体现在各个部分相互支撑，从而保证工作的深入；各部分围绕一个共同的目标，不是互不相关的一盘散沙，即高内聚；成果的高水平不能依靠高超的技巧获得。

1.2.2　科学研究的方法

1.2.2.1　常用的研究方法

（1）调查法

调查法综合运用观察法、历史法等方法进行系统的认识，再对调查过程中搜集到的相关资料进行综合、分析、归纳、比较，从而为人们提供规律性的知识。

调查法中最常用的是问卷调查法，它是一种通过书面提问题的方式来搜集资料的研究方法，即调查者就所调查项目的内容和问题编制成相应问卷，通过访问或者将问卷分发、邮寄给有关专业人员或开调查会等方式来收集能够反映所研究现象的材料，然后回收整理、统计、分析和研究。

（2）观察法

观察法是指研究者根据一定的研究目的、研究提纲或观察表，制订一定的计划，对研究对象用自己的感官和辅助工具进行直接的、连续的、系统的观察分析，从而直接获得原始资料的一种方法。

科学的观察法具有系统性、计划性、目的性和可重复性。在调查研究、科学实验中，观察法具有如下作用：扩大人们的感性认识；启发人们的思维；导致新的发现。

（3）实验法

实验法是通过主动变革、控制研究对象有目的、有计划地观察和确认事物间因果关系的一种科研方法。其主要特点如下：

① 主动变革性　调查法和观察法都是在没有人为影响研究对象的前提下去认识研究对象，发现研究对象的性质、特点等。而实验法却要求有计划地主动控制实验条件，人为地控制研究对象的存在方式、变化过程，弄清每一个变量结果的影响，使它服从于科学认识的需要。

② 控制性　科学实验要求根据研究的需要，借助各种方法、技术手段，减少或消除各

种可能影响实验结果的无关因素的干扰，在简化、纯化的状态下认识研究对象。

（4）文献研究法

文献研究法是根据相关的研究目的或课题，通过阅读相关书籍、查阅相关资料和文件、调查相关文献来获得资料，从而全面地、正确地认识和掌握所要研究问题的一种方法。

文献研究法被广泛用于各种学科研究中。其作用如下：

① 能了解有关问题的历史和现状、前因和后果，帮助确定研究课题。

② 能形成关于研究对象的一般印象，有助于观察和访问。

③ 能得到实际资料的对比资料。

④ 有助于了解认识事物的全貌。

（5）实证研究法

实证研究法是科学实践研究的一种特殊形式。其依据现有的科学理论和实践的需要，提出设计，利用科学仪器和设备，在自然条件下，通过有目的、有计划、有步骤地操作，根据观察、记录、测定与此相伴随的现象的变化来确定条件与现象之间因果关系的活动。主要目的在于说明各种自变量与某一个因变量的关系。

（6）定性与定量分析法

定性分析法就是对研究对象进行"质"方面的分析。具体地说是运用调查、实验、归纳与演绎、分析与综合以及抽象与概括等方法，对获得的各种材料进行思维加工、统计分类，从而去粗取精、去伪存真、由此及彼、由表及里，达到认识事物本质、揭示内在规律的目的。

在科学研究中，人们通过定量分析法对研究对象的认识进一步精确化，以便更加科学地揭示规律，把握本质，厘清关系，预测事物的发展趋势。

质和量是科学研究对象的统一体，研究对象的质和量是相互制约紧密联系的。要想真正达到对事物的科学认识，不单单要研究其质的规律性，还必须重视对其量进行分析与研究，以便更准确、全面地认识研究对象的本质特性。

（7）数学方法

数学方法就是在撇开研究对象其他一切特性的情况下，用数学语言和工具对研究对象进行一系列量的处理（包括推导、分析、演算等），从而做出正确的说明和判断，得到用数字形式表述的结果。数学方法主要有模糊数学分析和统计处理等方法。

（8）跨学科研究法

跨学科研究法是运用多学科的理论、方法和成果从整体上对某一研究对象或课题进行综合研究的方法，也称交叉研究法。科学发展的内在运动规律表明，科学在高度分化中又高度综合，形成一个统一的整体。据相关研究机构统计，现在世界上有2000多种学科，事实上，学科继续分化的趋势还在加剧，但同时各学科之间的联系愈来愈紧密，在方法、语言和某些概念方面有日益统一化的趋势。

1.2.2.2 其他研究方法

（1）个案研究法

个案研究法是只针对研究对象中的某一特定的对象，深入调查和分析，弄清其特点及其形成过程的一种研究方法。个案研究有三种基本类型：

① 个人调查　即对组织中的某一个人进行调查研究。

② 团体调查　即对某个组织或团体进行调查研究。

③ 问题调查　即对某个具体现象或问题进行调查研究。

（2）功能分析法

功能分析法在社会科学领域应用较为广泛，其主要用来分析社会现象，是社会调查常用的分析方法之一。功能分析法通过阐述说明所研究的社会现象怎样满足一个社会系统的需要（即具有怎样的功能）来解释社会现象。

（3）数量研究法

数量研究法又称"统计分析法""定量分析法"，指通过对研究对象的规模大小、涉及范围、影响程度、运行速度等数量关系的分析研究，认识和揭示事物间的相互关系、变化规律和发展趋势，借以达到对事物的正确解释和预测的一种研究方法。

（4）探索研究法

探索性研究法是一种高层次的科学研究活动。它运用已有信息，探索、发展、创造新知识，产生出新颖而独特的成果或产品。

（5）模拟法

模拟法是先依照原型的主要特征，创设一个相似的模型，然后通过模型来间接研究原型的一种方法。根据模型和原型之间的相似关系，模拟法可分为物理模拟和数学模拟两种。

（6）信息研究法

信息研究法是利用信息和信息技术来研究系统功能和特性的一种科学研究方法。美国数学家、通信工程师、生理学家维纳认为："客观世界存在着普遍的联系，即信息联系。"当前，人类正处在"信息革命"的新时代，人类活动产生了海量信息资源，且这些信息里蕴藏着大量的"信息宝藏"，可以开发利用。信息方法就是根据信息论、系统论、控制论的原理，通过对信息的收集、传递、加工和整理获得知识，并应用于实践，以实现新的目标。信息研究方法是一种较新的科研方法，它运用信息来研究系统的功能，揭示事物更深层次的内在规律，帮助人们提高和掌握运用规律的能力。

（7）经验总结法

经验总结法是研究实践活动中的具体情况，然后进行分析与归纳，使之系统化、理论化并上升为经验的一种方法。总结并推广先进经验是人类历史上长期运用的较为行之有效的领导方法之一。

（8）描述性研究法

描述性研究法是一种较简单的研究方法，它是将已有的理论、规律和现象通过自己的理解和验证，给予详细的叙述解释。描述性研究方法是对各种理论的一般叙述，但更多的是阐述和解释别人的论证，然而这种方法在科学研究中却是必不可少的，在各个研究领域都有应用。它的优势在于能够定向地提出问题、描述现象、揭示弊端、介绍经验，它有利于普及工作，现实中也有大量应用的实例：有对实际问题的说明；有带揭示性的多种情况的调查；有对某些现状的看法等。

思维方法是人们正确进行思维和准确表达思想的重要工具，在科学研究中，归纳演绎、抽象概括、类比推理、分析综合、思辨想象等是最常用的科学思维方法，这些方法对于所有的科学研究都具有普遍的指导意义。20世纪系统论、信息论、控制论等横向科学的飞速发展，使综合思维方式的快速发展有了强有力的手段，科学研究方法也得到了不断完善。而以系统论方法、信息论方法、控制论方法为代表的系统科学方法，又为人类的科学认识提供了强有力的主观手段，它不仅突破了传统方法的局限性，而且深刻地改变了科学方法论的体系。这些新的方法，既可以作为经验方法，当作获得感性材料的方法来使用，也可以作为理论方法，当作分析感性材料上升到理性认识的方法来使用，而且后者的作用比前者更加明显。它们适用于科学认识的各个阶段，因此，我们称其为系统科学方法。

1.2.3 如何确定研究方法

1.2.3.1 根据研究内容的性质选择研究方法

在选择具体的研究方式和手段之前，可根据论文写作的内容确定研究的性质，即学位论文是属于现状研究、比较研究还是发展研究。根据研究内容的性质就能够初步确定选择研究方式的方向。具体有如下原则。

① 现状研究类课题，一般可采用观察法、调查法和测量法。

② 比较研究类课题分两种情况：如果是因果比较，一般采用实验法；如果是相关比较，可采用调查法、测量法和教育比较法等。

③ 发展研究类课题主要研究某一学科的教育现象随着时间变化而表现出的特征和规律，从而推断未来某一时期的学科教育发展趋势与动向，一般可采用文献法、调查法、行动研究法、个案跟踪法和实验法等。

1.2.3.2 根据研究的目的确定研究方法

在确定研究方法之前，可根据论文写作的目的列出论文的整体框架，明确研究的目的，根据研究的目的，也就是对问题的解决要达到什么程度，来确定具体的研究方法。若是考察研究现状和进展，选用文献研究方法即可；若是要验证一个新的方法，就必须用实验法了；若是要了解当前大学生就业情况和教师指导学生学习的现实状况，就需要用调查研究的方法；等等。可见，研究方法的选择与确定也要结合选题进行深入研究。一般来说，在研究方案中一看研究方法就知道这个课题是哪一类研究，想要达到什么目的。

1.2.3.3 根据研究问题选取多种研究方法

方法是解决问题的途径，针对选题，究竟应该选用什么方法，应以"问题"为中心去思考和选择，不能以"方法"为中心去思考问题，是用调查的方法、实验的方法，还是用经验总结、理论研究的方法，完全要从所要解决的"问题"出发。比如，"提高园林绿地的观赏性和适宜性方法研究"课题，用文献研究方法可以，用调查研究方法也可以，用实验研究方法同样可以。这就给研究者很大的选择空间。

然而对于有些问题的研究只用单一的研究方法远远不足以完成课题的研究，导致问题局部闭塞，使问题的解决陷入困境，考虑多种方法的组合应用往往是解决复杂问题的关键。在实际应用中，普遍的做法是把前一种方法的输出作为后一种方法的输入这种多方法组合应用模式。多种方法的组合有时候不仅仅可以使问题清晰明了，也常常会减少研究环节，使研究更简单。

1.2.3.4 根据研究者个人的偏好和能力选择研究方法

事实上，在具体的研究中可供选择的研究方法有很多，这些研究方法无优劣之分。研究方法的确定，既取决于研究的内容，也要考虑研究者的特长、偏好和工作实际。

选择研究方法的基本原则大体如上所述，但它们只是一种原则性、方向性的建议。在实际选择中，要具体问题具体分析。因为实际问题的成因是复杂的，多数问题不是一种方法就能解决的，并且研究的对象、研究的过程也是复杂的，所以研究方法也应该多种组合。

1.2.4 研究生如何做好科研

研究生教育是建设高质量教育体系和创新型国家的重要支撑，作为我国教育的最高层次和最高阶段，因其与科学研究内在高度的关联性而成为培养高素质、创新型人才的重要途径。因此，科研活动不仅是研究生教育的本质特征和生命力所在，同时也是研究生最主要的学习活动和必修课程，因此要实现研究生教育的培养目标，研究生的科研活动起着至关重要的作用。

1.2.4.1　正确认识研究生阶段的学习和要求

（1）明确研究生与本科生的区别

① 本科生要学会读书，研究生要学会做研究。

② 本科阶段：学知识，学的是面；硕士阶段：学科研，学的是点；博士阶段：做科研，做的是点。

（2）明确自己的目标，寻求适合自己的科研手段

科研手段是理论研究、数值模拟，还是进行试验？

（3）注意事项

切忌：从众心理。

1.2.4.2　如何做一名合格的研究生？

（1）合格的研究生的标准

合格的研究生的标准包括：思想品德、心理素质、社交能力、基础理论、专业知识、科研能力等。

（2）在研究生学习期间，学业上要实现的三个目标

① 建立合理的知识结构；

② 学会做科学研究；

③ 学会写论文。研究生要善于从科研工作中学习。

1.2.4.3　研究生如何做科研？

1.2.4.3.1　培养科研素质

（1）科学研究应具有的素质

① 好奇心　应对自然界的一些现象有强烈的好奇心，好奇心可以使求知欲永远得不到满足，对自然的探索也就永远不会停止。

② 想象力　要有非常活跃的想象力，想象力是创造和革新所必不可少的重要条件。爱因斯坦说："想象力比知识更重要，因为知识是有限的，而想象力概括着世界上的一切，推动着进步，并且是知识进化的源泉。

③ 懂数学　能娴熟地运用数学工具，正是数学这个强大的逻辑推理工具，才把科学想象变成了科学定律。数学才能——这是演绎法所必不可少的。牛顿不仅是某些关键性杰出方法的发明者，而且对于数学和物理学的详细证明方法有惊人的创造才能。爱因斯坦本人的数学是很好的，他还专门请了一个很强的年轻的数学助手。

④ 懂哲学　对哲学始终有浓厚的兴趣可以开阔眼界，帮助我们抓住认识论、方法论，以及科学上的重大理论问题，抓住事物的本质和总体，具有总体观，乃是高级才智的一种标志。

（2）培养科研素质进行的知识积累（图1-3）

培养科研素质主要包括：构建知识树、追踪学术前沿、阅读资料文献与善于知识管理等方面。

1.2.4.3.2　提高各种能力

研究生要不断提高各种能力，主要包括：科研学术能力、快速学习能力、规划组织能力、沟通表达能力等，见图1-4。

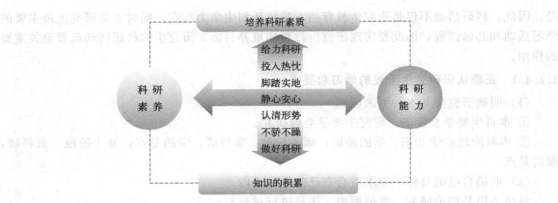

图 1-3 知识积累示意图（仿赵辉，2012）

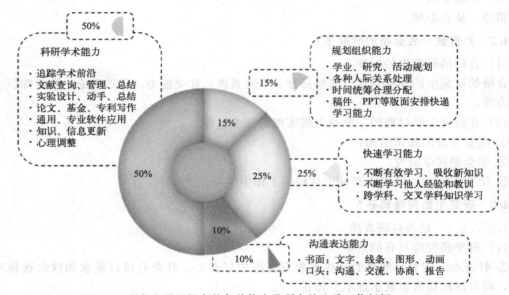

图 1-4 研究生需要提高的各种能力及所占的比重（仿赵辉，2012）

（1）通过学习提高的各种能力

① 快速有效学习 包括：新理论与新知识、交叉学科知识、他人经验和教训、拓宽知识面。

② 根据需要，选择性学习吸收新知识 培养良好阅读、批注和总结习惯，并且向老师、同学、同行、他人学习。

③ 学会收集资料。

a. 查阅文献：查阅期刊、专著、论文集等原始的一次文献资料。查阅文摘、索引、目录、题录书目二次文献资料。

b. 检索计算机文献及网络文献：根据关键词检索相关资料。

c. 参观访问、会议交流、私人通信等搜集资料。

d. 进行专题收集、整理。

（2）提高时间规划能力

① 周 活动、实验计划，适当调整。

② 月 文献、实验总结，解决问题。

③ 学期、年　预期目标实现，总结经验。

1.2.4.3.3　合理分配时间

① 确立时间节点　项目、实验、论文节点；按预期目标分配时间。

② 预计前后影响　前一步对后一步影响；后一步对后续步骤影响。

③ 注意劳逸结合　按照统筹方法；"串行""并行"结合。

④ 注意轻重缓急　先重后轻、先急后缓；及时修正错误、补救措施。

1.2.4.3.4　做好科研实验

① 下载（如实验室）已经发表的类似文献，总结并找创新点。

② 根据实际情况，合理有序设计实验步骤，安排好实验时间。

③ 若没有实验设备，自制简易设备或进行外加工测试等。

④ 与实验设备操作人员搞好关系，重视他们，记住他们的姓名和联系方式。

⑤ 向前辈学习实验技能，增强感官认识，详细记录实验（含仪器、材料、实验条件、步骤、注意事项等）和总结。

1.2.4.3.5　总结经验教训

总结他人经验和教训（书面、交流）是做好科研的重要手段，需要总结的经验与教训包括：

① 实验过程成功与失败的经验和教训。

② 文献阅读、论文写作、投稿的经验。

③ 实验手段技术及分析方法的经验和心得。

④ 科研项目、基金申请经验和教训。

⑤ 生活中人际关系处理的经验和教训。

第2章 文献阅读与文献研究法

2.1 文献的分类与文献阅读

2.1.1 文献的定义

文献是人类社会进入文明时代的产物，并随着人类文明的进步不断发展。1983 年，我国颁布的国家标准《文献著录总则》将文献定义为"记录有知识的一切载体"。

文献是指已发表过的或虽未发表但已被整理、报道过的记录有知识或信息的一切载体。简单地讲，文献是记录知识的一切载体。所谓载体，不仅包括图书、期刊、学位论文、科学报告、档案等常见的纸面印刷品，也包括实物形态的各种材料及电子期刊等。相对于直接研究对象，文献资料是间接的资料。

文献是记录、积累、传播和继承知识的最有效手段，是人类社会活动中获取知识的最基本、最主要的来源，也是交流传播理论知识的最基本手段。

文献具有以下三个基本属性：信息性、记录性和物质性。

① 信息性　信息是文献的内容，是人们进行研究所需要的知识来源。文献中蕴含的知识信息是文献的核心和灵魂，是文献首要的属性，是最有价值的内容。

② 记录性　记录是联系文献内容与形式的桥梁，只有将文献内容通过不同的文字、数字编码，并记录或刻录到文献载体上，才能创造出可以利用的文献资料。

③ 物质性　物质是指文献的各种载体形式，文献载体现在呈多样化形式发展，特别是各种电脑硬盘、光盘的出现，使得文献载体的信息量越来越大，越来越呈现虚拟化的直观性。

2.1.2 文献的分类

根据不同的标准，文献可以分成不同的类别。

2.1.2.1 按文献来源和文献内容加工程度分类

① 零次文献　是指未经正式发表或未形成正式载体前的文献，如书信、手稿、记录、笔记等。零次文献尽管是非正式出版资料，但一经考据证实其真实性，则具有重要的学术参考价值。零次文献在考据真实并发表后，就开始向正式文献转化。

② 一次文献　是指最初发表的、分散在各种刊物未经综合整理的原始文献，如试验研究报告、科技会议论文、专利说明书等。它是文献检索的主要目标。

③ 二次文献　是指对一次文献经过综合整理后形成的文献，对一次文献进行加工整理、浓缩提炼的产物，如一般图书、专论、文摘刊物等是第二手资料，称为二次文献。它们都能够比较全面、系统地反映某个学科、专业或专题在一定时空范围内的文献线索，是积累、报道和检索文献资料的有效手段。因此，二次文献信息仅仅是对一次文献信息进行系统化的压缩，没有新的知识信息产生，具有汇集性、检索性的特点。

④ 三次文献　是指对上述两种文献再作综合报道，如各种图书目录、索引刊物、指南

及年鉴、综述文章，这是第三手资料，称为三次文献。三次文献具有明显的汇集性、系统性和可检索性，有较高的实际使用价值，能直接被参考和借鉴，是文献检索的主要工具。

综上所述，从零次文献信息资源到一次、二次、三次文献信息资源，是一个从不成熟到成熟，由分散到集中，由无序到有序，由博而略，由略而深，对知识信息进行不同层次加工的过程。

每一过程所含知识信息的质和量都不同，对人们利用知识信息所起的作用也不同：

① 零次文献信息资源是最原始的信息资源，虽未公开交流，但却是生成一次文献信息资源的主要素材；

② 一次文献信息资源是最主要的信息资源，是人们检索和利用的主要对象；

③ 二次文献信息资源是一次文献信息资源的集中提炼和有序化，是检索文献信息资源的工具；

④ 三次文献信息资源是集中分散的一次、二次文献信息资源，按照知识门类或专题重新组合、高度浓缩而成，是人们查找数据信息和事实信息的主要信息资源。

2.1.2.2 按载体性质不同分类

按文献信息的载体形态和制作方式划分，可以分为如下几种类型。

（1）刻写型文献

刻写型文献指在印刷术尚未发明之前的古代文献、当今尚未正式付印的手写记录和知识付印前的草稿，如古代的甲骨文、金石文、帛文、竹木文，以及现今的手稿、日记、信件、原始档案、碑刻等。缺点是收藏和管理需要较大的空间和人力，难以实现机械化。

（2）印刷型文献

以纸张为载体的出版物，又称纸质文献、印本文献，是以手工、打印、印刷等为记录手段，将信息记载在纸张上形成的文献。其是传统的文献形式及记录知识、信息的方式，也是现代文献信息资源的主要形式之一。其优点是便于阅读与流传，符合人们的阅读习惯；缺点是体积大，存储的信息密度低，收藏和管理需要较大的空间和人力，难以实现机械化。其是手工检索的主要文献来源。

（3）缩微型文献

以感光材料为存储介质，利用摄影技术将文字或图像等文献影像体积缩小记录在胶卷或胶片上而形成文献，有缩微平片、缩微胶卷和缩微卡片之分。它的主要特点是存储密度高、体积小、重量轻、容量大，便于复制、保存和携带、传递，生产速度快、成本低廉；但缩微文献在阅读上不太方便，需要借助缩微阅读机才能阅读，而且设备投资较大。

（4）声像型文献

利用声像技术保存的文献。声像型文献又称为直感型或视听型文献，主要以磁性和光学材料为载体，采用磁录技术和光录技术（如录音、录像、摄像、摄影等）手段将声音、图像等多媒体信息记录、存储在磁性或光学材料上形成文献，主要包括电视影像、唱片、录音录像带、电影胶片、幻灯片、科技电影、激光视盘等。

它的主要特点是存储信息密度高，用有声语言和图像传递信息，内容直观、表达力强、易被接收和理解，尤其适用于难以用文字、符号描述的复杂信息和自然现象，但也需要专用设备才能阅读。

（5）电子型文献（计算机网络文献）

用计算机阅读的文献，电子型文献按其载体材料、存储技术和传递方式，主要可分为联机型、光盘型和网络型文献信息。联机型文献信息以磁性材料为载体，采用计算机技术和磁性存储技术，通过各种编码并根据一定程序把文字和图像信息记录在磁带、磁盘、磁鼓等载体上，并使用计算机及其通信网络，通过程序控制将存入的有关信息读取出来。可以进行机检和批处理。光盘型文献信息以特殊光敏材料制成的光盘为载体，将文字、声音、图像等信息采用激光技术、计算机技术刻录在光盘上，并使用计算机和光盘驱动器，将有关的信息读取出来。网络型文献信息是利用国际互联网中的各种网络数据库读取有关信息。

电子型文献信息具有存储信息密度高、读取速度快、网络化程度高、远距离传输快、易于网络化等特点，可使人类知识信息的共享得到最大限度的实现。

2.1.2.3 按出版形式不同分类

这是一种最常见的分类方法，包括图书、报刊、报告、会议文献、专利文献、学位论文、技术标准、档案、政府出版物、产品样本等。

（1）图书

图书是现代出版物中最普通的一种类型，内容广泛，数量众多，是掌握一门学科的基本资料。就图书的内容、作用可分为：一般性图书和工具书。一般性图书包括教科书、参考书、讲义、图谱、专著、著作集、选集、丛书等，而工具书则包括字典、词典、百科全书、年鉴、手册、指南、图表、目录、书目等。

（2）报刊

报刊是一种定期或不定期的连续性出版物，每期版式基本相同，有固定的刊名，有年、卷、期号。可分为：报纸、杂志、学报、通报、记录、会议录、综述与述评、文摘、索引等。期刊与图书相比，具有内容新颖、出版周期短、刊载论文速度快、品种多、数量大、涉及学科面广等特点，能及时反映世界科技水平、科研动态，是科技情报的主要来源和检索对象。

（3）报告

报告是指科学研究课程进展情况的实际记录和研究成果的系统总结。其特点是内容详尽、专深、每份报告都有机构名称和连续编号、一个报告一册、页数不等、不定期出版。报告的类型有技术报告、札记、论文、备忘录、通报、可行性报告、市场预测报告等。报告一般单独成册，有具体的篇名、机构名称和统一的连续编号（报告名）。

报告一般划分为保密、解密及非密几种密级。保密的报告经过一定时间后往往会转为解密报告；非密资料中，又分为非密控制发行和非密公开发行。

（4）会议文献

会议文献是指在各种学术会议上宣读、提交、发表的学术论文、报告和讨论记录等文献资料。此类文献一般都要经过学术机构的严格挑选，代表某学科领域的最新成就，反映该学科领域的最新水平和发展趋势。所以，会议文献是了解国际及各国科技水平、动态及发展趋势的重要情报来源。

会议的类型很多，归纳起来可分为国际会议、全国会议、地区性会议三种。会议文献大致可分为会前文献和会后文献两类。会前文献主要指论文预印本和论文摘要；会后文献主要指会议结束后出版的论文汇编——会议录。

（5）专利文献

专利文献是指由专利申请人向政府或专设机构递交的发明创造的专利说明书及相关资料。其特点是：实用性、可直接使用；新颖性、基本上是第一次发表；时间性、公布快速。其内容有：专利说明书、申请书、专利文献、专利分类表、专利索引、专利报道等。在专利说明书中，发明人常常论述其发明解决了什么特殊问题、解决的方法、对旧有产品的改进及其他用途等。同时，专利文献也对企业引进技术和设备，以及保护企业自身利益的技术起着非常重要的作用。因此，专利文献已成为一个重要的情报来源。

（6）学位论文

学位论文是高等学校、科研机构的学生为获得学位（学士、硕士、博士学位），在进行科学研究后撰写提交的学术论文。学位论文一般要有全面的文献调查，比较详细地总结前人的工作和当前的研究水平，做出选题论证，并做出系统的实验研究及理论分析，最后提出自己的观点。学位论文探讨的问题往往比较专一，带有创造性的研究成果，是一种重要的文献来源。

（7）技术标准

技术标准是一种规范性的技术文件，是在生产或科学研究活动中对产品、工程或其他技术项目的质量品种、检验方法及技术要求所做的统一规定，供人们遵守和使用。

技术标准按使用范围分为国际标准、区域性标准、国家标准、专业标准和企业标准5大类型，每一种技术标准都有统一的代号和编号，独自构成一个体系。技术标准是生产技术活动中经常利用的一种情报信息源。

（8）档案

档案是指具体工程、项目、产品和商品，以及集团、企业等机构在技术和开发、运行、操作及活动过程中形成的文件、图纸、图片、方案、原始记录等资料。档案包括任务书、协议书、技术指标、审批文件、研究计划、方案、大纲和技术措施，还包括相关的调查材料（原始记录、分析报告等）、设计计算、试验项目、方案、记录、数据和报告等，以及设计图纸、工艺和其他相关材料。档案是企业生产建设和开发研究工作中用以积累经验、吸取教训和提高质量的重要文献，现在各单位都相当重视档案的立案和管理工作。

档案大多由各系统、各单位分散收藏，一般具有保密和仅供内部使用的特点。它是各种社会活动的实录，是真实可靠的历史信息情报，具有较高的参考价值。

（9）政府出版物

政府出版物是指由政府部门及其所属的专门机构发表、出版的文件和资料，其内容广泛，从基础科学、应用科学到政治、经济等社会科学，就文献的性质来看，其内容可以分为行政性文件（政府法令、法规、方针政策、调查统计资料等）和科技文献（科技报告、科普资料、技术政策等）两大类。通过这类文献，可以了解一个国家的科学技术、经济政策、法令、规章制度等。这类资料具有极高的权威性，对企业活动具有重要的指导意义。

（10）产品样本

产品样本是国内外生产厂商或经销商为推销产品而印发的企业出版物，用来介绍产品的品种、特点、性能、结构、原理、用途、维修方法和价格等。查阅、分析产品样本，有助于了解产品的水平、现状和发展动向，获得有关设计、制造、使用中所需的数据和方法，对产品的选购、设计、制造、使用等有着较大的参考价值。

由于产品样本是已经生产的产品说明，在技术上比较成熟，数据上比较可靠，对产品的具体结构、使用方法、操作规程、产品规格等都有较具体的说明，并常常附有外观照片和结构图。专利产品还注有专利号（根据专利号可以查找到专利说明书），对于新产品的设计、试制都有较大的实际参考价值。

2.1.2.4　按出版内容公开程度不同分类

按照出版形式和内容公开程度划分，控制论、模糊论将文献划分为黑色文献、白色文献和灰色文献三种类型。

（1）黑色文献

黑色文献分为两类。第一类是人们未破译或未识别其中信息的文献，如考古发现的古老文字、未经分析厘定的文献；第二种是处于保密状态或不愿公开其内容的文献，如未解密的档案、个人日记、私人信件等。这类文献除作者及特殊人员外，一般社会成员极难获得和利用。

（2）白色文献

白色文献是指一切正式出版并在社会成员中公开流通的文献，包括图书、报纸、期刊等。这类文献多通过出版社、书店、邮局等正规渠道发行，向社会所有成员公开，其蕴涵的信息大白于天下，人人均可利用。白色文献是当今社会利用率最高的文献。

（3）灰色文献

灰色文献是指非公开发行的内部文献或限制流通的文献，因从正规渠道难以获得，故又被称为"非常见文献"或"特种文献"。其范围包括内部期刊、会议文献、专利文献、技术档案、学位论文、技术标准、政府出版物、科技报告、产品资料等。这类文献出版量小，发行渠道复杂，流通范围有一定限制，不易收集。

2.1.3 文献阅读

2.1.3.1 文献阅读的目的

① 学习、继承前人的研究成果。全面了解前人对所研究的课题已做过哪些工作，成功或失败的经验，存在的问题，应从哪些方面入手或突破。

② 了解学科前沿的发展动态。认识掌握学科发展水平和动向（成就、问题、发展趋势），以现代科学为起点进行研究。

③ 提高自主获取知识的能力。

④ 打好科学研究的基础。

⑤ 做好项目选题的准备。

⑥ 避免重复选题。

2.1.3.2 怎么阅读文献

利用各类数据资源库，如：万方数据库、CNKI（清华同方）数据库、重庆维普数据库等。

2.1.3.3 阅读哪些文献

研究生开始研究工作必须从阅读文献开始，通常应该先阅读综述性论文。各个领域都有顶级的综合性学术技术刊物，从中可能找到最权威的综述论文。阅读综述论文能够全方位了解该领域研究进展情况。

2.1.3.4 科技文献资料的来源

① 科技图书　教科书、百科全书、字典、手册、专著、论文集、会议录、年鉴、书目、目录等。

② 科技期刊　杂志、学报、通报、公报、快报、会讯、记录、文摘、索引、评论等。

③ 特种文献　图书、期刊以外的非书非刊文献资料，如学位论文、专利文献、科技报告、会议文献、政府出版物、技术标准、产品样本、科技档案。

④ 网络资料。

2.1.3.5 阅读文献资料的方法

2.1.3.5.1 阅读的一般方法

① 系统学习书本知识，精读一本教材，全面系统掌握学科基本知识。

② 经常阅读定期刊物。了解学科发展概况、动态，掌握新理论、新技术、新品种、新成果。

③ 在广泛阅读的基础上，有些泛读（粗读），有些精读。读后作笔记或摘要。

2.1.3.5.2 阅读的具体方法

（1）资料查找

除综述性论文外，还要阅读如下资料：

① 现有教科书、本专业硕士/博士论文。如果对某领域了解甚少，这是一个系统的了解过程。

② 已发表的会议、杂志论文——科技论文查找方法。

③ 已发表的专利文献——专利索引方法。

（2）资料泛读与精度。

① 剔除不相关的论文。一般只看题目和提要，少数（约10%）要看看导言和结论。

② 精读最关键的几篇。10篇以内需要通篇简读，大致3篇以内需要精读。

③ 根据论文引言部分画出该领域发展历程及各种方法的关系图。

④ 由参考文献得到进一步深入的线索。

（3）资料归纳整理。文献涉及几类方法的归纳总结——画出表示文献相互关系的图，包括：

① 该领域原创人/文章。

② 该领域又分为几个分支，每个分支的原创人。

③ 每篇文章在原有文献上的改进点。

④ 几篇文章之间的关系。

（4）写出综述文章。根据阅读的资料，写出综述性文章，包括：

① 该领域现有方法说明（简述已有文献）。

② 几类方法的比较（自己的观点），如理论异同点、实验/实现异同点、复杂度/所耗资源分析。

2.1.3.5.3 阅读文献技巧

文献的阅读技巧总结如下：

① 先看综述，后看论著。

② 做好记录和标记。

③ 抓两头，带全局。

④ 要追根溯源。

⑤ 多数文章看摘要，少数文章看全文。

⑥ 多思考，敢质疑。

⑦ 看文献的时间要集中。

⑧ 先自学，再交流。

2.2 文献研究与文献研究方法

所谓文献研究，就是利用所掌握的文献资料，对要研究的对象或课题，进行间接考察的研究行为或研究方式，因其具有间接特征，所以又称为间接研究。它一般包括对历史文献进行考据，对统计资料文献进行整理和分析，对理论文献进行综述以及对文字资料中的信息内容进行量化分析等。

所谓文献研究方法,指在搜集与整理研究领域相关文献的基础上,对文献进行研究之后形成新的认识的一种研究方法,要求研究者做到全面且客观。该研究方法是通过文献研究这一间接行为进行科研的方法,它有助于研究者系统全面地了解研究有关领域的情况,从而解释研究内容,形成研究结果。

2.2.1 文献研究方法的优点

2.2.1.1 对无法接触的对象的研究

文献研究方法的最大优点,就是可以超越时间和空间的限制,对那些遥不可及或者化为历史的人物和事件进行研究。大量的纸质文献作为一个永恒的桥梁,沟通了后人与几百年前的人的思想,使得后人可以继续研究这些人提出的问题。

2.2.1.2 相对客观性

在通过直接接触方式来进行研究的各种方法中,如观察法、访问法、实验法,研究对象特别是具有感应性的人或物,会受到观察、实验研究者的影响,形成先验的正面或负面暗示,从而使得收集到的资料无法保证真正客观。但文献研究法,由于不需要与研究对象直接接触,接触的只是没有感应性但载有过去或他处的信息资料的物,这些物是没有情感和意志的,因此不会受到研究者不经意或故意的影响,从而不会导致研究对象提供信息的失真。当然,研究对象的相对客观性不能成为否认研究主体在研究过程中的主观偏见的理由,但只要不人为破坏,搜集文献资料活动本身并不会造成研究的失真。

2.2.1.3 资料获取成本低

文献研究的前提条件是查找文献,因文献的分散程度不同以及获取文献的空间距离的不同而影响着文献研究的成本。但与大规模的调查、实验和实地研究所要投入的人力、物力比较起来,其所需要的费用要少得多。文献存在的地方相对集中,例如图书馆、资料室、期刊室、档案馆等,还包括极易检索的网上图书馆和网上搜索系统,只要能够获得授权和拥有丰裕的时间,即可找到所需要的文献资料。但需要指出的是,文献获取的成本相对低,并不等于文献信息的处理成本也低,这个过程和其他方法比较起来没有本质区别。

2.2.1.4 资料获取风险性较小

直接接触的研究方法会造成研究对象的干扰,从而影响客观信息的获取。研究者在进行调查或实验之前,如没有周密的设计和充分的论证,就很可能导致调研失败或者调研结果不理想。如果重新再做一遍,投入的人力物力将是原先的两倍。最坏的情况是,调研活动严重影响了调研对象,使其对调研内容拥有了一定的了解从而改变了其预期,则会导致调研活动的完全失败。而文献研究不会出现这样的问题。

2.2.2 文献研究方法的缺点

2.2.2.1 主观倾向性投射

任何文献的写作都有特定的目的,如果原初文献的写作目的和对文献进行研究的研究者的目的是完全一致的,那么就不会发生目的倾向性的矛盾。但这种完全一致情况的概率是非常小的,几乎研究者的目的和原作者的目的之间总存在或大或小的差别,这样就会产生目的性之间的矛盾或干扰。初始文献中所反映的原作者的兴趣、立场、意图或目的的倾向性,会在不同程度上影响研究者对研究对象的理解。

2.2.2.2 文献保存的片面性

由于文献的保存需要特定的技术和条件，而技术和条件具有资源上的紧缺性。并不是所有内容的文献都能引起当时人们的重视，从而保留下来。一般而言，只有那些重要人物写作的，有关重要事件和人物的文献，才能更好地得以保留。而普通人物写作的，有关普通事件和人物的文献，往往随着时间的流逝而消失。这种对于研究者而言无法控制和把握的先前存在的文献选择性，会带来研究对象所能涉猎范围的局限性。

2.2.2.3 文献背景了解的困难

我们在阅读一篇重要的学术原著的时候，通常需要首先了解作者本人的生平、思想状况，以及著作写作过程的情况。如果不了解这些情况，会影响我们对著作中一些借代词汇和借代表达的理解。背景是一个十分广泛的内容，与文献相关的背景知识有直接和间接的区别，我们不可能逐一进行了解，这就必然影响我们对文献的理解。

除此之外，一些特有的表达方式，例如信件当中只有两个当事人之间能够理解的表达，如果不能事先了解，也必然带来文献理解的困难。

2.2.2.4 资料获取的受限性

尽管文献相对于其他资料而言，具有知识的共享性，但这种共享性也不是绝对共享的。特别是在私人产权保护的时代，原创性知识或技艺通过专利而带有私人财产的性质。要获得这样的文献，需要付出一定的资金。

还有一些文献涉及个人或国家机密，例如个人日记、信件和国家档案，这些文献在没有征得个人同意之前，或者在没有国家解密之前，也是很难获得的。除此之外，还有一些调查机构的原始调研材料，因为信息不对称的原因而无法获取，也会限制研究者对文献的获取。

2.2.3 文献研究方法的过程

文献研究方法的一般过程包括五个基本环节：确立研究目的和研究问题、文献收集、文献整理、文献分析和进行文献综述的撰写，下面对前四个环节进行描述，第五个环节在本章2.3节描述。

2.2.3.1 确立研究目的和研究问题

文献研究目的和问题，对于文献研究的整个过程而言，起到一个"总纲"的作用。纲举才能目张，纲不同，目也会受到影响。文献研究的目的和问题的差异性，直接决定着文献收集、文献整理、文献分析等其他环节。因此，文献研究方法首要的一步，是确定研究目的和问题。除此之外，还要将文献研究方法放在整个研究所需要的所有方法中去比较其地位和重要性，从而确定文献研究方法是主导性的研究方法，还是辅助性的研究方法。

2.2.3.2 文献收集

2.2.3.2.1 文献收集的步骤

第一步是确定文献收集的范围，包括内容范围、时空范围、作者范围、类别范围等。第二步是做好文献收集的人事联系等准备性工作。例如通过网络或其他工具，与拥有文献的个人、组织单位等取得联系，询问和查询是否拥有相关文献，是否可以获得使用权等。第三步是根据拟定好的研究目的和研究问题，进行文献收集工作。

在文献收集的过程中要注意以下三个问题。

① 就近原则　一般情况下，收集文献可先从那些就近的、容易找到的材料着手，再根据研究的需要，陆续寻找那些分散在各处、不易得到的资料。

② 分阶段进行　收集文献是一个较为漫长的过程，为了使整个过程进行得更有效，可以根据实际情况分为若干阶段进行整理。

③ 及时做初步整理　每一阶段，把手头积累到的文献作一些初步的整理，分门别类，以提高下一阶段搜集文献的指向性和效率。

2.2.3.2.2　文献收集方式

收集方式包括：文献检索工具、文献检索途径、文献检索方法三部分。

（1）文献检索工具

文献检索最好将计算机工具和常规工具结合起来使用。先用计算机快速地、大规模地进行文献收集，然后用常规工具的方式，包括做卡片和笔记等，进行资料比较处理。这样可以起到既节省时间，又提高效果的作用。

① 常规工具　文献卡片、读书摘记、读书笔记。

常用的文献卡片有目录卡、内容提要卡、文摘卡三种形式。读书摘记以摘记文献资料的主要观点为任务。研究者在读到一些较有价值的文献，或者读到一些在主要观点和总体结构上很有启发的资料时，就可采用读书摘记的方式。与摘记不同，读书笔记的重点在"评"。

② 计算机　借助于计算机设备进行人机对话的方式进行检索。检索系统可以参考：CNKI中国知识基础设施工程数据资源；万方数据资源；优秀硕博论文数据库；西信天元数据资源（重庆维普）；重要报纸全文数据库；重要会议论文数据库；国研网（国务院发展研究中心信息网）等。

（2）文献检索途径

① 书名途径　利用书刊名称进行查找文献，是查找文献最方便的途径。

② 著者途径　是按文献著者姓名编制的索引进行查找的一种方法。

③ 序号途径　利用文献的各种代码、数字编制的索引查找文献称序号途径，如文献标识码、专利号等。

④ 分类途径　根据文献所属的学科类检索。

⑤ 主题途径　按主题词的字顺排列，便于查找与主题词相关内容的文献。

⑥ 关键词途径　为自然语言检索方式。

在众多检索途径中应用最广的是主题途径和关键词途径。

（3）文献检索方法

① 顺查法　是按时间顺序由远到近逐年查找文献的方法。本检查法的优点是漏检率低，能全面系统了解所检索专题的过去和现状。从而看它的发展趋势和演变过程。缺点是费时。

② 倒查法　与顺查法相反。是以现在为时间点，由近及远检索文献。

③ 抽查法　是以专题研究的高峰期为时间段，检索这段时间内产生的文献，本法能用较少的时间获得较多的文献，但此法要求检索者必须熟知专题的发展史。

④ 追溯法　是从文献中所附的参考文献追溯查找的方法，即选定一篇与自己科研课题有关论文的参考文献进行追溯，它的优点是在没有检索工具的情况下，根据原始文献所附的参考文献检索相关文献，较切题，但有片面性，文章漏检率高，知识陈旧的占多数为其缺点。

⑤ 浏览法　因检索工具刊物反映文献有时差问题，可利用新到期刊目录进行浏览，但只能获得本馆馆藏文献，有局限性、不全面、不系统，不能作为查阅文献的主要方法。

2.2.3.3　文献整理

2.2.3.3.1　文献的整理

首次获取的文献，相当于工厂中的初级原料，必须进行处理之后才能投入使用，为文综述的写作提供资源。文献的整理要坚持简明化、系统化、条理化的原则。

① 简明化　就是整理过的文献直接与研究内容和研究主旨具有理论和逻辑上的相关性。

② 系统化　即文献整理要按照某一逻辑来进行，文献之间要具有一定的逻辑关系，或者是递进的关系，或者是相反的关系等，从而可以整理成一个整体。

③ 条理化　即按照一定的时空或人物时序来进行整理，使得文献具有条理性，而不是杂乱无章。

2.2.3.3.2　文献的分类阅读与摘记——查找获取原料

查找到的文献首先要浏览一下，然后再分类阅读。有时也可边收集、边阅读，根据阅读中发现的线索再跟踪收集、阅读。资料应通读、细读、精读，这是撰写综述的重要步骤。阅读中要分析文章的主要依据，领会文章的主要论点，用卡片分类摘记每篇文章的主要内容，包括技术方法、重要数据、主要结果和讨论要点，以便为写作做好准备。

2.2.3.3.3　资料的加工整理——分类编排

对阅读过的资料必须进行加工处理，这是写综述的必要准备过程。按照综述的主题要求，把写下的文摘卡片或笔记进行整理，分类编排，使之系列化、条理化，力争做到论点鲜明而又有确切依据，阐述层次清晰而合乎逻辑。按分类整理好的资料轮廓，为进行科学的分析做好准备。

2.2.3.4　文献分析

文献分析的类型包括文献的统计分析和文献的内容分析。前者主要是在对文献搜索过程中按照不同的搜索标准所得出的数据进行统计，或在进行分类基础上对特定类型的文献数量进行统计，或在粗读的基础上对文章的关键词的出现频率进行统计等，从而为研究者在面上了解该问题的既有成果和研究程度提供感性认识。

文献内容分析包括很多方面，主要的方法是比较和构造类型法。所谓构造类型，是通过阅读文献，形成基本的判断标的（角度、观点、逻辑等），然后依据这个判断标的反过来对相关内容进行重新整理和评价。除构造类型外，内容分析法还包括结构分析、功能分析、阶级分析、历史分析等，文献分析一般离不开构造类型，但具体采用什么方法，需要根据研究目的的需要来决定。

2.2.4　网络文献研究

2.2.4.1　网络文献的特点

（1）信息量大

网络传播技术的发展，使得网络信息传播的速度越来越大，范围越来越广。网络传播的超时空性，在较大范围上，实现了信息的共享。

（2）自发无序

网络空间的虚拟性，决定了它的自由属性。由于没有非常权威和非常有效的管理手段，或者管理手段成本太高，使得各种网络信息以一种无序堆放的方式存到网络上。需要信息的使用者必须根据有效的手段，对无序的信息做有序收集和处理，才能真正利用好网络信息。

（3）时效性

网络文献的传播速度，是所有媒体中最快的。因此，也存在一个最快的更新速度。刚刚播发的信息，或许眨眼间就不再是最新的了。它的这种更新速度，要远远超过传统文献。

2.2.4.2　网络文献的类别

网络文献的类别主要包括电子报刊、电子图书、文献数据库，还有许多网络文献类型可以参阅，如出版机构和行政权威机构发布信息的网站、集中讨论问题的 BBS（电子公告板）、电子论坛等。

2.2.4.3 常用的网络搜索工具

比较常用的搜索引擎，主要包括百度和谷歌。百度是全球最大的中文搜索引擎，2000年1月由李彦宏、徐勇两人创立于北京中关村，致力于向人们提供"简单，可依赖"的信息获取方式。谷歌（Google）是一家美国上市公司，于 1998 年 9 月 7 日创立。Google 创始人 Larry Page 和 Sergey Brin 在斯坦福大学的学生宿舍内共同开发了全新的在线搜索引擎。Google 目前被认为是全球规模最大的搜索引擎，它提供了简单易用的免费服务。除了上述常用搜索工具，中国知网和万方数据库的搜索引擎，是科研者必须熟练掌握的必备工具。

2.2.4.4 网络文献研究过程中需要注意的问题

（1）用心积累

网络文献具有更新快的特征，网络信息相对于传统媒体信息，具有掌握快的特点。因此，如果一些有用的信息不能被及时发现，并迅速地复制保留，就可能丧失。这就要求我们平时浏览网络文献时，要注意多加留心和用心积累。

（2）学会甄别

网络文献具有较大程度的非正式性，因此文献质量良莠不齐，有很多有价值的信息，也有很多垃圾文件。这就要求我们浏览网络文献时，要学会甄别好坏真假，从中选择有用的文献。

（3）充分利用免费文献

网络上很多文献数据库不是公益性的，要获得其中的信息，需要付费。但也有一些免费网站，提供大量免费信息，例如百度文库网、新浪资源共享网、风景园林网就具有大量的风景园林领域的相关文献、设计作品等，可以免费下载。我们必须掌握和学会使用这些有价值的免费网站。

（4）学会收藏有用的数据库

平时要留心与本学科相关的有价值的网站，并收藏积累。或多与别人交流经验，共享网络信息。

（5）要注意网络文献的知识产权问题

并不是网络上的一切资源都是免费的，在复制、粘贴别人的文献的同时，一定要注意别人对知识产权的标注和要求，在引用时要在标注中注明作者姓名等，以免造成侵权事件。

2.3　文献综述

2.3.1　文献综述概述

文献综述，是对某一学科或专题特定范围内的相当数量的文献资料，进行检索、筛选、分析和评述，从中发现需要进一步研究的问题和角度，然后提炼而成的一种专题性学术论文。

文献综述一般包括"综"和"述"两个方面。所谓"综"即综合，要求对文献资料进行综合分析、归纳整理，使材料更精练明确，更有逻辑层次。所谓"述"即评述，就是要求对综合整理后的文献进行比较专门的、全面的、深入的、系统的评价和叙述。

2.3.1.1　文献综述的特点

（1）文献综述是社会科学研究开展的前提

提出问题和作出假设是社会科学研究的第一步。这一步的实现，或许是通过文献综述来实现的，或许需要通过文献综述来验证和论证。只有通过文献综述，原先提出的问题和假设才能得到完善或修正，才能形成研究课题，为科学研究打好基础。没有文献综述，问题和假设就无法转化成研究课题，就不能为社会科学研究的展开做好准备。或者，没有灵感形成问题和假设之时，可以通过繁杂的文献综述厘清思路，提出问题形成研究课题。可见，无论研究课题直接来自于文献综述还是间接来自文献综述，它在形成社会科学研究课题的过程中都起着决定性作用，是社会科学研究开展的火车头。

（2）文献综述在综述对象上具有借鉴性和综合性

文献综述所用的文献，主要不是综述者本人的研究成果，而是借鉴别人的成果。文献综述要做到"纵横交错"，既要以某一问题的前后发展为纵线，反映当前课题的进展，又要到省内、国内乃至国外，进行横的综合和比较。文献综述要求对综述对象尽量做到完全归纳，但这里的完全是相对的而非绝对的，即相对于特定时空范围而言是完全归纳的。这个时空范围内的资料，需要按照时空顺序进行历时态和共时态两个方面的整理。历时态方面，要以典型资料为依托，概括出前后递进或倒退的逻辑关系；共时态方面，要以典型人物为依托，将具有不同特点的资料按照同一标准列举出来。这样，就实现了文献综述在时间和空间两个方面的综合性。文献综述的综合性决定了文献综述的信息量是非常大的。

（3）文献综述在综述语言上具有概括性

文献综述的综述性，或相对的完全归纳性决定了其涉猎的资料必然多而繁杂，如果不做必要的浓缩处理，综述的撰写非常冗长，完全丧失其应用价值。因此，不可能将一篇文献照搬到综述文章当中，而必须按照必要的程序对其进行相应处理，例如基本观点、思维角度等方面的概述。只是在非常重要而难以替代之时，才直接引用原文。文献综述语言的概括性，决定了相关信息的浓缩性。这种概括性和浓缩性，要求按照相关程度和代表性对原先文献资料进行筛选，将无关的、相关程度不大的或者表面相关的筛选掉，将本质相关的典型文献选出来，用简练的语言进行不同方面的分析处理，形成可用内容。

（4）文献综述在综述内容上具有最新性

综述不是写学科发展的历史，而是要搜集最新资料，获取最新内容，将最新的信息和科研动向及时传递给读者。一个问题或假设的提出本身，意味着科研者本人的最新思考。这个最新思考是不是最新的，需要用最新的成果来进行检验。如果综述的结果是，作者的假设的确是最新的，那么就可以确立其作为研究课题；如果综述结果不是最新的，此假设早已是别人提出并深入论述过的内容，那么就只好否定这一假设或者另辟蹊径继续研究。综述的观点是不是最新的或比较新的，这直接影响到对先前假设能否成立的检验的有效性。

（5）文献综述在综述方式上具有评述性

文献综述不是直接复制原文到综述中，也不是将不同文献的标题累积在一起做一个参考文献目录。被用来综述的文献，在选择过程中本身就体现了作者的选择性、意图性。被选择出来做综述的文献，需要对其内容做概括、浓缩性的处理，而不是直接照搬。这种概括和浓缩包含着综述者对文献本身的理解和态度。对于概括和浓缩的文献信息，还需要进行批判性评价，表明作者的理解、认识、观点、态度。所有这些，都是文献综述的评述性的体现。文献综述的评述性要求对所综述的内容进行综合、分析、评价，反映作者的观点和见解，并与综述的内容构成整体。

（6）文献综述在应用价值上具有社会公益性

文献综述不仅是为综述者本人进行科研做准备的，也为别的社会科学工作者学习相关知识，进行相关研究提供了一个简练的平台。任何科研工作者都可以直接借鉴已有文献综述，提高学习效率、节省学习时间和精力，为进一步的科研工作吸取营养。可见，从一般意义上看，文献综述更大的价值还不在综述者本人，而在可以借鉴它的科技工作者。这充分体现了文献综述的社会公益价值。

2.3.1.2　文献综述的内容

文献综述一般包括：题名、著者、摘要、关键词、正文、参考文献共六个组成部分。其中正文部分是文献综述的核心部分，它由前言（或者导言、介绍）、主体和总结三个小部分组成。文献综述的主体部分一般包括研究主题的历史发展、现状分析、趋势预测三个方面。

（1）历史发展

按时间顺序简要说明该课题的提出及各个历史阶段的发展状况，体现各阶段的研究水平即从历时态发展角度，概述这一课题的提出和发展的各历史阶段，指明不同历史阶段的研究成果，揭示各阶段之间的继承发展或分析批判的逻辑关系。历史方法与逻辑方法相结合是这一部分的基本特征。

（2）现状分析

介绍国内外对本课题的研究现状，展示不同立场、国度等基础上的各派不同观点。将整理筛选的典型文献和资料，按照不同的观点、视角、方法、逻辑等标准进行排列和比较分析。肯定正确，指出错误；揭示不同观点的不同特点；对有学术原创性或重大现实应用价值的理论或假说要详细介绍；对有争论的问题要介绍各家学说的观点并进行比较，指出问题的焦点和可能的发展趋势，并提出自己的看法；对陈旧的、过时的或已被否定的观点可简单带过或不予介绍。对大家熟知的问题只要提及即可。

（3）趋势预测

对课题历史发展与现状进行分析的直接目的，是对该课题的研究状况进行宏观评估，对其进一步研究的学术价值进行确认，对其可能的发展趋势进行科学预测。在纵横对比中，首先搞清楚所综述课题的研究水平、存在的问题和不同观点，在此基础上，提出展望性意见。为别人继续研究此课题，或者作为自己一般研究过程的前提性环节，为制定详细研究方案提供基础。这部分内容要客观、准确，而且要提示捷径，为有志于攀登高峰者指明方向。

2.3.2　文献综述的撰写

2.3.2.1　文献综述的撰写格式

（1）文献综述的标题

综述的标题与论著类论文的标题不同，要求高度概括、重点突出，使读者一眼就能了解综述的大致内容，并能反映学科研究范围和学术深度，既简洁又有涵盖性。标题多用名词词组表达，可以直接写出综述的主题内容，也可以在主题内容后加上"……研究现状""……研究进展""……研究热点""……概述""……综述"等字样。

（2）文献综述的引言

用200～300字的篇幅简要说明撰写文献综述的原因、意义、写作目的、范围，文献的范围、正文的标题及基本内容提要，介绍课题相关的历史背景及研究方向，避免冗长。读者和审稿专家在读完引言之后能够大体了解综述包含的主要问题，增加进一步阅读全文的兴趣。

（3）文献综述的正文

文献综述的正文包括某一课题研究的历史、现状、基本内容，研究方法的分析，已解决的问题和尚存的问题。重点、详尽地阐述对当前的影响及发展趋势，这样不但可以使研究者确定研究方向，而且便于他人了解该课题研究的起点和切入点，在他人研究的基础上有所创新。

（4）文献综述的结论

概括指出自己对该课题的研究意见，存在的不同意见和有待解决的问题等。

（5）文献综述的附录

列出参考文献，说明文献综述所依据的资料，增加综述的可信度，便于读者进一步检索。

2.3.2.2 文献综述正文的写作方法

正文的写作方法分为纵式写法、横式写法和纵横结合式写法三种。

（1）纵式写法

它是指按照时间先后顺序，将所综述主题的历史演变、现状、发展趋势等其自身发展轨迹进行纵向描述。纵式写法强调在时间推进过程中研究课题的动态发展情况。对于一些时间跨度很大、科研成果丰富的主题在描述时要对各阶段的发展动态进行扼要描述，重点介绍具有突破性和重大创新性的成果，对于一般性的研究成果可以简单介绍，从简从略，这样做到重点突出、详略得当。纵式写法适合动态性综述，这种综述描述专题的发展动向能够很好地按时间走势展示课题发展动向，层次清晰。

（2）横式写法

它是指对于某一主题在某一时间阶段内的国内外的各项研究成果、学术进展、各种观点、各派方法等进行描述并加以比较。通过横向之间的对比，既可以分辨出各种观点、见解、方法和成果的优劣利弊，又可以看出国际水平、国内水平和本单位水平，从而找到差距。横式写法适用于成就性综述，专门介绍某个方面或某个项目的新理论、新观点、新发明、新方法、新技术、新进展等。

（3）纵横结合式写法

在同一篇综述中，可以同时采用纵式与横式写法。例如，写历史背景时运用纵式写法，写目前状况运用横式写法加以分析对比。通过纵横结合的描述，能更加广泛地综合文献资料，全面系统地认识某一主题及其发展方向，做出比较可靠的趋势预测，为新的研究工作取得突破口或者提供参考依据。

无论是横式、纵式还是横纵结合式写法，都要做到：全面系统地搜集资料，客观公正地如实反映；分析透彻、综合恰当；层次分明，条理清晰；语言精练，详略得当。无论何种方法撰写综述，都要求对所搜集的文献资料进行归纳整理、分析比较，阐明与主题相关的历史背景、现状和发展趋势，以及对所述问题的评价。引用文献时一定要忠于原文，不能主观臆断、捏造数据与结论，篡改别人的观点。参考文献要依据引用的先后顺序排列在综述文末，并将序号标注在引用内容的右上角。引用文献必须确实，以便读者查阅。

2.3.2.3 文献综述的选题及其要求

文献综述的选题要新，大小适宜。无论在哪个研究领域，通常已经出现大量的综述类文章，并且内容也可能有很大重复性。作者要尽量从新角度、新方法和新思路去撰写综述，并尽量在熟悉的内容中把握新的切入点。在选题时必须要检索近期是否有类似主题的综述论文发表，如果主题撞车就要另选主题。要想写出较为创新的综述文章，从选题来看，主题过大或过小均不合宜，应该缩小范围，选择稍小但具体的主题，确保综述内容重点突出、有深度、穿透力强。

（1）明确性

写综述要研究什么问题，解决什么问题，一般是针对当前科学研究和实践的实际需要，选取大家都比较关注、有助于解决实际问题的题目。如写"风景园林规划设计研究"这类题目，看似明确，实际上时间、空间、逻辑上的外延都过于庞大，大到可以写出一套研究论丛，这样，就不如直接写某项具体内容。

（2）价值性

该综述是否有写的必要，主要看内容是否新颖。因此，要选择具有新方法、新技术、新理论的专题，尽量使选题符合国内相关领域的研究前沿热点和社会需求。

（3）可行性

要考虑到综述实现的主客观条件。客观条件是该研究题目在内容或方法上必须确有新的进展，并且成为新的理论热点、焦点或进一步发展的难点。除此之外，还包括文献搜集的物质条件和使用能力等。主观条件是综述参与者对学科或专题知识了解和掌握的程度，以及学术水平、综合分析能力等。如果相关条件不具备，综述就可能半途而废，浪费人力物力。

2.3.2.4 文献综述的撰写及注意事项

文献综述不是文献资料的简单堆砌，是在广泛阅读和理解的基础上，对某一领域研究成果的综合思考。本节再次强调撰写综述时的一些注意事项，帮助大家尽快掌握综述写作。

（1）搜集文献应尽量全，避免太旧与不全

一篇具有较高学术价值的文献综述，检索和查阅文献是其基础工作。掌握全面、大量的文献资料是写好综述的前提；另外，综述一定要能反映他人的最新研究情况，如果所引用文献太过陈旧，则不能反映最新的研究动态，学术价值也相对较低。

因此，选用文献尽量为最近3～5年的文章，依引用先后顺序依次列于文末；引用文献必须准确，以便读者查阅；参考文献的数量多少在一定程度上可以反映作者对本课题研究的广度与深度，直接引用的文献数量最好在30篇以上，否则，随便搜集一点资料就动手撰写是不可能写出好综述的。要注意论文中讲述的观点均要做到有据可查，此外还要注意多引用权威期刊的文献。

（2）引用文献的代表性、可靠性和科学性

我们在写文献综述的时候引用的只能是零次和一次文献。因此在我们以后写文献评论之前首先要注意的就是这一点，不要随便乱引用一些文章。只有科学的文献或公开发表（经过鉴定和评论过程的文献）才能包括在立项或论文的文献评论部分中。报纸、新闻杂志以及一些集团内部出版物等的文章都不应该包括在文献评论中。因为文献评论的目的在于对前人的可靠的知识提供的一般的考察和概括，而那些大众性文献的可靠性则缺乏系统的权威的核查，所以不能妄加引用。

在收集到的文献中可能出现观点雷同的现象，有的文献在可靠性及科学性方面存在着差异，因此在引用文献时应注意选用代表性、可靠性和科学性较好的文献，最好是重要专家、权威机构、核心期刊或专业学术性期刊上的一次性文献。

（3）引用文献要忠实原文文献内容，避免主观化处理

文献综述是一种信息加工，不是原创。由于有作者自己的评论分析，因此在撰写文献综述时要基于事实，应分清作者的观点和文献的内容，对其他学者的研究成果要基于客观、公正的认识，不能篡改文献的内容，切忌断章取义、篡改研究成果；更不能把自己的观点凌驾于文献资料之上。避免个人利益考量，不能因师承、学统关系就奉承，因学术争论就贬低；不能因学者个人问题就一概否定其学术成果；不能为了综述结论的需要而人为性地取舍文献，甚至过分夸大自己研究的意义等。

对他人研究成果要保持一种尊重的态度，谋篇行文犹如为人处世，处处要遵守学术伦

理。此外由于综述篇幅有限，一般只引用主要研究结果与结论性观点，不详细列举具体细节，如研究材料、过程等。

（4）要有综、有述，避免堆砌材料，缺乏自己观点

综述是作者对文献进行综合分析后，重新组织写出来的文章，因此，不是文献内容的简单罗列、堆积，更不能大段抄录或翻译，而应该用自己的语言表达出来，并要有系统、有条理。综述文章中要把有关主题的所有重要学术观点，包括不同的观点和见解都清晰陈述，并且还要提出作者自己的观点，能够有所评论或总结。

一篇好的综述文章中"述"与"评"的比例一般以 7∶3 为宜。在评述时要有原创性观点提出，不能仅仅对已有文献进行简单的与统计式的描述性评论。止步于文献而没有建设性观点，不对文献的未来可能研究做探讨，这不属于文献综述类文章的范畴。旨在发展新理论的综述文章则要进一步加强创新性评述，要在综述的基础上提出新的命题或模型，为后续研究指明研究重点与方向，在综述类文章中具有很高学术价值。

（5）参考文献不能省略

有的科研论文可以将参考文献省略，但文献综述绝对不能省略，而且应是文中引用过的，能反映主题全貌的，作者直接阅读过的文献资料。

第3章 园林植物研究方法

3.1 园林植物试验研究的特点、任务与方法

3.1.1 园林植物试验研究的特点和任务

3.1.1.1 特点

（1）时间性

园林植物都具有年周期和生命周期的变化规律，因而其试验研究在时间上具有连续性和长周期性。如多年生园林植物，其一生具有生命周期和年周期的变化规律，并且具有连续性。

（2）季节性

园林植物的生长发育及开花结果都要求有一定的营养和具备光、温、水、气等外界环境条件，表现出较强的季节性，这决定了园林植物试验研究的季节性较强。

（3）空间性

高大园林植物占空间大，占地多，条件一致性较难保证。树体高大，根深叶茂，地上地下所占空间较大，使得试验研究占地和占空间较大，因而试验易受地形、土壤、营养及气候等条件的影响，个体间所占区域的条件也存在差异，造成试验条件的一致性较难保证。

（4）差异性

园林植物种类、品种繁多，差异极大。园林植物等植株间差异大，试材一致性较难保证。同时相同品种个体之间也存在差异，由于植株高大，树冠的上、中、下和内、中、外不同生态部位存在微域气候的差异，地下部表土和心土对根系的影响也存在差异，这就带来了器官组织生长发育的差异，也导致产量和品质上的差异。如此，客观上造成园林植物科学试验研究的试材存在差异性。

（5）简缩性

多年生园林植物生长发育具有连续性，并且外界条件和栽培技术对这些植物的作用也具有累积和传递作用，根据有机体与环境统一的观点，植物本身就在年复一年持续记录着它对外界环境的生态生理反应，因此在科学试验研究中，可以通过生物学调查，如对干、茎、枝、芽、叶、花序、果、节间等的调查推测前几年的生长发育状况以及环境条件对它的作用和影响，可在较短时间内获得较多的试验结果，以简化试验方法，缩短试验期限，这对多年生植物的试验研究是非常有利的。

3.1.1.2 园林植物试验研究的任务

园林植物试验研究的任务包括以下内容。

① 研究园林植物生产与外界环境的关系；

② 选择培育优良的园林植物种类、品种；

③ 研究解决快速培育苗木技术；

④ 研究合理栽植密度和相应的整形修剪技术；

⑤ 研究早、高、稳、优、低的高效益管理技术；

⑥ 研究如何提高品质、提高观赏价值、创品牌的综合技术；

⑦ 研究花园、花圃土肥水等栽培管理技术；

⑧ 研究花卉采收适期及产后贮、运、销等综合应用技术；

⑨ 研究主要病虫害及其他灾害的预测预报及综合防治技术；

⑩ 其他：园林植物信息网络、市场与流通、科技与开发、社会化服务。

3.1.2 园林植物试验研究的方法

研究方法就是研究采取的步骤和手段，基本上可以分为特殊研究方法和一般研究方法两类。特殊研究方法是各门自然科学的具体研究方法，如研究园林植物的方法就属于特殊研究方法。一般研究方法是从特殊研究方法中概括和发展起来的，是各门自然科学普遍适用的研究方法，如观察方法、实验方法等。又如在对实验结果进行分析时，要运用比较、分析、综合、归纳等科学方法。

3.1.2.1 观察方法

（1）观察的意义

所谓观察，是指人们通过感觉器官，在自然发生的条件下，直接感受观察对象提供的信息过程。观察是人们认识事物获得感性材料最起始的手段，已经成为科学研究的一种基本方法和必要步骤，各门学科都要用到它。观察是最古老的方法，也是最基本的方法。因此有人说"科学研究开始于观察"。

（2）观察的要素

观察要素包括观察目的、观察对象、观察内容、观察环境和观察工具等。

① 观察目的　观察目的是根据研究的需要而定的。由于观察目的不同，在对象、内容、环境、工具等的选择上也不一样，如研究果树选择的对象必定是果树，其他要素的选择是否妥当与观察者的科学知识水平有关。

② 观察对象　在园林植物的观察中主要是实物，即以各种观赏园林植物为主体。观察有现象观察和定量观察两种，现象观察仅指表象概念性的观察，如何时萌芽、开花、落叶等，仅是表现性状概念的观察，也可称之为定性观察。而定量观察是需要具体到数值的。

③ 观察内容　观察内容分为基本观察和专项观察两种。栽培上为使某一植物高产稳产，首先要研究它的生物学特性，这是制定栽培措施的依据，其中物候观察属于基本观察的内容。竺可桢称物候学为一门丰产的科学。如什么时候萌芽，这与栽植和嫁接时期有关；什么时候开花和落叶，这与水肥管理有关；产品的成熟期与采收有关。

专项观察是为某一专门需要提供观察资料。如品种丰产性能的观察，除基本观察外，对分枝、结果习性就要做专项观察；又如对抗虫、抗病、抗旱等有关的观察，也属专项观察。

④ 观察环境　环境条件是观察的一个重要因素。在园林植物所有的研究项目中，都包含有观察环境的内容。环境条件有自然环境和特定环境之分。自然环境是指保持自然状态下的环境。特定环境是指在栽培条件下的试验设计或不同立地条件的比较观察下的环境。园林植物多数是栽培植物，各种观察主要是在栽培条件下进行的。因此，观察环境主要指观察特定环境。

观察无论在自然环境还是在特定环境下进行，都要注意环境因素对园林植物生长发育的影响，往往会从中得到具有重要意义的科学发现。

⑤ 观察工具　最古老的观察全靠肉眼，现在仍有其重要性，但随着科学的发展，可以借助一定的观察工具，在生物科学的观察中，主要的观察工具有显微镜、电子显微镜等；在

园林植物的观察中，常用的观察工具有：显微镜、电子显微镜、双目扩大镜、测微尺、照度计、照相机、折射仪、测糖仪、天平、台秤、温度计、湿度计、钢卷尺、游标卡尺等。

（3）观察的原则

在科学研究工作中，要使观察获得准确资料，通常需遵循以下原则。

① 客观性原则　观察是科学认识的重要源泉，观察必须坚持客观性原则，即坚持实事求是。要如实反映、记录客观真实是不容易的，有客观和主观上的原因。从客观上讲，观察的事物是复杂的，处于变动之中，事实真相有可能被掩盖，或反映的瞬间变化未被捕捉。从主观上讲，由于观察者的经验和观察条件的限制，有可能错过观察真实现象的良机。

② 典型性原则　园林植物的研究观察中，观察对象千差万别，范围广，数量大。如对一公顷或几公顷的园林进行观察，显然不可能对每一株植物都进行观察，实际上也没有这个必要，只需从中抽样选择一些植株，但要把可变因素尽可能减少，因为选择具有普遍代表性的典型植株，所观察的材料才能代表全体。

③ 动态性原则　园林植物总是处于生长发育的过程中，在时间和空间上都是变化发展的。因此，观察也要随着变化过程的动态而进行，不能只停留在某一个点上，只有动态观察才能全面了解变化过程。动态性原则要求全面系统地掌握观察对象的各种表现形态、时间上的演变规律和空间的分布，做到真正反映客观真相。

（4）观察的方法

根据观察目的，按照观察原则要求，制订出观察计划。观察计划包括：目的，如物候、品种对比等；对象，如梅花、海棠或菊花等；地点，如所选择观察植株编号；观察要求，如时间、间隔期、精度等。同时，需明确观察工具、制作出观察记录表格等。

此处以物候观察为例说明观察的方法。物候是指园林植物在一年中随着气候的变化所表现出的萌芽、展叶、抽枝、开花、结果、落叶休眠等生长发育现象。物候出现的时期称为物候期，表现出来的外貌称为物候相。物候观察的重点是生长期的变化，通过物候观察来认识园林植物生理机能和形态发生的规律变化，为栽培利用提供依据。

① 物候观察地点、观测植株的选定　观测点必须具有代表性，即能代表该地区的自然环境条件。对多年生的木本观赏植物，要做多年固定不变观察，应在代表性园地中选择一定数量的代表性植株作观测，对观测植株要做好标记，并要注意保护。

② 观测记载方法，木本和草本植物物候观测可分别按表记载。

3.1.2.2　试验研究方法

3.1.2.2.1　调查总结研究法

选择具有代表性的条件（如自然和人文条件），通过系统调查，总结规律，提出措施或技术的方法叫调查总结研究法。

在一定自然条件下，对园林树木本身生长特点、观赏特性及价值、栽培技术、生产效果等进行系统调查、观测、记载，并根据结果进行概括总结、综合分析，以探索树木的生物学特性、生长发育规律等，为优质高产栽培及应用提供理论依据。

3.1.2.2.2　田间试验法

（1）概念与评价

田间试验法（field experiment）是指在大田的自然环境中，进行人为的处理和控制，以差异对比法为基础，以园林植物本身的表现作为指示者进行一系列处理、观察、比较来客观评价不同处理的效果与反应的试验方法。它是在人工控制条件下，比较各种处理效果的试验。试验中要注意突出研究的主要内容，排除次要因素的干扰。田间试验法是园林植物试验研究的主要方法。

（2）园林植物田间试验研究的特点

由于园林植物的生物学特性及栽培技术和大田作物存在差别，因而在园林植物试验研究方面具有下列特点。

① 多数园林植物例如部分花卉和观赏树木都属于多年生木本或草本植物，具有生命周期年周期的特点，不同的年龄和不同的物候期其生长发育状况不同。

② 园林植物的寿命比较长，试验具有长期性，因此试验要有预防事故发生的措施。

③ 园林植物是一个高度分化为各种功能器官、协调进行生命活动的整体结构，这种结构既与形态上的数量相关，又包括极其复杂的多元控制体系。

④ 园林植物除部分用种子繁殖外，多数采用无性繁殖。

⑤ 园林植物个体大、根系深入土层，占地面积大，容易受地形、土壤营养及气候条件不一致的影响，与一年生作物相比，园林植物具有单位面积上个体少的特点，个体的性状通过群体来表达。

（3）田间试验步骤（图3-1）

① 预备试验　又叫初步试验（primary experiment），在正式试验之前，为正式试验做准备的试验。

② 正式田间试验　又叫基本试验（basic experiment），是一种主要的试验形式，是比较长时间的试验，要按试验的目的、要求进行设计，而且准确性要高，对试验的设置和方法应有充分的依据和全面的考虑。可分为以下三个步骤进行。

图 3-1　田间试验步骤

a. 田间小区试验（small plot experiment）　按照实验的目的要求，按一定的处理、重复设计，重复次数可多些，占地面积可小些，要求有较高的精确性。

b. 田间生产试验（production experiment）　把小区试验放在生产条件下重复试验，在接近生产条件下检验小区试验的试验结果，同时具有示范性质。

c. 区域试验（district experiment）　主要指品种区域化试验，用于选育种。

田间生产试验和区域试验都是作为进一步检验试验结果、进行生产推广的示范试验。

3.1.2.3　实验室试验法

实验室试验法（laboratory experiment）是在完全人为控制的条件下，研究植物本身和生产栽培的各种问题，从中找出规律的方法。试验性质与温室试验大致相同，但规模更小，条件控制得更严格，如组织培养、形态解剖、生理生化分析、营养诊断等。一般它作为田间试验的辅助手段。

该方法的主要优点是克服了一般田间试验法下难以控制的一些环境条件的干扰，减少了结果分析的复杂性，因此实验室试验法特别有利于理论问题的探讨。但其缺点是要求的设备条件较高，因此在应用上应考虑从现有的人力、物力和设备出发，能够采用调查研究方法或田间试验法解决问题的就少采用实验室试验法。同时还应注意试验结果的应用价值，若与生产条件的实际差距大，在推广时需要经过生产试验。

调查总结、田间试验和实验室试验三种研究方法，对于研究园林植物生长发育规律和高产、稳产、优质、低成本的先进技术，发展园林植物生产，提高科研水平等具有重要意义，应当综合应用，互相配合，相辅相成。对于生产技术上的问题，如生态、生物学等方面的问题，多采用调查总结和田间试验。对于理论上的问题，多采用实验室试验，目前在园林植物的研究中，通常是三种方法结合采用。

3.1.2.4 逻辑思维方法

（1）分析与综合

分析与综合是对感性材料进行抽象思维的基本方法。分析是把复杂的事物分解为简单的要素，分别加以研究考察，从结果中寻找原因，把认识引向深入。综合以分析为前提，没有分析就没有综合。综合不是把对象的各个要素任意简单相加或随意凑合，是把研究对象的各个要素联系起来统一研究考察。如气候对植物生长发育的影响是综合作用的，就要从总体上去研究其相互关系和发展规律。

分析与综合就其思维方法的方向来讲是相反的，一个是在整体的基础上去认识部分，一个是在部分的基础上去认识整体。但在实际的认识过程中，不是单纯为某一个方面而进行的，两者是相互渗透转化的，只有通过分析与综合的结合，才能达到科学的认识。

（2）归纳与演绎

归纳法是从个别事实中概括出一般的原理，演绎法是从一般原理中推断出个别的结论。二者是认识过程中的两种推理形式，也是两种基本的思维方法。在认识发展过程中，这两种方法是相辅相成、互相联系的。

归纳与演绎和分析与综合是不同的逻辑推理方法，但它们之间是互相渗透、不能分离的。

① 归纳法　归纳法是培根作为近代科学的思维工具而创立的。它是一种十分重要的科学认识方法，任何一门科学都要用到它。运用归纳法，可以从个别事实的考察中，提出假说和猜想，可以从纷繁复杂的经验材料中找出普遍的规律。

归纳法可以分为完全归纳法和不完全归纳法。完全归纳法是将某类事物的全部对象，无一遗漏的情况归纳出结论。不完全归纳法只根据部分对象具有某种属性而做出概括。在科学研究中常用的是不完全归纳法，因为研究很多是未知的，很难做到完全归纳。

② 演绎法　演绎法是亚里士多德创建的，在古代的自然科学研究中占统治地位。演绎和归纳是相反的一种逻辑思维方法，其中最常用的形式就是三段论：大前提、小前提、结论。

演绎的大前提是一般的，推出的结论是个别的，但在前提中包括了结论，所以它是必然的，是一种必然性的推理。只要前提正确，推理的形式符合逻辑规则，结论就一定正确可靠。

（3）想象与假说

① 想象　想象不是没有任何根据的空想。想象以客观实际或者试验结果为依据，是直观的深化和外延。想象是形成新的科学概念的重要手段，是新的科学思想的胚芽，科学研究人员要敢于想象、善于想象。科学研究计划就带有想象性质。

② 假说　假说是人们根据已知的事实材料和科学原理，对尚未被认识的事物作出一种假定性的说明。

假说具有两个显著的特点：一是有一定的科学事实作根据；二是有一定的推测性质。假说要通过实践加以验证后，才能证明是否正确。假说作为一种科学研究方法，在科学发展的过程中起着十分重要的作用，是发展科学理论的必由之路，科学理论是沿着假说—检验—理论的道路发展的。因此，恩格斯对假说做出了极高的总结性评价，他说："只要自然科学在思维着，它的发展形式就是假说。"假说使科学研究带有自觉性。

（4）循序渐进与偶然发现

科学研究是一个严密的工作过程，这个过程要坚持循序渐进，否则就会一事无成。但在科学史上，也有许多偶然发现，而偶然发现是建立在勤奋研究基础之上的，与投机取巧是无缘的。在园林植物的栽培中，芽变的发现往往是偶然的，由芽变可以培育优良品种，而且已经培育出了许多优良品种，但是只有从事育种或栽培并仔细勤奋探索的科技人员才有这个偶然发现的机遇。

（5）逐步逼近法

科学研究中正确的结果常常不是一次就能获得的，特别是正确的理论、定理并非一次得来，而是不断实践，不断修正，逐步逼近目的而获得成功。这种方法在科学研究上称为逐步逼近法。在任何科学研究中，几乎都要经历逐步逼近这一过程。在园林植物研究中，良种选育就要利用逐步逼近法。

（6）论证

论证也是一种思维活动。人们的认识是否正确，是需要经过实践来检验的，但并不是每一个认识或每一次认识都要经过实践检验。可以应用一个或一些正确的认识来证明另一个认识的正确性，这就是论证，论证贯穿于科学研究的全过程，从选题开始直至研究成果评价、推广应用，每一个阶段都要论证。

3.2　园林植物试验设计技术

3.2.1　试验设计基础

3.2.1.1　试验设计的内容与意义

在园林植物科学研究中，常需进行各种试验。通常一次试验要经过试验设计、试验的实施、试验结果的获取（收集试验资料）及试验资料的整理分析等步骤才能完成。这里，试验设计是第一环节，是一项科学试验的基础。

所谓试验设计，即指试验研究工作开展之前，根据研究目的和要求，运用数理统计的原理，结合园林植物的特点和试验的实际条件来对试验做全面的规划和统筹安排，制订出合理的试验计划。试验设计的内容主要包括试验方案的拟订，试验条件与供试材料的设定与准备，试验小区和重复试验的安排，试验结果的观察记载，以及项目标准和取样方法与数量的确定等。

试验设计的好坏，对试验的成败至关重要。一个科学的试验设计，对试验各方面都做了周密细致的安排，不仅可有效地控制试验误差的干扰，保证获得更多正确可靠的数据和信息，而且所得数据可用相应的统计方法进行分析，从中得出科学的结论。同时，一个合理的试验设计，还可使人力、物力、财力和时间得到最有效的利用，从而减少浪费，提高试验效率。

3.2.1.2　试验设计中的几个基本概念

（1）试验指标

试验指标（experimental index）指试验中用来反映试验处理效果好坏的标志，常简称指标。园林植物试验中，常用园林植物的各种性状作指标，如产量、单果重、新梢长度、根系数目、果实含糖量等。

（2）试验因素（experimental factor）

试验中，凡对试验指标可能产生影响的原因或要素，都称为因素。如园林植物生产受到品种、种植密度、肥水条件、修剪措施、采摘方法，以及自然环境条件等诸方面的影响，这些方面就是影响园林植物生产的因素。

试验中所研究的影响试验指标的关键因素称为试验因素。把除试验因素以外其他所有对试验指标有影响的因素称为非试验因素，或称非处理条件。例如，在不同品种的丰产性比较试验中，品种即为试验因素，除品种以外的其他栽培因素和环境因素均为非试验条件。

（3）水平（level）

试验因素的不同状态或数量等级称为该因素的水平，简称水平。

（4）水平组合（level combination）

同一试验中各因素不同水平组合在一起而构成的技术措施（或条件）就叫作水平组合。

（5）处理

处理（treatment）指试验中进行比较的试验技术措施。在单因素试验中，一个处理指该因素的一个水平；在多因素试验中，一个处理指一个水平组合。

（6）试验单元

试验单元（experimental unit）指试验中安排一个处理的最基本的单位，也叫试验单位。如一个试验小区（experimental plot）、一株树或几株树、一株树上的一个大分枝、一盆植物、一个插床等。

3.2.1.3 园林植物试验种类

园林植物种类很多，试验研究内容也各不相同，故园林植物试验种类繁多，不便作统一具体分类。为了便于了解和掌握各种试验的性质、特点，通常可按以下几个方面进行分类。

（1）按试验场所分类

① 田间试验　指在自然的土壤、气候和接近生产的条件下的大田中研究植物对各项处理反应的科学试验。

② 室内试验　指在室内人工控制的环境条件下进行的试验。

（2）按试验内容分类

① 品种试验　主要研究园林植物选育种和良种繁育过程中的各种问题。

② 栽培试验　主要研究各种栽培措施及环境条件对园林植物生长发育的作用。

③ 植物抗逆性试验　主要研究园林植物的抗寒、抗旱、耐盐碱、抗污染等的能力及逆性环境条件对生长发育的作用。

④ 植保试验　主要研究园林植物病虫害的发生规律、防治方法及各种新农药的防治效果等。

（3）按试验阶段分类

在科学研究活动中常按科研工作自然发展顺序，人为地划分为几个性质不同的阶段，并对其试验设计、试验方法及提供的科研信息都有不同的要求。

① 预备试验　预备试验也叫初步试验，是在科研工作开始阶段或正式开展科研工作之前所进行的一种规模小、设计简单、用时短、对试验结果的准确性要求较低的小型科研活动。

② 正式试验　也叫主要试验或基本试验，是在预备试验的基础上，按照严格的试验设计和试验技术要求进行的试验。

③ 生产试验　指在正式试验完成之后，把选育出的品种或筛选出的某项技术措施用于生产中的鉴定试验。

（4）按因素多少分类

① 单因素试验　在同一试验中只研究某一个因素的若干水平的效应，而其他非试验因素则处于相对一致的条件下的试验叫单因素试验。

② 复因素试验　在同一个试验中同时研究两个或两个以上因素效应的试验，称为复因素试验或多因素试验。

③ 综合试验　这也是一种多因素试验，但与上述复因素试验不同。综合试验中的各个因素的各水平不构成平衡的水平组合，而是将这几个因素结合在一起，由它们的某些水平组合构成几个成套的综合技术措施（即处理措施）来进行试验。

（5）按试验小区面积大小分类

① 小区试验　在田间试验中，一般把小区面积小于 $100\ m^2$ 的试验称为小区试验。

② 大区试验　通常将小区面积大于或等于 $100 \ m^2$ 的试验称为大区试验。

（6）按试验年限、地点分类

一个试验只进行一年的称为一年试验；重复进行几年的称为多年试验。

3.2.1.4　园林植物试验的基本要求

园林植物试验的基本要求有如下：

① 试验条件的代表性；

② 试验的正确性，包括准确度（accuracy）和精确度（precision）；

③ 试验结果的重演性。

3.2.2　试验方案

3.2.2.1　试验方案及其种类

试验方案（experiment plan）是指根据试验目的与要求而拟定的进行相互比较的一组试验处理的总称。它是整个试验工作的核心部分，关系着试验的成败。因此，必须周密考虑，慎重拟定。在效应比较性试验中，试验方案按供试因素的多少可分为单因素试验方案和多因素试验方案两类。

（1）单因素试验方案

由于单因素试验中进行比较的是该因素的不同水平，故单因素试验方案是由该试验因素的所有水平构成。这是一种最简单的试验方案。

（2）多因素试验方案

在多因素试验中，进行比较的是试验中各因素的各水平组成的不同水平组合，所以，多因素试验方案是由试验的所有水平组合构成。多因素试验方案又可分为完全实施方案和不完全实施方案两种。

① 完全实施方案　完全实施方案是指在多因素试验中将各试验因素的不同水平分别均衡搭配而构成的所有不同水平组合都予以实施的多因素试验方案，即由一个多因素试验的所有可能的不同水平组合构成的试验方案。

② 不完全实施方案　指由一个多因素试验的所有可能的不同水平组合中的部分水平组合构成的试验方案，也叫部分实施方案。

3.2.2.2　试验方案的拟定

一个周密而完善的试验方案可使试验尽快尽好地完成，并获得正确的试验结论。如果方案拟订不合理，如试验因素、水平选择不当，或者部分实施试验方案所包含的水平组合针对性或代表性差，或者因素、水平数定得过多，使方案过于复杂庞大，以至于试验难以实施或试验结果不便分析解释，则即使试验的其他方面都执行良好，亦会使试验结果不能完满解答试验所提出的问题，因而就不能很好地完成试验任务。因此，试验方案的拟订在整个试验工作中占有极其重要的位置。

拟订试验方案的主要工作内容就是对试验因素及其水平的选择确定。为了拟订一个正确的、切实可行的试验方案，应从以下几个方面考虑。

（1）根据试验的目的、任务和条件选择确定试验因素。

（2）各因素的水平确定要适当。

① 水平要有先进性和针对性；

② 水平的数目要合适；

③ 水平的范围及间隔大小要合理。

（3）试验方案中必须设立作为比较标准的对照。

（4）试验处理间应遵循唯一差异原则。

（5）拟定试验方案时必须正确处理试验因素和试验条件之间的关系。

3.2.3 试验误差及其控制

3.2.3.1 误差的概念

使观察值偏离试验处理真值的影响称试验误差，简称误差。试验误差由于来源和性质特点的不同，可分为系统误差和偶然误差两种。

（1）系统误差

系统误差（systematic error）亦称片面误差。它是由于试验处理以外的其他条件明显不一致而造成的处理观察值与其真实值之间呈现的有一定方向的偏差。比如，土壤肥力梯度、测量工具的不准、试验管理操作不一致，以及操作者在观察记载时的某些习惯偏向等原因引起的试验误差。

（2）偶然误差

偶然误差（random error）又叫随机误差，或简称机误。它是指在严格控制试验的非处理条件相对一致后，仍不能消除的由偶然因素引起的处理观察值与其真实值的偏差。由于它是由偶然因素引起的，表现出明显的随机性，因而在试验中很难对其进行控制，客观存在，无法完全消除，只能尽量降低。所以，在试验结果的统计分析中涉及的试验误差即指偶然误差。

试验误差影响试验的正确性，它是衡量试验精确度的依据。试验误差小，即试验的非处理条件趋于最大限度的一致，才能对处理间差异做出正确而可靠的评定，试验精度才高；试验误差大，则处理间比较的可靠性就差，试验精度也就低。因此，在试验设计、试验实施以及试验结果的获取等工作中，如何控制并消除系统误差，有效降低偶然误差，是需要试验者给予足够重视的中心问题，通常在试验的全过程中所采取的一切方法和措施都是围绕着这一中心问题而展开的。应当指出，试验误差与试验中发生的错误是完全不同的。在试验过程中，由于不注意操作规程或疏忽大意而人为造成的错误是不应该发生的，如观察记载工作中记错了数码，称错了重量，量错了小区面积等。只要工作认真、细致、严密，避免错误发生是完全可以做到的，而误差却是不可避免的。

3.2.3.2 误差的来源

在园林植物试验中，为了有效地控制和减少试验误差，首先应弄清楚试验误差的来源。引起试验误差的原因多而复杂，归纳起来，主要有以下三个方面。

（1）试验材料本身固有的差异

指试验中各处理的供试材料在遗传和生长发育状况上存在的差异，如试验材料遗传性不纯，播种的种子大小、质量有差别，苗木高矮、壮弱不一致，插穗粗细、长短不同等。

（2）试验操作上的不一致

指试验过程中除试验处理以外的栽培管理和结果观测时操作上存在的差异。如对整地、播种、施肥、除草、治虫等操作在时间上、质量上、数量上不能做到各试验单元完全一致；以及对一种性状进行观察和测定时，对各试验单元的观察测定时间、标准、人员和所用工具或仪器等不能完全一致。

（3）外界环境条件的差异

指试验所处自然环境条件上的差异，通常包括：

① 土地条件上的差异，如土壤肥力、土壤理化性质，以及地形、地势等方面的差异。

这些差异是普遍存在的，是对试验影响最大又最难控制的误差来源。

② 试验地微域气候的差异，如试验地周围有高大的建筑物或植株，有较大的水面或宽阔的公路等，都会造成试验各小区的微域气候的不同，从而引起各小区植株生长发育的不一致。

③ 偶发病虫或鸟兽危害、暴风雨袭击、人畜践踏等自然灾害带来的差异。

3.2.3.3　误差的控制途径

① 选择相对一致的试验材料。

② 试验的管理操作技术应尽量一致。

③ 控制外界环境的主要因素。

3.2.3.4　正确选择试验地

（1）试验地要有代表性

要使试验具有代表性，首先试验地要有代表性。试验地的土质、土壤肥力、气候条件和栽培管理水平能代表本地区的基本特点，以便于试验成果的推广应用。

（2）试验地的肥力要均匀一致

所选择的试验地肥力均匀一致，是减少试验误差、提高试验精度的基本保证。

（3）选作试验地的地块最好要有土地利用的历史记录

因为土地利用的不同对土壤肥力的分布及均匀性有很大影响，故要选用近年来在土地利用上是相同或相近的地块。

（4）选择的试验地位置要适当

试验地应该选择在阳光充足较空旷的地块，而不宜安排在离道路、高大建筑物、树林、畜舍、住宅、水塘等较近的地方，以免使各试验地受这些条件引起的边际效应的影响。但是，也不能离住宅太远，造成管理、观察记载和看护的不便。

（5）试验地的地势要平坦

苗圃和花圃大都是水浇地，灌水量大，如果地势不平，必然引起土壤水分不均，随之而来的是土壤肥力不均。因此，应尽量选择地势平坦的地块进行试验。在坡地上进行试验时，应该选择局部肥力均匀的若干地块，以便田间试验设计时进行局部控制。

3.2.3.5　试验设计的基本原则

试验设计的主要任务之一是减少、控制试验误差，从而提高试验结果分析的精确性和推断的准确性。因此，进行试验设计时必须遵循设置重复、随机化和局部控制三项基本原则。试验设计的三项基本原则的关系见图3-2。

设置重复有估计误差和降低误差两个作用，但设置重复若不与随机化和局部控制两原则结合起来运用，这两个作用不能得到很好发挥。因为仅仅设置重复，而不随机化，虽可以估计误差，但估计出的误差是有偏的。只有设置重复的同时又随机化，才能保证获得无偏的误差估计。同样，只设置重复而不局部控制，设置重复降低误差的作用将被抵消。只有将设

图3-2　试验设计三项基本原则的关系

置重复与局部控制结合起来运用，才能有效降低误差。所以，在试验设计中，三项原则同等重要，必须同时遵循，缺一不可。

3.2.3.6　控制环境因素的小区技术

试验小区是指安排每一个处理的小型地段，简称为小区。它是田间试验的基本单位，试验小区的大小、形状、方向等都会影响试验的精确性。

在一般情况下，小区的面积除考虑土壤差异外，还要考虑其他条件的影响，首先要根据试验性质和要求，一般栽培试验的小区面积要求大于品种比较试验的小区面积。栽培试验的预备试验对结果的准确性要求较低，小区的面积可小些；而生产试验或推广示范试验，小区的面积应大些。如果供试植株的变异系数大，小区的面积要大些；如果供试植株的变异系数较小，小区的面积可小些。

3.2.4　常用试验设计及结果分析

（1）完全随机设计

完全随机设计（complete randomized design）是将试验中全部供试单元（N）按处理数 k 随机分成 k 组，每个组有 n_i 个试验单元，然后按组随机给予不同处理的试验设计方法。这里，各组内的试验单元数 n_i 有相等和不相等两种情况。在设计方法上，两者完全相同，但结果分析时，各 n_i 相等的情况较不相等的情况在分析计算上要简便得多，因此在试验设计时应力求各组 n_i 相等。

（2）随机区组设计

随机区组设计（randomized block design）是根据局部控制的原理，将整个试验地按重复数 r 划分成非处理条件相对一致的 r 个区组，再分别在每个区组内根据试验的处理数 k 划分出小区，并用随机的方法将各处理逐个安排于各小区中。由于同一区组内各小区中处理的排列顺序是随机而定的，故这样的区组叫随机区组。随机区组设计也由此得名。

随机区组设计是一种适用性较广泛的设计方法，既可用于单因素试验，也适用于多因素试验。两者设计方法完全相同，只是在多因素试验时，各小区（试验单元）中安排的是一个水平组合而已。

（3）正交设计

在园林植物研究中，经常需要进行多因素试验，而多因素试验有一个特点就是随着因素水平数的递增，试验的处理数目将呈几何级数的增加，使试验规模扩大。例如，各因素均为 3 水平的二因素试验，其处理数为 $3^2 = 9$；三因素试验，则有 $3^3 = 27$ 个处理；四因素时有 $3^4 = 81$ 个处理。当试验的处理数较多时，如果对所有处理进行全面实施试验，不仅占地面积大，人力、物力、财力花费多，而且也难以实施局部控制，统计分析也很繁琐，有时甚至根本做不出来。对这样的问题，常可采用部分实施试验方法，即从完全试验方案的全部不同处理中选出一部分有代表性的处理来实施的试验方法加以解决。正交设计（orthogonal design）就是一种部分实施试验的设计方法。它是利用正交表（orthogonal table）来确定部分实施的处理方案，既保证了所选的部分处理有很强的代表性，能够较全面反映完全实施试验的基本情况，也可大大缩小了试验规模，减少了试验工作量和花费。

（4）回归设计

前面介绍的正交试验法，在做多因素多水平的试验时具有十分显著的优点，能通过较少试验处理找出较好的生产条件。但是，正交试验法只能在所做试验的因素水平中找出相对较好的生产条件，而不能在各因素的整个区域上找出最佳水平组合。要做到这一点，须建立起各因素在最优化区域上与试验指标的数学模型，而这正是回归设计所要研究的问题。

回归设计（regression design）始于 20 世纪 50 年代，是由正交设计与回归分析相结合而发展起来的一种新的试验设计方法。它既具有正交设计的特点，利用正交表来安排较少的试验处理数，以提高试验效率；同时，又具有回归分析的特点，运用最小二乘法原理，通过实测数据求出各因素与试验指标间的回归方程，以便利用该方程预测和控制生产。因此，回归设计克服了古典回归分析中那种只能被动地处理已有试验数据，而对试验的安排几乎不提任何要求，对所求得的回归方程的精度也很少研究的不足。另外，由于这种设计方法具有正交性的特点，所以回归方程中的各偏回归系数相互独立，使在对回归方程进行显著性检验、剔除自变量和建立最优回归方程时，很大程度地减少了计算量。

3.2.5　抽样技术

3.2.5.1　样本容量

样本容量指样本中所包含的个体（或抽样单位）数目，即样本的大小。它影响抽样误差的大小，从理论上讲，样本容量小，抽样误差就大，所得样本就不能很好地代表总体；反之，样本容量大，样本中所包含的总体信息就多，样本对总体的代表性就好，抽样误差就小，由样本统计量值对总体真值的估计精度就高。但是，也必须看到，样本容量增大，意味着抽样成本的加大，因此在实际中，并不是样本容量越大越好。

目前对试验结果抽样调查的样本容量还没有一个确切统一的估计方法。斯丹（C. Stein）认为，样本容量的大小与抽样调查要求的精确度及所研究对象的变异度大小有很大关系。利用这种关系来求样本容量的计算公式可用显著性检验的统计量公式推出。当从正态总体中抽样时，由样本平均数与总体平均数差异显著性检验求 U 值公式可推出样本容量的计算公式为：

$$n = \frac{U_\alpha^2 S^2}{d^2}$$

式中　n——样本容量。

U_α——两尾概率 α 的临界 U 值，由查正态离差值表取得。

S——标准差，反映所研究对象的变异度大小。

d——允许的误差（$\bar{x} - \mu$），可根据抽样调查要求的精确度确定。

α——置信度。

在 n 确定之前，S 是未知的，为了估计 S，可有两种方法：一是事先进行小型调查来初步估算 S；二是采用观察值的极差来估计 S，即由总体中最大观察值和最小观察值求极差 R，这时 $S \approx R/6$。

3.2.5.2　抽样方法

（1）顺序抽样

顺序抽样（systematic sampling）又称系统抽样、机械抽样或等距抽样。具体做法是：将总体全部个体 N 按自然顺序进行编号，并将总体平分成若干组。组数等于样本容量 n。然后从第一组内随机抽取 1 个个体（抽样单位），再以组内个体数（N/n）为间隔在第二组内抽取另一个个体（抽样单位）。如此继续下去，直到抽出所需个体组成样本。

（2）简单随机抽样

简单随机抽样（simple random sampling）是一种直接从总体中随机抽取若干个体构成样本的抽样方法。具体做法是：先对总体中所有个体逐个进行编号，然后用随机方法（查随机数字表或抽签法）按样本容量从总体中抽取所需个体组成样本。

（3）分层抽样

分层抽样（stratified random sampling）又叫类型抽样或分类抽样，是一种混合抽样方法。其具体方法分两个步骤进行：

① 将总体按变异情况分成若干较均匀同质的部分，即区层。各区层的个体（抽样单位）数可等可不等。

② 分别在各区层中按一定比例确定该区层抽样数 n_i，并按 n_i 在该区层内进行简单随机抽样。最后将各层中抽得的个体（抽样单位）共同组成一个样本。

（4）整群抽样

整群抽样（cluster sampling）是一种以包含若干个体的单位群为抽样对象的抽样方法。其具体做法是：首先对所调查总体按需要划分成若干单位群，并对各群进行编号，然后用简单随机抽样法在总体中抽单位群来组成样本。所抽单位群个数与每个群中个体数的乘积等于样本容量 n。

（5）分级抽样

分级抽样（nested random sampling）又叫阶段抽样。其方法是：先将总体分成若干大组（初级单位），并从中随机抽取几个大组；然后在所抽大组中再分小组（次级单位），并分别随机抽取几个小组；需要时还可再分，最后根据最终抽取的所有单位组的全部个体组成样本，逐个进行观测。

（6）典型抽样

典型抽样（typical sampling）指根据试验调查的要求，从总体中有意识有目的地选取一定量的典型植株个体或抽样单位作为样本加以观测。

3.3 园林植物主要研究方法

3.3.1 园林植物的分类研究方法

园林植物指适用于园林绿化的植物材料，主要包括木本和草本的观花、观叶或观果植物以及适用于园林、绿地和风景名胜区的防护植物与经济植物，同时室内花卉装饰用的植物也属园林植物范畴。植物分类是对植物进行分类与识别，是进行植物保护的前提。植物分类学是一门主要研究整个植物界的不同类群的起源、亲缘关系，以及进化发展规律的一门基础学科。

Alpha-taxonomy、Omega-taxonomy 是分类学研究中两个主要过程，Alpha-taxonomy 是研究种级分类单元的识别、鉴定、记述和命名的分类学；此过程后，在高等植物、动物和一些藻类中，出现了一种更自然、更有生物学意义的分类学（Omega-taxonomy），此类分类学激发了对胚胎发育、性形态、遗传相容性等方面的研究。

目前植物分类学的现状为：植物编目研究历史较短，植物种类底线不清楚，植物标本收集和收藏不足，植物标本的数字化程度低，网络共享系统不完善，投入到植物多样性研究中、专业培训以及设施建设的资金缺乏。但在不足百年的时间中，我国植物分类学已取得了多项成果，在分类学研究方面要同时进行调查采集、描述、实验、分子4个阶段的工作，未来植物分类的发展趋势向着这4个方面不断发展。同时，对以下4个基础条件：人才培养、标本馆、图书馆和实验室建设，尤需予以关注。

3.3.1.1 古典研究方法

（1）形态学方法

形态学方法是根据植物各器官的外部形态特征进行比较、分析和归类，建立分类系统，目前的植物主要分类系统均采用形态分类。

（2）地理学方法

地理学方法论其体系分成 3 个基本层次：哲学方法；一般科学方法，如基本逻辑方法、数学方法、系统方法、控制论方法等；地理专门方法，如地理考察、剖面踏勘、地理定位观测等。在现代地理学中，系统分析方法、模拟仿真方法、系统综合方法、系统协调方法、宏观量子化方法等，把传统的因果法、比较法、溯源法、类推法等融合在一起，逐渐演化成新的地理方法论体系。把归纳法与演绎法结合起来、把表象描述与抽象思维结合起来、把结果的获得与检验结合起来、把宏观把握与微观辨析结合起来试图把地理学纳入一个更加理性的学科范畴之中。

3.3.1.2 现代分类方法

（1）实验分类法

实验分类法是用实验方法研究物种起源、形成和演化的方法。实验分类法的内容相当广泛，如改变生态条件进行栽培试验，以解决分类中较难划分的种类；物种的动态研究，探索一个物种在它的分布区内，由于气候及土壤等条件的差异，所引起的种群变化，来验证过去所划分的物种的客观性；细胞质及细胞核的移植，是加速人工控制物种发展的新途径，而基因移植又使实验分类学进入更高级阶段。

（2）细胞学方法

细胞学是利用染色体资料探讨植物分类问题的学科，细胞学方法的研究内容包括染色体的结构特征和数量特征。例如芍药属，以前属于毛茛科，该属染色体 $X=5$，这和毛茛科其他属 $X=6\sim9$ 不同，结合其他特征，将芍药属从毛茛科中分出，成立芍药科。

通过研究染色体各个方面的资料来研究生物的变异规律，以探讨各种生物之间的关系和起源。细胞分类学在 20 世纪 30 年代以后诞生，其方法主要是研究染色体数据，包括染色体数目、核型分析、染色体带型分析、染色体组分析等。

染色体的数目在各类植物中，甚至在不同种中是不一样的，对划分类群具有参考意义。染色体的形态和核型分析及染色体在减数分裂时的配对行为，有助于理解种群的进化和关系。

（3）化学研究方法

化学研究方法是利用化学特征研究各植物类群的亲缘关系，探讨植物类群演化规律的一种方法。例如人参属，人参属从形态上分为 2 个组，第一组具有短而直立的根状茎和肉质根，种子大；第二组具有长而直立的根状茎，无肉质根。而化学成分特征：达玛烷型四环三萜主要存在第一组中，齐墩果烷型五环三萜主要存在第二组中。

（4）电镜技术应用

电子显微镜（electron microscopy，EM）是 20 世纪最重要的发明之一，其特有的高分辨率，在植物病害检测、超微结构及形态观察中发挥了重要作用。目前常用电子显微镜有透射电子显微镜、扫描电子显微镜、环境扫描电子显微镜、扫描隧道显微镜及原子力显微镜等。电镜技术指利用电子显微镜研究植物的细微结构，为植物分类提供证据的方法。其研究主要集中在孢粉学和各种表皮的微形态学特征。

（5）解剖学方法

解剖学方法是利用光学显微镜观察植物的内部构造，提供植物分类依据。例如芸香科植物的分泌囊的形态结构、着生位置和分布密度特征对芸香科内各亚科和各属间的亲缘关系的分析有一定的价值。

解剖学分类法是通过对植物的内部结构进行观察和研究来进行分类的方法。植物的解剖结构包括细胞形态、细胞组织和器官结构等。通过对这些结构的比较和分析，可以确定植物之间的亲缘关系和分类位置。解剖学分类法可以辅助形态分类法，提高分类的准确性和可靠性。

（6）分子生物学方法

分子生物学（molecular biology）是从分子水平研究生物大分子的结构与功能从而阐明生命现象本质的科学。自20世纪50年代以来，分子生物学是生物学的前沿与生长点，其主要研究领域包括蛋白质体系、蛋白质-核酸体系（中心是分子遗传学）和蛋白质-脂质体系（即生物膜）。

随着生命科学和化学的不断发展，人们对生物体的认知已经逐渐深入到微观水平。从单个的生物体到器官到组织到细胞，再从细胞结构到核酸和蛋白的分子水平，利用分子生物学方法，可以通过检测分子水平的线性结构（如核酸序列）来横向比较不同物种，同物种不同个体，同个体不同细胞或不同生理（病理）状态的差异。

（7）数学方法

数学方法是利用数学统计学原理和计算机技术，采用数量方法评价植物类群之间的相似性，其方法包括主成分分析、聚类分析、分支分类分析等。

3.3.1.3　园林植物品种分类方法

在一个分类系统中使用两个分类标准的分类方法称为二元分类法。中国花卉品种的二元分类，是在1962年由陈俊愉、周家琪共同倡导，分别在梅花与牡丹、芍药中试行的。陈俊愉首先指出："主要根据进化的观点，同时也须结合园林栽培应用上的需要。这是梅花品种分类的基本原则，也可在其他花卉的品种分类研究中结合具体情况推广应用。"

陈俊愉对梅花的品种分类就是采用二元分类法，按枝条生长姿态将梅花分为：直枝梅类、垂枝梅类、龙游梅类三类，然后在这三类下按照花的特征分别分为若干型，三类总共分出12个型，每个型都包含一至许多个不同的品种。

3.3.2　园林植物的资源研究方法

园林植物资源是植物造景的基础，中国地大物博，园林植物资源丰富多彩，为公认的"植物王国"或"园林之母"，在世界植物资源的发展过程中起到举足轻重的作用。植物区系指某一地区，或者是某一时期、某一分类群、某类植被等所有植物种类的总称。植物区系包括自然植物区系和栽培植物区系，但一般是指自然植物区系。植物区系根据不同原则或分布区特点，可划分为几类区系成分，以便全面了解一个地区植物区系的种类组成、分布区类型以及发生、发展等重要特征。地球上每种植物通常有很多个体，它们通常分布在一定的地域上，这个地域就是该种植物的分布区。分布区总体上可以分为两大类型：连续分布区和间断分布区。分布区是一个完整区域的，称为连续分布区。如果某一植物分类学单位（科、属、种）占有两个或两个以上的相互分离的区域，并且它们之间不可能凭借现有的自然因素来传播种子，其分布区称为间断分布区。

3.3.2.1　园林植物资源调查方法

3.3.2.1.1　现场调查法

现场调查是植物资源调查工作的主要内容，分为踏查和详查两种方式。

（1）踏查

踏查也称概查，是对调查地区或区域进行全面概括了解的过程，目的在于对调查地区野生植物资源的范围、边界、气候、地形、植被、土壤，以及野生植物资源种类和分布的一般规律进行全面了解。

（2）详查

详查是在踏查研究的基础上，在具体调查区域和样地上完成野生植物资源种类和贮量调查的最终步骤，是植物资源调查的主要工作内容。

3.3.2.1.2 路线调查法

植物资源的调查要遵循一定的调查路线有规律地进行，并在有代表性的区域内选择调查样地，进行植物资源种类及贮量的详查。

（1）选择调查路线的基本原则：植物资源的分布及其种群数量受区域生态环境的影响，特别是地形的变化，而植被类型是植物资源分布的重要参考依据。因此，选择调查路线的基本原则是能够垂直穿插所有的地形和植被类型，不能穿插的特殊地区应进行补查。

（2）路线的布局方法：路线的布局方法分为路线间隔法和区域控制法两种。

① 路线间隔法　是植物资源路线调查的基本方法，是在调查区域内按路线选择的原则，布置若干条基本平行的调查路线。这种方法采用的基本条件是地形和植被变化比较规则，植物资源的分布规律比较明显，穿插部位有道路可行。调查路线之间的距离，因调查地形和植被的复杂程度、植物资源分布的均匀程度、调查精度的要求而决定（表3-1）。

表3-1　常用不同精度调查路线间距参考数据

调查精度 （比例尺）	中比例尺/万			大比例尺/万			超大比例尺/万		
	1:25	1:20	1:10	1:5	1:2.5	1:1	1:0.5	1:0.25	1:0.1
路线间距/km	7～8	5～6	2～3	1～1.5	0.5	0.2	0.1	0.05	0.02

② 区域控制法　当调查地区地形复杂、植被类型多样、植物资源分布不均匀、无法从整个调查区域按一定间距布置调查路线时，可按地形划分区域，分别按选择调查路线的原则，采用路线间隔法进行路线调查。

3.3.2.1.3 访问调查法

访问调查是对调查地区有经验的干部、生产技术人员、采集者和集贸市场及收购部门等，进行的口头调查或书面调查。访问调查应贯穿调查工作的始终，同时，也可以集中一批问题，组织调查会和个别访问，作为一个独立的阶段，安排在路线调查和现场调查时穿插进行，并及时整理出调查专题材料，并对一些名称上或不认识的植物采集证据标本。

3.3.2.2 园林植物资源保护方法

3.3.2.2.1 划分保护等级

1984年，国务院环境保护委员会公布了我国第一批《珍稀濒危保护植物名录》，并规定了3个重点保护级别，一级指中国特有，并具有极为重要的科研、经济和文化价值的濒危种类，二级指在科研或经济上有重要意义的濒危或渐危种类，三级指在科研或经济上有一定意义的渐危或稀有种类。1987年，原国家环境保护总局和中国科学院植物研究所出版了《中国珍稀保护植物名录》（第一册），其中一级8种、二级159种、三级222种。2021年9月7日国家林业和草原局，农业农村部公告（2021年第15号），经国务院批准，调整后的《国家重点保护野生植物名录》正式向社会发布，新调整的名录，共列入国家重点保护野生植物455种和40类，包括国家一级保护野生植物54种和4类，国家二级保护野生植物401种和36类。其中，由林业和草原主管部门分工管理324种和25类，由农业农村主管部门分工管理131种和15类。中国现珍稀濒危一级保护植物见表3-2 [来源：国家林业和草原局政府网]。

表 3-2　中国现珍稀濒危一级保护植物名录

科名	种名	类别	分布
桫椤科　Cyatheaceae	桫椤　*Alsophila spinulosa*	渐危	台、闽、粤、桂、滇、黔、川、藏
松科　Pinaceae	银杉　*Cathaya argyrophylla*	稀有	桂、湘、川、黔等局部地区
杉科　Taxodiaceae	水杉　*Metasequoia glyptostroboides*	稀有	鄂(利川)、川(石柱)、湘(龙山)
杉科　Taxodiaceae	秃杉　*Taiwania flousiana*	稀有	黔、鄂(利川)、滇
五加科　Araliaceae	人参　*Panax ginseng*	濒危	吉、黑、辽、冀(灵山、都山)
龙脑香科　Dipterocarpaceae	望天树　*Parashorea chinensis*	稀有	滇(勐腊、马关、河口)、桂
蓝果树科　Nyssaceae	珙桐　*Davidia involucrata*	稀有	陕、鄂、湘、黔、川、滇
山茶科　Theaceae	金花茶　*Camellia chrysantha Camellia petelotii*	稀有	桂(南宁、邕宁、防城、扶绥、隆安)

3.3.2.2.2　建立自然保护区

自然保护区是指在不同的环境区域内划出一定范围，将自然资源和自然历史遗产保护起来的场所。它包括陆地、水域、海洋和海岸。自然保护区为观察研究自然界的发展规律，保护和发展珍稀濒危物种，引种驯化本地有经济价值的生物种类，为开展生态学、分类学、资源学和环境科学研究、教学和参观游览提供良好场所。为了使自然保护区达到多功能的目的，一般应划分下列四个区域。

① 核心区　它是自然保护区的核心，是一个各种原生性生态系统类型保存最好的重要地段。在该区域里，严禁任何采伐、采集和狩猎等，使之尽量不受人为干扰，让其自然生长和发展下去，成为一个物种资源库，是研究生态系统基本规律和监测环境的场所。

② 缓冲区　它应位于核心区周围，可包括一部分原生性生态系统和由演替类型所占据的半开发地段。它一方面是防止核心区受到外界影响和破坏，起一定的缓冲作用；另一方面可用于某些试验性或生产性科学试验研究。

③ 实验区　缓冲区的周围最好要划出相当面积的实验区，包括荒山荒地在内。主要用作发展本地特有生物资源、开展一些经营性生产，如群落多层多种经营、野生经济植物仿生栽培和野生经济动物仿生饲养等。

④ 旅游区　自然保护区一般自然环境好、野生生物种类多样，是旅游观光的好场所。因此，自然保护区旅游已成为生态旅游的重要场所。应在核心区、缓冲区及实验区内，根据自然环境和资源特点划出一定区域作为旅游场所开发利用，但应注意自然保护区的宗旨是保护。

3.3.2.3　园林植物资源开发方法

（1）系统研究方法

系统研究方法的理论依据是植物体内有用成分在植物界中分布与植物系统发育的相关性，即利用近缘属种植物成分的相似性特点，发掘新资源的方法。它是建立在植物区系和植物地理学研究的基础上，运用植物化学研究的科学积累和技术手段，采用植物分类、分布和植物化学等学科结合的一种开发新植物资源的方法。

系统研究方法要求实验设施和技术手段必须精良，要求有重大开发价值或潜力的目标化合物；要求对植物区系情况有深入的了解和认识，包括相关植物种类情况、生态地理分布情况等。

（2）民族植物学法

民族植物学是研究一定范围区域内的人与植物的共生关系，是研究人与植物之间直接相互作用的一个新的科学领域。它通过古书记载，以文字与图形的方式保存下来；或者通过口口相传，以生活经验的形式流传下来的传统知识和经验。包括植物资源的利用历史、文化和现状，特别是种类及其用途和利用方法。

(3) 引种驯化方法

园林植物引种驯化即根据城市绿化发展要求，遵循气候相似性理论，在相似的气候带或两地气候条件相似的情况下，将园林植物直接迁入与原产地环境相似的地区。

主要以近缘引种、种子引种、分不同年龄阶段引种、南树分阶段北引逐步过渡等引种方法为主。驯化方法包括：直接引入种子进行栽培驯化、嫁接法、逐步锻炼法、延长在圃培育年限、采用引入地已引种过渡的植株做母株繁育新株体。

3.3.3 园林植物的栽培研究方法

3.3.3.1 模拟培养试验 (培养试验)

(1) 土培试验

土培是以土壤为培养基质的盆栽试验。土培试验所用土壤依据研究目的不同而要求各异，一般试验采用理化性质好、均匀一致的过筛壤土。特殊试验如抗病性鉴定可用耕层以下的无污染土或消毒土。

(2) 水培试验

水培是以水溶液不断供给蔬菜等园林植物的营养物质。其特点是营养液可以按设计要求精确地加入氮、磷、钾等大量元素和铜、铁等微量元素。营养液的分布比土培均匀，但是 pH 值容易发生变化。水培试验常用于栽培生理，蔬菜不同发育时期对营养要求的规律等研究。

(3) 砂培试验

砂培试验包括用沙砾、炉渣、泡沫塑料、蛭石等基质栽培园林作物，是介于土培和水培之间的一种盆栽方式。砂培也必须加入营养液，它既可以控制加入的营养元素，又不需另加通气管充气。砂培容器可用玻璃、搪瓷、塑料盆等，底部要有孔，便于排除多余的营养液。一般不宜用陶土盆。砂培的营养液配制可以参考水培营养液。装盆时也要定量称重，并在最下部放一层较粗的颗粒。

3.3.3.2 田间研究方法

在自然的土壤、气候条件和接近于生产条件下的大田中研究作物对各项处理的反应的科学试验方法。在一定的自然条件和耕作栽培条件下，研究土壤、作物和肥料三者的关系及其调节措施，为不断培肥土壤、合理施肥、提高产量、改进品质提供科学依据。试验结果可以直接指导生产能反映当地农业生产真实情况不需要特殊设备，适于开展群众性科学研究。但其应用价值有限，表现在试验结果受地区性因素影响研究的深度和广度有限，田间的许多因素又难以控制和分开，必须与其他方法相结合才能得到满意结果。

(1) 田间研究方法分类

① 根据试验规模分类　a. 个体试验：只在一两个点上进行的试验；b. 群体实验：在统一组织下，按照统一的题目、统一的设计、统一的方法，在许多地点同时进行的试验，如全国化肥试验网。

② 根据试验期限分类　a. 一季试验；b. 多年试验：凡在固定地段上，连续几茬作物或若干个轮作周期，进行系统研究的试验，也称多年定位试验或定位试验。

③ 根据试验小区面积分类　a. 大型小区试验：小区一般大于 0.5 亩❶，采用大田农业

---

❶　1 亩≈666.7 平方米。

技术措施设计简单，处理重复少，适于示范，生产性试验。b. 小区试验：小区 0.1 亩左右。c. 微型小区试验：小区 $4m^2$ 左右，条件易控制，但农业技术方面不具备代表性，适于探索性、观察性或示踪性肥料试验。

（2）田间试验方法的设计

试验方案设计如前章所述。试验方法设计的核心是提高试验精确度，而影响精确度的主要因素是试验误差，误差只能缩小，不能消除，因此，田间试验方法设计始终有两点要求：尽可能缩小试验误差；正确估计误差大小。

① 试验小区的面积设计　小区是构成试验的基本单位，适当扩大小区面积能概括土壤复杂性，减少土壤差异对试验结果的影响，提高试验精确度。

② 小区形状设计　试验误差大小也与小区形状有关，在小区面积相等的情况下，沿土壤差异大的方向放置狭长小区，更新包含土壤复杂性，降低试验误差使小区长边与土壤肥力变化方向一致。如：在小区面积不变的情况下，将长宽比由 1∶1 改为 3∶1，则小区间土壤变异系数由 20.35％降到 3.46％，原因是土壤肥力局部差异大，长方形小区有利于均分它，而正方形小区可能独占它。所以一般情况下，小区的理想形状为长方形。

（3）田间排列常用的几种方法

① 随机区组法　是田间试验应用最广的方法把试验地分成若干个区组。

② 拉丁方设计法　拉丁方是一种字母方阵，其行数与列数相等，每行和每列中同一字母只出现一次。拉丁方设计采用拉丁方来设计肥料试验，令每个字母代表一个试验处理的小区田间排列方式。

3.3.3.3　营养诊断研究

营养是创造高产、稳产、优质高效的物质基础。营养诊断就是从植物长相、物质种类和数量、植株形态来判断在各种条件下正常生长发育和创造高产、稳产、优质高效所需物质的程度和反应，即通过各种方法调查判断植物的营养状况是处于缺乏、适当或过剩，为合理施肥提供依据。近几十年来营养诊断主要是探讨各种营养元素在土壤、植物体内的数量和形态及元素之间、土壤与植物之间的关系，以及营养元素对生长发育、结实的作用。

（1）植物组织分析诊断法

植物的生长除受光照、温度与供水等环境因素影响外，还与必需营养元素的供应量密切相关。植物养分浓度与产量密切相关，因此，植物组织养分浓度可以作为判断植物营养丰缺水平的重要指标。

目前，在植物生长期间的植物营养分析经发展成为一项较为成熟的诊断技术。许多国家，如英国、德国、澳大利亚和美国都已成功地应用该项技术来指导植物生产。大量研究结果表明，叶片是营养诊断的主要器官，养分供应的变化在叶片上的反应比较明显，叶分析是营养诊断中最容易做到标准化的定量手段，但有时仅凭元素总含量还难以说明问题，尤其是钙、铁、锌、锰、硼等特别易于在果实和叶片中表现生理失活的元素，往往总量并不低，而是由于丧失了运输或代谢功能上的活性导致缺素症状的发生。因此，除叶片分析外，还可根据不同的诊断目的，运用其他植物器官的分析，或相对于全量分析的"分量"分析，以及组织化学、生物化学分析和生理测定手段。

（2）土壤分析诊断法

土壤分析是应用化学分析方法来诊断树体营养时最先使用的方法。植物组织分析反映的是植物体的营养状况，而通过土壤（基质）分析则可判断土壤环境是否适宜根系的生长活动，即土壤提供生长发育的条件。土壤分析可提供土壤的理化性质及土壤中营养元素的组成与含量等诸多信息，从而使营养诊断更具针对性，也可以做到提前预测，同时该法还具有诊断速度快、费用低、适用范围广等优点。

但是大量的研究表明，土壤中元素含量与树体中元素含量间并没有明显的相关关系，因而土壤分析并不能完全回答施多少肥的问题，因此土壤分析只有同其他分析方法相结合，才能起到应有的作用。

（3）植物外观诊断法

各种类型的营养失调症，一般在植物的外观上有所表现，如缺素植物的叶片失绿黄化，或呈暗绿色、暗褐色，或叶脉间失绿，或出现坏死斑，果实的色泽、形状等异常等。因此，生产中可利用植物的特定症状、长势长相及叶色等外观特性进行营养诊断。

植物外观诊断法的优点是直观、简单、方便，不需要专门的测试知识和样品的处理分析，可以在田间立即做出较明确的诊断，给出施肥指导，所以在生产中普遍应用。这是目前我国大多数农民习惯采用的方法。但是这种方法只能等植物表现出明显症状后才能进行诊断，因而不能进行预防性诊断，起不到主动预防的作用；且由于此种诊断需要丰富的经验积累，又易与机械及物理损伤相混淆，特别是当几种元素盈缺造成相似症状的情况下，更难做出正确的判断，所以在实际应用中有很大的局限性和延后性。

（4）田间施肥试验法

田间施肥试验是寻找植物施肥依据的基本方法，也是对其他营养诊断方法的实际验证，特别是长期的定位试验更能准确地表示树体对肥料的实际反应。我国林学工作者在这方面做了大量的工作，为促进林木的速生丰产起了很大的作用。但是肥料试验由于统计学上的要求及植物（尤其是林木）个体差异大的特点，要花费大量的人力、物力，且由于这种试验统计模式本身的局限性，往往结果不能外推，试验结果就失去了普遍性的意义。

（5）生理、生化及组织化学分析法

由于营养失调一般总在植物生理、生化及组织内发生一些典型变化，因此，运用现代生物技术及实验手段，通过生理、生化及组织形态分析，可以判断植物的营养平衡状况。如可利用蔬菜叶片各组织形态检验钾、磷、锌等元素营养水平，也可以用解剖学与组织化学相结合的方法来检验植物铜的营养平衡状况。

对于生理指标最简单的方法是，在田间直接对所怀疑对象的叶片喷施某种元素的溶液，有助于说明是否缺乏该种元素。这种方法适用于微量元素铁、锰、锌的缺乏症上，特别是缺铁症。另一类实验方法，就是研究在控制培养条件下，把某种元素缺乏或者逆境所造成的生理反应，以及对植物补还所缺元素后发生的反应作为诊断依据。

（6）植物组织液分析诊断法

植物组织液分析是 Guernsey Horticultural Advisory Service 首先开发利用的，即利用新鲜组织液的养分含量快速诊断养分缺乏或过量，以提供信息调整施肥项目。目前在数个国家积极应用，包括荷兰、法国、英国、美国、日本。该技术能提供养分的常规监测，尤其对岩棉栽培植物比较有效。我国在部分农作物的营养诊断上利用该方法，取得了很好的效果。

（7）无损测试技术诊断法

无损测试技术诊断是指在不破坏植物组织结构的基础上，利用各种手段对作物的生长和营养状况进行监测。这种方法可以迅速、准确地对田间作物氮营养状况进行监测，并能及时提供追肥所需要的信息。如传统的氮素营养诊断无损测试方法主要有：肥料窗口法、叶色卡片法、基质淋洗液法和叶绿素计读数法，这些方法均属于定性或半定量的方法。

近年来，随着相关领域科技水平的不断提高，氮素营养诊断的无损测试技术正由定性或半定量向精确定量方向发展，由手工测试向智能化测试方向发展。其中，便携式叶绿素仪法和新型遥感测试法是 20 世纪 90 年代以来发展的新方法，目前在欧美各国已成为研究的热点，部分成熟技术已进入推广应用阶段。

（8）其他方法

除上述诊断方法外，有专家还提出了林木的相关值营养诊断法。该法不受立地条件和林龄的限制，效果准确，且简便快捷，是用于林木营养诊断的一种良好的方法。

综上所述，各种植物营养诊断方法互有利弊，如土壤分析诊断法有很好的针对性和预测性，但干扰因素多，结果的准确性相对较低，应用这个方法的关键就是通过调节取样、样品分析、土壤因子等方面提高其结果的准确性；植物组织液分析诊断法的关键是取样组织液的选择、取样时间的确定以及养分含量标准的确定等；田间施肥试验法的结果准确性高，但其局限性强，不便外推，应用这一方法的关键是充分保证试验点的代表性；生理、生化及组织化学分析法可以解决一些组织法的不足，但目前有关生理、生化的检验指标研究得不够，有待进一步加强；植物外观诊断法容易产生误诊，同时不能定量，生产中还必须加强特异症状的研究，并结合其他方法进行；无损测试技术诊断法具有快速、准确、无损的优点，但大部分测试属于定性或半定量阶段，不能完全实现按需施肥的要求；基质液分析法仅能进行常规养分诊断，应加强非常规养分的分析研究，提高其应用范围；林木的相关值营养诊断法和苗木群体营养诊断法在一定程度上探讨了林木营养诊断，但仍不完善，有待进一步发展。总的说来，各种植物营养诊断方法互有利弊，在生产中只有结合实际情况综合运用，才能得出正确的营养诊断，提高诊断效率，降低诊断成本。

3.3.3.4 根和根际研究方法

根际是受植物根系生长的影响，在物理化学和生物学特性上不同于原土体的特殊土壤微区，是植物、土壤、微生物及其环境条件相互作用的场所，也是各种养分、水分、有益和有害物质及生物作用于根系或进入根系参与食物链物质循环的门户，是一个特殊的生态系统。自 1904 年德国微生物学家 Hiltner 提出根际的概念以来，随着研究手段的不断改进和人们认识的逐步深入，其内涵和外延已经得到了极大的丰富和发展。根际是植物、土壤和微生物及其环境相互作用的中心，是植物和土壤环境之间物质和能量交换剧烈的区域，是各种养分和有害物质从无机环境进入生命系统参与食物链物质循环的必经通道和瓶颈。

根际研究的进展依赖于研究方法和研究技术的不断进步与创新。根际研究方法汲取了植物学、微生物学、植物生物化学、分析化学、仪器分析以及分子生物学研究方法的精华，并在实践中不断改进和完善，形成了一整套的根际研究方法。近年来随着技术条件的改进，电子显微镜、同位素示踪、电子探针、有机物分离鉴定技术、微电极法、冰冻切片法、放射性自显影法、原位显色技术在根际微区研究上的应用，以及根际养分动态的数学模拟等，使这一领域的研究内容逐步深入，范围也逐步扩大。

（1）根际的微电极研究方法

根际的微电极研究方法即把特制的微电极插入土壤的各个部位，以测定这些部位的 pH、Eh、电导和养分等的方法。土壤本身具有不均一性，生长在土壤中的植物，在受土壤影响的同时，其生长也引起土壤性质的一系列变化，尤其是近根土壤与土体间的化学性质的差异。由于微区的研究要求测定范围小，分辨率高，也要求有一定的精确性，尤其是养分状况要求保持原位，因此，根际测定的精度在很大程度上取决于测定技术。早在 1938 年，就有人利用微电极研究土壤微区的 pH 状况。接着有许多报道是关于根际微区的氧化还原状况方面的微电极应用。微电极一般指敏感尖端直径以微米计的微型电化学传感器。直径$<0.5\mu m$者为超微电极，最小的微电极尖端直径仅为$0.04\mu m$。

微电极法在原理上与通常的大电极法并没有差异，只是由于电极很小，所以在电极制造和测定技术方面存在着一些特殊性，如有些操作应在放大镜下进行等。这种方法的优点是：它可以原位地连续测定根际微区的养分环境状况；减少由取样、提取等分析步骤带来的误差；微电极法分析仪器结构简单，操作方便，易实现自动化；测定的是离子的活度而不是浓度，能代表扩散层中的离子数量以及对植物直接有效的离子数量，更能说明问题；微电极的敏感尖端可以做得很细微，直接插入活体甚至细胞内进行检测等。因此，在根-土界面这样的微域研究中微电极应用很有发展前途。当然，微电极在原位测定上还存在不少问题，特别是应用到土壤这样一个复杂的体系，干扰因素较多；更容易在测定时出现更多的问题，因而在测定结果的解释上需要很慎重。

（2）放射性自显影法

放射性自显影法是一种光化学过程。用作示踪的放射性核素所产生的射线使乳胶感光形成潜影，经显影、定影处理，就可将已形成潜影的银离子迅速还原为黑色的银颗粒，而溶去未形成潜影的银离子，出现图像。放射性自显影法具有的最大特点，主要是能定位放射性示踪剂在样品中的准确分布，生动、直观，比起基于电离和闪烁作用的放射性探测只能测定整个样品，进入探测器灵敏区的总放射性有很大的优越性。

（3）电子探针法

自20世纪60年代发展起来的电子探针显微分析技术，是利用电子束和物质作用产生特征X射线进行分析，是一种新型的电子显微分析技术。20世纪70年代以来，其应用范围逐步扩展到土壤-植物研究领域。电子探针法可以同时测定从硼到铀的所有元素，分析面较广，有利于研究元素的相互关系。因此，较之放射性自显影和微电极技术，应用上局限于少数养分元素、区分的界限较粗以及受环境的影响较大等因素，具有特殊的优越性。

电子探针法除可以分析某一点的成分外，还可以分析某元素的线分布和面分布，是研究养分的吸收和转运机制的有效技术手段。但是，电子探针法也并非完全符合理想，其本身还处在不断的发展和完善之中。

（4）根际原位研究——显色方法

根际非破坏性原位研究技术正在得到广泛应用，最典型的例子是根际的原位显色技术。利用这种技术能够准确并直观地确定根分泌物释放的部位或根际反应的部位。目前，多种显色技术已经在根际化学变化的检测中得到了应用。显色试验技术一般包括湿色剂和载体两大部分，显色剂是指pH、Eh指示剂或酶反应底物，载体常为琼脂板、聚丙烯酰胺膜、滤纸或层析纸。把含有显色剂的载体平板或膜放在液培或土培植物的根系表面，这种方法是定性或半定量的测定技术，在某些情况下，也可以完全定量评价根际化学过程的变化。

3.3.4 园林植物细胞学及分子生物学研究法

细胞学及分子生物学研究从微观角度对园林植物进行研究，与其他生物学科相比，在园林植物领域的研究相对较为落后，也因此有广阔的发展前景。要求学生通过相关理论学习，对该领域中涉及的主要研究方法从原理上、技术上加以掌握。

3.3.4.1 细胞学研究方法

（1）光学显微镜方法

显微镜是一种精密的光学仪器，已有300多年的发展史。自从有了显微镜，人们看到了过去看不到的许多微小生物和构成生物的基本单元——细胞。光学显微镜能将细胞放大千余倍，使我们对生物体的生命活动规律有了更进一步的认识。光学显微镜法是依光学原理用显微镜测定粒径的方法，主要包括了薄切片技术、整体染色技术以及胚囊分离技术。

（2）电子显微镜方法

电子显微镜（以下简称电镜）的应用，大大推动了生物学和医学的发展，特别是使细胞学的研究从显微水平发展到亚显微水平。电镜技术和放射自显影、细胞化学等技术相结合，使静态的形态学研究和动态的生物化学研究融会在一起，为在分子水平上探讨和了解生命活动的奥秘提供了有力的工具。电镜工作是在超微水平上进行的，要求尽量完好地保存细胞原有的细微结构，因此制样工作必须极为精确、细致。不同植物材料或同一种材料在不同的发育时期，会具有不同的物理化学性质，在此基础上形成了一套基本的程序。用这一程序做出的实验结果，也就有了可以相互比较、相互借鉴的基础。

（3）放射自显影

放射自显影技术是放射性同位素示踪研究中最常用的方法之一，由于灵敏度高，既能准确定位又能精确定量，对研究生物体内物质的动态具有独特的优点。由于同一元素的各种同位素具有相同的化学性质，它们在生物体内的代谢途径是相同的。如果在所研究的物质的分子内用人工合成的方法加入放射性同位素，并用适当的方法引入生物体，然后制成切片，在切片上涂敷一单晶体层核子乳胶。利用放射性同位素核蜕变时放出的射线，使乳胶中的溴化银颗粒吸收（感光）而形成潜影，经显影处理，使感光的溴化银颗粒还原为金属银粒子而显出影像，这样就可根据银粒掉部位和多少来追踪所研究的物质在生物体内的代谢和运转，这就是放射自显影技术（简称自显影术）的基本原理。

细胞化学是研究细胞的化学成分，在不破坏细胞形态结构的状况下，用生化的和物理的技术对各种组分做定性的分析，研究其动态变化，了解细胞代谢过程中各种细胞组分的作用，是在细胞活动中的变化和定位的学科。细胞化学方法主要可分为两类：光学显微镜下的细胞化学技术和电子显微镜下的细胞化学技术。

3.3.4.2 分子生物学研究方法

（1）分子标记研究方法

分子标记（molecular marker），是以个体间遗传物质内核苷酸序列变异为基础的遗传标记，是DNA水平遗传多态性的直接反映。它是继形态标记、细胞标记和生化标记之后发展起来的一种新的遗传标记方法，是以生物的大分子，尤其是生物体的遗传物质——核酸的多态性为基础的遗传标记。

根据其技术特点，可将分子标记技术分为DNA分子杂交标记（如限制性内切酶片段长度多态性，Restriction Fragment Length Polymorphism，RFLP）、DNA扩增（PCR）标记（如随机扩增多态性DNA标记，Random Amplified Polymorphic DNA，RAPD）、扩增片段长度多态性（Amplified Fragment Length Polymorphism，AFLP）、简单重复序列（Simple Sequence Repeats，SSR）、序列特征扩增区域（Sequence Characterized Amplified Regions，SCAR）、mRNA差异显示技术（mRNA Differential Display PCR，mRNA DD-PCR）、序列标记位点（Sequence-Tagged Site，STS）等。

（2）基因工程研究方法

基因工程技术是20世纪70年代发展起来的一项具有革命性的研究技术。它利用现代遗传学与分子生物学的理论和方法，按照人们所需，用DNA重组技术对生物基因组的结构和组成进行人为修饰或改造，从而改变生物的结构和功能，使之有效表达出人类所需要的蛋白质或人类有益的生物性状。基因工程技术不仅内容丰富，涉及面广，实用性也强。基因工程技术为基因的结构和功能的研究提供了有力的手段。

基因工程最突出的优点是打破了常规育种难以突破的物种之间的界限，可以使原核生物与真核生物之间、动物与植物之间，甚至人与其他生物之间的遗传信息进行重组和转移。人的基因可以转移到大肠杆菌中表达，细菌的基因可以转移到植物中表达。

（3）园林植物转基因试验

植物转基因试验是指把从动物、植物或微生物中分离到的目的基因，通过各种方法转移到植物基因组中，使之稳定遗传并赋予植物新的性状，如抗虫、抗病、抗逆、高产优质等的试验。目前已发展了许多用于植物基因转化的方法，这些方法可分为三类：第一类是载体介导的转化方法，即将目的基因插入到农杆菌的质粒或病毒的 DNA 等载体分子上，随着载体 DNA 的转移而将目的基因导入到植物基因组中，农杆菌介导法和病毒介导法就属于这种方法。第二类为基因直接导入法，是指通过物理或化学的方法直接将外源目的基因导入植物的基因组中，物理方法包括基因枪转化法、电激转化法、超声波法、显微注射法和激光微束法等，化学方法有介导转化方法和脂质体法等。第三类为种质系统法，包括花粉管通道法、生殖细胞浸染法、胚囊和子房注射法等。

3.3.5 园林植物的抗性研究方法

园林植物的抗性研究可以分为抗逆性研究和污染性研究两部分，抗逆性可分为抗旱性、抗冻性、抗冷性、抗热性、抗盐性等，污染性可分为抗大气污染、抗水体污染、抗土壤污染等。抗性在形态结构上和生理功能上都有表现，使植物在逆境下仍能进行大体上正常的生理活动。在逆境条件下植物的修复能力增强，如通过代谢产生还原力强的物质和疏水性强的蛋白质、蛋白质变性的可逆转范围扩大、膜脂抗氧化力增强和修复离子泵等，保证细胞在结构上稳定，从而使光合、呼吸、离子平衡、酶活力等在逆境下保持正常的水平和相互关系的平衡。

3.3.5.1 症状学研究方法

由于形态、位置及结构特征，叶片是受害症状（萎蔫、变色、焦边、脱落等）表现最明显的部位。植物的受害症状除体现在萎蔫、变色、脱落等叶片形态结构变化上外，还体现在植物生长速度、胸径、冠幅、高度等各种生长状况的变化上。相关研究表明：叶龄及叶片角质层厚度、气孔的疏密、表皮细胞的排列、表皮毛的存在与否及数量等形态及结构特征对园林植物抗性研究发挥至关重要。叶片表面平滑无绒毛、角质层厚度大的园林植物的抗性比叶片表面粗糙、角质层厚度小的园林植物强。

3.3.5.2 生理、生化指标研究方法

生物常在未出现可见症状之前就已有了生理、生化方面的明显改变，因此，植物生理、生化指标比植物症状学更敏感和迅速，如大气污染对植物光合作用有明显影响，在尚未发现可见症状的情况下，光合作用强度就已减弱，通过测定光合作用强度就可推测污染程度。植物对污染抗性的强弱决定其是否能够持续稳定发挥抗污吸污能力的基础和前提。当植物受到胁迫时，其体内的多种酶、非酶物质的含量或活性都会产生变化，表现为植物对污染的抗性响应机制。

常见的植物生理、生化指标有净光合速率（Pn）、叶绿素（Chl）、超氧阴离子（$O_2^{\cdot-}$）、超氧化物歧化酶（SOD）、过氧化物酶（POD）、过氧化氢酶（CAT）、抗坏血酸过氧化物酶（APX）、电导率（G）、丙二醛（MDA）、脯氨酸（Pro）、可溶性蛋白质（SP）、可溶性糖（SS）等。

3.3.5.3 转录组学研究方法

Velculescu 等 1997 年最先提出了转录组的概念，转录组（transcriptome）是特定组织或细胞在某一发育阶段或功能状态下转录出来的所有 RNA 的集合。转录组学研究能够从整体水平研究基因功能以及基因结构，揭示特定生物发育过程中以及生物对环境胁迫响应的分子机理。

利用转录组学与蛋白质组学技术，揭示生物和非生物胁迫下植物分子水平的抗逆响应机制，已经成为当今的植物抗逆研究前沿和热点。最近十几年，分子生物学技术的快速发展使高通量分析成为可能，这为真正意义上的转录组学的研究奠定了基础。这些高通量研究方法主要可以分为两类：一类是基于杂交的方法，主要是指基因芯片微阵列技术（microarray）；一类是基于测序的方法，这类方法包括表达序列标签技术（expression sequnce tags technology，EST）、基因表达系列分析技术（serial analysis of gene expression，SAGE）、大规模平行测序技术（massively parallel signaturc sequencing，MPSS）、RNA 测序技术（RNA sequencing，RNA-seq）。自 20 世纪 90 年代中期以来，基因芯片就一直是基因组表达分析的中坚力量。在这一技术最辉煌的时期，准备研究基因表达模式的人都会想到使用芯片。不过随着测序成本的直线下降，第二代 RNA 测序（RNA-seq）成为越来越受欢迎的转录组分析方法。这种高通量测序条件下的转录组学研究方法有助于了解特定生命过程中相关基因的整体表达情况，进而从转录水平初步揭示该生命过程的代谢网络及其调控机理。同时，RNA-seq 可以揭示未知的转录本、基因融合和遗传多态性。

3.3.5.4 蛋白质组学研究方法

自从 Wilkins 在 1996 年提出蛋白质组学概念之后，蛋白质组学已在几乎所有生命科学领域广泛应用，并成为生命科学研究的重要手段。植物蛋白质组学近年来正从定性向精确定量蛋白质组学的方向发展，已有对植物组织（器官）与细胞器、植物发育过程的蛋白质组特征，以及植物蛋白质翻译后修饰和蛋白质相互作用等方面的研究成果。当受到外来逆境胁迫时，植物将通过改变自身蛋白质组的表达模式或酶类的活性等方式，实现对外来逆境胁迫信号的感应、传递和生物学防御。蛋白质组学技术是一种在蛋白质水平上以高通量方式直接研究植物抗逆机理的有力工具。

3.3.6 园林植物观赏性评价研究方法

3.3.6.1 植物观赏性评价的概述

植物观赏性评价是指对植物在视觉上的吸引力和美学价值进行定量或定性的评估和分析。通过观察研究植物在当地表现出的生物学特征、观赏特征及观赏期等并对其进行评价是必要的基础工作。

植物观赏性评价通常包括对植物形态、色彩、质地、纹理、比例、平衡、重复、对比、运动和光线等要素的评估，这些要素可以通过直接观察植物或者照片、视频等媒介来进行评估。植物的不同部位特征和群体美学特征是展现植物美的基本内容，园林植物的观赏特性包括其树姿、枝条、花朵、叶片、果实等方面，又从各部位的形态、大小、色彩、味道、质地、文化意境等特性对植物的观赏性进行区别，通过个体、群体等多种方式呈现出不同的形体美、色彩美、意蕴美。

通过对植物观赏性的评价，可以更加准确地了解不同植物的美学、生态和文化价值，从而在景观设计、园林建设和城市绿化等领域中更加科学地选择和利用植物资源。植物观赏性评价能够为城市绿化提供更加专业和系统的指导，促进城市绿化的健康发展；可以为景观品质的提升提供有力的支持，使得城市或者区域的景观更加美观、宜人。

然而在植物的观赏评价中，由于人们对园林的观赏性要求愈来愈高，因此植物的观赏性评价用单一的评价方法已不能满足现实需求，定性指标或单一指标的评价方法都已不再适用，从而就有了针对不同要求建立全面客观、科学、定量的多指标综合评价体系。

3.3.6.2 植物观赏性评价体系构建原则

构建观赏性评价体系时，主要考虑下几个方面的原则。

① 科学性原则　评价体系应建立在科学的基础上，指标概念要明确、客观。评价体系应该全面涵盖植物观赏特性评价的目标实现程度，能够将观赏特性用科学的计算方法来呈现。

② 观赏性原则　评价体系所采用的指标应尽可能全面完整，要能真实地反映出植物的美学特征和价值。

③ 可利用性原则　要考虑植物自身的生态适应性以及在实际生产中的应用情况，以满足对其的开发与利用。

④ 层次分明原则　评价体系间明确层级，高层次对低层次具有约束、引导的作用，相差过于悬殊因素，不能安排在同层次比较，相同层级之间应该相互协调和补充，形成层次分明、系统的评价体系。

⑤ 可操作性原则　评价指标应简单明了，含义准确，资料容易获取，观测方法简单，操作性强，具有较强的可测性和可比性。

3.3.6.3 植物观赏性评价的方法

20世纪80年代以后，人们对植物的观赏性评价从主观性较强的目测评定法，逐渐融入数学、物理学、心理学等多方面进行评价。但大多数评价结果都会受到人为主观性的影响，只有将感性的思维具体化、数量化，通过权重系数将定性描述与主观判断进行数学转换和处理才能尽可能地使植物观赏性评价达到客观、科学的效果。近年来，德尔菲专家评价法、层次分析法、模糊综合评价法、百分制法和灰色关联度分析法等被应用于园林植物的观赏性评价中，尤其是对层次分析法和德尔菲专家评价法的公认度比较高，应用相对更为广泛。目前，我国对植物观赏性评价的方法主要有以下几种。

3.3.6.3.1 层次分析法

层次分析法（analytic hierarchy process，AHP）是将与决策总是有关的元素分解成目标、准则、方案等层次，在此基础之上进行定性和定量分析的决策方法。该方法是美国运筹学家匹兹堡大学教授萨蒂于20世纪70年代初，在为美国国防部研究"根据各个工业部门对国家福利的贡献大小而进行电力分配"课题时，应用网络系统理论和多目标综合评价方法，提出的一种层次权重决策分析方法。

层次分析法的特点是在对复杂的决策问题的本质、影响因素及其内在关系等进行深入分析的基础上，利用较少的定量信息使决策的思维过程数学化，从而为多目标、多准则或无结构特性的复杂决策问题提供简便的决策方法。尤其适合于对决策结果难以直接准确计量的场合。

层次分析法是将决策问题按总目标、各层子目标、评价准则直至具体的备设方案的顺序分解为不同的层次结构，然后用求解判断矩阵特征向量的办法，求得每一层次的各元素对上一层次某元素的优先权重，最后用加权和的方法递阶归并各备设方案对总目标的最终权重，最终权重最大者即为最优方案。

层次分析法逻辑性强，操作简便，采用数学计算的结果也更加科学准确，能简单地处理复杂问题，能够应用于园林植物的综合评价中。很多专家学者均将层次分析法作为植物观赏性评价的首选，通过将定量和定性相结合，使定性的指标通过定量表达出来，该方法适用于多因素的综合评价问题。

植物的观赏性评价随着时间、地理环境、审美价值及其他多种因素而不断变化，虽然近年报道的观赏性评价方法并非尽善尽美，各具优缺点，但相比而言，层次分析法更具准确性、系统性、综合性，能够较为客观全面地评价植物的观赏性。

3.3.6.3.2 德尔菲专家评价法

德尔菲专家评价法是根据调查得到的情况，凭借专家的知识和经验，直接或经过简单的推算，对研究对象进行综合分析研究，寻求其特性和开展规律，并进展预测的一种方法。

它的最大优点是简便直观，无须建立烦琐的数学模型，而且在缺乏足够统计数据和没有类似历史事件可借鉴的情况下，也能对研究对象的未知或将来的状态作出有效的预测。

德尔菲专家评价法与一般性的意见征询不同，它具有以下几个方面的典型特点。

(1) 参加意见征询的人士对所咨询问题的回答具有权威性

参加意见征询的人士一般是对所咨询的问题有比较深入研究的专家和权威，他们中某一人士对所咨询问题的回答就已具有某种意义上的权威价值，众多这些人士对所咨询问题的一致回答就更具有权威价值。如果专家们都认为某一指标重要，要给它较高的权重值，那就说明该项指标确实重要。反之亦然。

(2) 参加意见征询的人士对所咨询问题的回答具有独立性

参加意见征询的专家和权威在整个征询意见的过程中并不见面，不是"面对面"就某一指标的重要性程度进行讨论，而是"背靠背"地回答组织者的咨询。专家之间不受面对面的相互影响，从而有效地减少了专家中资历、口才、人数优势等方面因素对他们回答问题的影响。可以说，参加意见征询的人员不受权威左右，不受口才好坏、人数多少的影响，对所咨询问题的回答均是自己独到的见解，具有较强的独立性。

(3) 参加意见征询的人士能够逐步取得价值认识和判断的一致

在意见征询的一轮又一轮反复中，有关专家可以通过反馈回来的经过整理的各轮应答情况，了解并认真考虑他人的思想和意见，在此基础上，决定是否修正和如何修正自己原来的想法。一般来说，整个意见征询过程中专家的意见一轮比一轮相对集中，呈逐步收敛的趋势。这就保证了根据大多数人的价值认识去统一所有人员的价值认识，保证了参加意见征询专家的价值认识能够逐步地取得一致。

(4) 意见征询是一个有组织、有控制的过程

专家只能按照意见征询表中所列非常明确、具体的问题依照指定的回答方式简单明了地表达自己的意见。

需要注意的是：一是德尔菲专家评价法不同于问卷调查，所咨询的人员必须是所在领域具有较强的专业背景及知识的专家，如具有高级职称或博士学位；二是选取专家的数量和领域分布也决定了评价的科学性和准确性。专家的数量一般不能少于 15 人，且高校、科研院所、企业及相关管理部门的专家都应涉及。

3.3.6.3.3 模糊综合评价法

模糊综合评价法（FCE）是一种基于模糊数学的综合评价方法。模糊数学又称 Fuzzy 数学，由控制论学者 L. A. 扎德 1965 年在美国创立。在系统分析、图像和信息处理等方面广泛应用，该方法能将定性评价转化为定量评价。模糊数学法采用模糊数学模型，须先进行单

项指标的评价，然后分别对各单项指标赋予适当的权重，最后应用模糊矩阵复合运算的方法得出综合评价的结果。模糊综合评价法包括一级模糊综合评价法和多级模糊综合评价法。将模糊数学作为依据，基于隶属度概念使命题定量化，以此评价有多种因素的问题。其评判结果全面准确，系统性强，能使无法量化的问题得以解决，但是由于对指标各因素间信息反复的解决办法甚少，因此只能够评价一些简单的问题，模糊综合评价的过程能充分反映不同植物的性状特征。

3.3.6.3.4　百分制法

1961年，由我国花卉专家陈俊愉院士首先提出建立百分制记分评选法。该方法的优点是直观、简洁、易操作；缺点是主观随意性强、对评分人员的专业素养要求高，由于结果依据专家的自主意识，评价结论存在差异。该方法是通过评价人员的经验对研究对象进行打分，根据评分标准划定重要性权值从而进行评价。随着百分制法的研究和应用，在基于该理论的基础上逐渐衍生出了感官评分法、加权评分法、心理物理学法等评价方法。目前多应用于野生观赏植物或新奇异植物的评价中。

3.3.6.3.5　心理物理法

心理物理法（psychophyslcal methods）对刺激和感觉（或感觉反应）之间关系的数量化研究。由德国物理学家G. T. 费希纳在1860年出版的《心理物理学纲要》中提出，研究心理量和物理量之间关系的研究方法。它涉及四个方面的问题：

① 刺激量的值在达到多大才能引起感觉或感觉反应。

② 一个阈上刺激呈现以后，它的强度要改变多少才能被人觉察到。

③ 如何才能使一个刺激产生的感觉和另一个刺激相等。

④ 随着刺激大小的改变，感觉或感觉反应会有什么变化。

心理物理法就是用来解决这些问题的方法，它包括经典方法、心理量表法和信号检测法三种研究手段。其中，经典方法是用来测定感觉阈限的方法；心理量表法主要用于阈上感觉的测量；信号检测法是20世纪50年代新引入心理学的研究工具，它能排除实验时被试的动机、态度等主观因素对感受性测量的影响。

3.3.6.3.6　灰色关联度分析法

对于两个系统之间的因素，其随时间或不同对象而变化的关联性大小的量度，称为关联度。在系统发展过程中，若两个因素变化的趋势具有一致性，即同步变化程度较高，即可谓二者关联程度较高；反之，则较低。因此，灰色关联度分析法是根据因素之间发展趋势的相似或相异程度，亦即"灰色关联度"，作为衡量因素间关联程度的一种方法。

灰色系统理论提出了对各子系统进行灰色关联度分析的概念，意图通过一定的方法，去寻求系统中各子系统（或因素）之间的数值关系。因此，灰色关联度分析对于一个系统发展变化态势提供了量化的度量，非常适合动态历程分析。1982年灰色关联度分析法创立，我国科学家邓聚龙教授基于模糊数学理论，通过对不能确定问题的因素间进行差异对比，寻求目标数列和参考数列之间的相同部分或不同程度，构建数学几何模型，从而进行度量分析。该方法所需数据较少，计算简单，因为引入时间序列比较，尤其适合动态过程分析。在进行植物评价时，能更好地对比多个目标性状，客观反映品种特性，通过等级排序使评价更科学全面。

第4章 风景园林景观规划研究方法

4.1 风景园林景观规划研究概述

风景园林景观规划的目标是平衡协调人与土地（景观）之间的关系，其本质在于找到最佳的土地使用的方式。景观规划包含两个内容：①景观是一种自然资源；②规划是在自然景观与人类活动中，找到景观最佳的使用的方式。

4.1.1 风景园林景观规划理论的类型

目前，国内外既有景观规划理论的类型划分只有 Forster Ndubisi 一人的划分方式，且是借鉴城市规划理论的类型划分。

安德烈亚斯·法卢迪（Andreas Faludi）在《A Reader in Planning Theory》中将规划理论划分为研究实物的"实质性"规划理论和研究规划过程或程序的"程序性"规划理论。Ndubisi 也将景观规划理论分为实质性理论和程序性理论两种基本类型。在 Ndubisi 的景观规划理论的类型中，实质性理论是描述性的和规范性的，起源于自然和社会科学及人文科学的基础研究，如岛屿生物地理学理论和复合种群理论等；程序性理论则聚焦于方法论问题，如适宜性分析、土地利用配置优化和景观生态规划实施等。可以看出，实质性理论是关于"景观的理论"，程序性理论则是关于"规划的理论"。

景观规划是一个从景观表述、景观过程分析、景观评价、景观改变、景观影响评估到景观决策的过程。景观格局和生态过程之间的动态关系是景观规划过程的根本，景观规划与景观生态学相结合之后，景观规划被认为是基于格局与过程关系原理的规划。所以，现代景观规划理论可以简化为研究格局与过程关系的实质性理论及研究规划方法的程序性理论两大板块。

4.1.2 风景园林景观规划的范式

4.1.2.1 风景园林景观规划实质性理论范式

实质性理论为景观规划师承担着"解谜"的作用，其理论范式的流变必然引导着景观规划师对规划对象的认知变迁。托马斯·库恩在他的《科学革命的结构》著作中提出了"范式"一词，"范式"具有：①一个成功的范式能使它的拥护者选择它，而不去选择其他的范式；②成功的范式中会有一些有研究价值而且还包含了一些目前未解决但必须解决的种种科学问题，能吸引它的拥护者去研究解决它们。也就是说某些目前未解决但必须解决的种种科学问题，迫使人们提升理论基础知识，进行技术革命提出新的范式，用一种新的方式解释那些目前无法解决的问题。因此，景观规划实质性理论研究，实质上是对理论范式流变的研究。景观如何连接、生态格局要怎样安全、如何处理"源""汇"的关系等，这些理论属于实质性理论。

（1）"格局—过程—尺度"范式

景观格局与生态过程的相互关系及其尺度依赖性是景观生态学研究的核心，一直是国内外景观生态学家共同关注的重点与热点议题。在景观生态学研究中，"过程产生格局，格局作用于过程，格局与过程的相互作用具有尺度依赖性"，成为经典的"格局—过程—尺度"范式（图4-1）。

由于生态过程的复杂性和抽象性，很难定量地、直接地研究生态过程的演变和特征，生态学家往往通过研究景观格局的变化来反映景观生态过程的变化及特征，研究方法主要有两大类：利用景观格局指数、空间统计分析的景观格局分析法和利用数学、计算机分析的模型分析法。正是对格局与过程空间关系及作用的关注，景观生态学成为空间规划有效、可靠的科学基础，景观生态学也被称为空间生态学。

由于格局具有空间和时间尺度，过程也具有空间和时间尺度，因此，景观规划理论研究中，最先研究的是寻求如何处理好"格局—过程—尺度"的理论。生态过程是非常复杂的，有些又是很抽象的，因此，很难对生态过程特征和演变规律直接进行定量研究。研究者从被称为"空间生态学"的景观

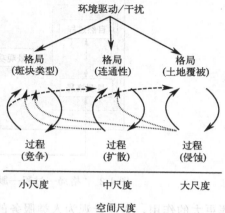

图 4-1　景观生态学中经典的"格局—过程—尺度"范式（引自岳邦瑞，2020）

生态学中寻求空间规划的科学理论基础，往往通过模型技术、数学技术、计算机技术分析研究景观空间格局发生变化将会引发哪些新的生态过程发生，以及对景观格局的影响。

格局与过程两者相互作用，且具有尺度依赖性。目前"源""汇"景观理论、景观生态安全格局理论、景观连接度理论等均是"格局—过程—尺度"范式理论，在景观生态规划领域中应用较为广泛。格局指空间格局，包括景观组成单元的类型、数目以及空间分布与配置，例如，不同类型的斑块可在空间上呈随机型、均匀型或聚集型分布；过程强调事件或现象发生与发展的动态特征，种群动态、种子或生物体的传播、群落演替就是一种过程；尺度是指在研究某一物体或现象时所采用的空间或时间单位，同时又可指某一现象或过程在空间和时间上所涉及的范围和发生的频率。

格局和过程的关系是随着尺度变化的，景观格局与过程往往因其复杂性和大尺度，难以长期监测和研究，因此在格局与过程理论的应用中，常常结合多学科知识综合应用，结合模型就是其中一种方法。

（2）"格局—过程—服务—可持续性"范式

当前学者们注重在探讨景观格局与生态过程作用机制的基础上，分析生态系统服务/景观服务的权衡协同机制及其与景观可持续性的关系，逐渐形成了"格局—过程—服务—可持续性"的新范式（图4-2）。"格局—过程—服务—可持续性"是景观生态学中的重要研究范式，具体可表述为在景观格局与生态过程互相作用机制的研究基础上，进一步对生态系统服务进行研究，以实现区域及城市景观可持续性。

风景园林的本质是土地营造，生态是景观规划最基本的特征，而景观生态学则为该部分研究提供了量化工具与理论借鉴，近年来两门学科的紧密结合促使生态规划研究在方法与技术上快速发展，绿色基础设施规划就是其中的重要典型成果。

（3）"格局—过程—设计"范式

生态学要求景观系统结构是稳定的、均衡的。如果一味追求格局—过程的稳定，其功能不能更好地为人类提供福祉的话，就不符合景观规划设计者的初衷。但一味要求景观功能发

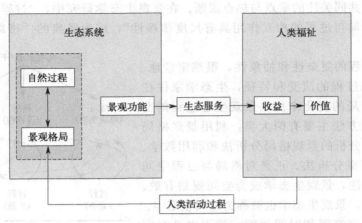

图 4-2 "格局—过程—服务—可持续性"范式（引自岳邦瑞，2020）

挥更大的作用，索取景观为人类服务的更多价值，景观的格局将会被破坏，其过程将不可能持续。这就要求景观规划既要合乎生态学原理，又要体现人的主观能动性的作用。在这种思路下，融合科学研究与设计的一种新的"格局—过程—设计"理论范式被提出（图 4-3）。这种理论范式把景观格局及生态过程的相互关系与科学理论用空间设计相连接，在特定场地中利用被当作假设这种空间设计模式不断监测、评价设计的结果，检验相关的科学理论，使景观规划设计更优化和更科学化。

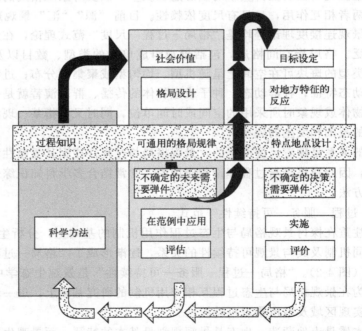

图 4-3 Nassauer 和 Opdam 的"格局—过程—设计"范式（引自岳邦瑞，2020）

4.1.2.2 风景园林景观规划程序性理论范式

（1）经验范式

奥姆斯特德于 1863 年正式提出"风景园林"一词，赫克尔于 1866 年正式提出"生态学"的概念（研究生物体与其周围环境相互关系的科学），这个时期的风景园林规划设计并没有应用生态学的相关原理，只是基于设计师主观意识的生态思想。19 世纪中期—20 世纪初期，生态学基本原理还未渗入风景园林，它们之间还未融合。1893 年埃利奥特开始将叠图法应用到景观规划中，才使得生态学与景观规划的融合开始萌芽（图 4-4）。因而，此期的景观规划设计理论属于经验范式阶段。

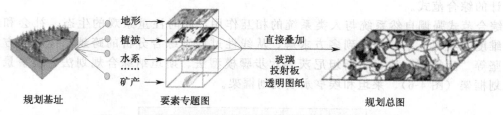

图 4-4　埃利奥特的手工简易叠图法（引自岳邦瑞，2020）

（2）实证范式

随着生态学的发展，生态学理论逐渐成为风景园林中的基础理论，风景园林规划设计师们已意识到格局与过程关系进行定量分析的重要性。20 世纪 60 年代，环境污染与生态破坏加剧，严重威胁着人类的生存，此时在麦克哈格等规划先驱的倡导下，生态学、地理学等自然科学的定量分析及模型方法被引入大尺度的景观规划中，用以解决区域土地利用和环境问题。目前规划实证范式代表性方法有：第二代景观适宜性分析方法、奥德姆的分室流模型、基于应用景观生态学的 LANDEP 方法体系（图 4-5）等。景观规划的原则由生态科学研究成果直接指导，风景园林的规划变成了生态学科的实践应用，既丰富了风景园林规划的理论，又促进了生态学科研究领域的扩展。

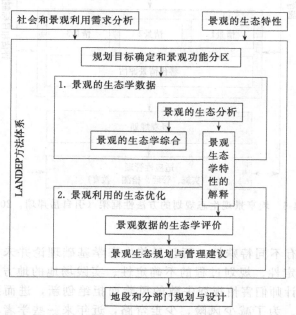

图 4-5　基于应用景观生态学的 LANDEP 方法体系（引自岳邦瑞，2020）

（3）综合范式

为避免人类活动导致不可逆的环境变化（主要是气候变化、生物多样性降低、环境污染），实现可持续发展成为当前社会最紧迫的挑战，人类与自然系统相互作用的耦合机制成为理解人类可持续的关键。由于经验范式只注重景观空间格局的物理维度和景观过程的常态变化，忽略了景观的生态结构、人类活动和社会经济的多重影响，无法解决人类与自然和谐共存可持续的关键问题，所以，一些学者在规划设计时以景观服务作为一条纽带，把人类活动及社会经济与景观系统的相互作用结合起来，从生态学原理和设计思路、目标多方位出发为人类与自然和谐共存可持续性提出了新的规划设计框架，即规划设计的综合范式。

综合范式强调自然系统与人类系统的相互作用，同时注重景观的生态、社会和经济多个维度，实现从单一结论到多方求解、从线性过程到综合分析的跨越。代表性方法有俞孔坚等"反规划"途径、斯坦尼茨等六步骤模型法、斯坦纳综合规划法、埃亨景观生态规划框架（图4-6）、莱坦和埃亨永续规划框架。

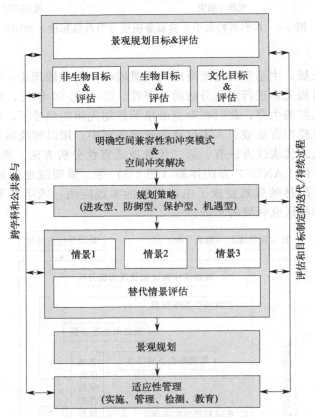

图4-6　埃亨景观生态规划的方法性框架（引自岳邦瑞，2020）

（4）试验范式

由于不同景观具有不同特殊性，而且目前生态学基础理论并未完全完善，这就带来了规划过程中的不确定性。规划过程的不确定性、实践场地的地方特殊性、生态知识体系的不成熟，导致设计师们害怕规划失败的风险而拒绝创新，进而致使规划保守而缺乏应对风险的弹性能力。为了减少风险，少走弯路，近年来一些学者为适应不同特殊性景观，提出了探索性规划框架，也就是说这个规划框架是"边学边做"形成的，"失败也安全"的试验性设计成为解决这种困境的一个有效方法。

如同实证研究一样，"试验性设计"把景观或城市作为可持续性的试验场，设计方案被当作假说而非结论应用到空间实践中，并建立检测反馈机制（图4-7）。近年来国内出现的"设计科研"体系，"生态智慧指引下的实践"研究范式，"最小累积阻力"模型，

"生态安全"格局等都属于景观规划程序性理论试验范式范畴。

　　风景园林景观规划在国内萌芽、发展直至近年来已不断完善，风景园林景观规划的研究日渐复杂和多元化。目前，有关景观规划的理论还不够完善，探研出景观规划的新理论是景观规划未来研究中亟须解决的问题。而且，对一个景观进行规划设计时，如何使景观更好地为人类发挥其服务效应，把基本理论、科研以及政策相结合的整体发展途径也是景观规划设计者需要认真对待的重要课题。

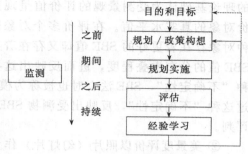

图4-7　"试验性设计"规划程序
（引自岳邦瑞，2020）

4.2　风景园林景观美景度评价

4.2.1　风景园林景观美景度评价概述

　　景观评价是指对景观视觉质量的评价，具体来说是指个人或群体以某种标准对景观的价值做出判断；随着人们对视觉环境保护认识的深入，景观评价的概念逐渐演变为从社会经济、生态和美学角度对景观生态系统的功能与效益所进行的价值评估。评价是否可行取决于人们对视觉客体、视觉主体以及合理的价值标准、科学的评价方法和手段等方面的探究。目前，景观评价在技术方法上日趋成熟，形成了专家学派、心理物理学派、认知学派和经验学派4大学派，其中美景度评价法又被公认为是景观美学质量研究中最有效、最常见的心理物理模式景观评价方法之一，因其要素容易获得和控制，且评价结果的可靠性和灵敏性较高，已被广泛应用。

4.2.1.1　风景园林景观美景度评价概念与特点

4.2.1.1.1　风景园林景观美景度评价的概念

　　（1）景观美景度

　　景观美景度是指景观的优美程度，是景观评价的一个重要指标。景观美景度可分为极美、较美和一般美，美感的级别可通过审美群体获得的共同感受来确定。给同一种景观评分就是一种获得美景度的方法之一。

　　（2）美景度评价法

　　美景度评价法（scenic beauty estimation，SBE）又叫美景度评估法、美景度评判法、景色美评估法、景致美预测法等。该方法以心理物理学为理论基础，基本思想是把风景与风景审美的关系理解为刺激—反应的关系，主张以群体的普遍审美趣味作为衡量风景质量的标准，建立风景质量评价量表，并在此基础上建立预测模型。

　　（3）SBE法对景观进行美景度的评价必须包含以下两部分内容。

　　① 公众参与是获得美景度评价测评值的重要步骤，SBE法对于美景度评价的主体是公众而并非少数专家。

　　② 对需要评判的景观进行分解，在得到不同要素的基础上，建立起各要素与美景度之间的评价模型，通过数据的整理与分析，获得景观的总体评价与各要素对景观质量重要性影响程度。

4.2.1.1.2　风景园林美景度评价的特点

　　① SBE法在其评价过程中，认同不同人群对于事物判断时产生的不一致性；SBE法

的理论基础认为受测景观的评价值呈现正态分布，并认为评价所得的平均值更能代表评价对象的真实水平值。在评价多个对象时，SBE 值的分布会出现重叠状态，但是对于哪种对象存在着更好的 SBE 值却又存在着某种"不确定性"，这种"不确定性"可以反映出 SBE 值的分布重叠程度，进而反映出这些评判对象的美景相似程度。正是因为存在着这种"不确定性"，SBE 法有时也被称为模糊评价法。因此，SBE 法的理论基础在于正是通过这种"不确定性"，反映出受测物 SBE 值分布的重叠程度，进而对受测物的一致性产生评判。

② 美景度评价以照片（幻灯片）作为评价媒介，依据量化评价模型进行美景度评价，由于其景观价值高低不是单纯依靠专家评判，所以更能客观反映景观现象的实际接纳程度与美学价值。美景度评价法是目前世界公认最好的风景审美评价方法之一，它的优势在于能够对大样本进行评价且较为省时，评价者以观测照片的方式并以相同的评价标准对评价对象进行评分，此种方式所得出的结果能够准确且直观地反映植物景观的美景度。

4.2.1.2　风景园林景观美景度评价模型与步骤

（1）风景园林景观美景度评价模型

① 测定公众的审美态度，即获得美景度量值。

② 将具体景观进行要素分解并测定要素量值。

③ 建立美景度与各要素之间的关系模型。

（2）风景园林景观美景度评价步骤

① 确定评价对象。

② 确定评价人员与评价方法：学者们通过相关研究证明不同评价主体在审美态度上具有明显的一致性，但专家与专业学生的感知能力比一般公众较强。

③ 获得评价景观的等级值即美景度值。

④ 选取并确定风景属性，即构成景观的评判要素。

⑤ 用统计分析软件通过相关、回归等分析，确定评价景观中风景属性对景观的贡献大小。

4.2.1.3　风景园林景观美景度评价的优缺点

（1）SBE 法的优点

① 美景度评价以大众的审美态度作为评价的依据，能够较为客观地反映出评价对象的美学价值，且由于其科学性和实用性等优点在多种评价领域得到广泛应用。

② 美景度评价法能够在室内通过照片（幻灯片）播放的方式进行评判，具有便捷、高效、经济等优势。

③ SBE 法的美景度代表值是对评判等级得分值进行一系列标准化处理后的结果，克服了传统的标准化方法的局限性，既存在导致评判者个体之间审美尺度差异模糊以及无法区分景观内方差和景观间方差等问题，又不受评判标准和得分值的影响。

美景度评价法较为成熟，结果合理可信，方法切合实际。总的来讲，该研究方法具有科学性、广泛性、精确性和实用性等优点。

（2）SBE 法的缺点

① 美景度评价法是基于偏好的评价，评价结果依赖个人审美态度和评价照片的效果，亦存在局限性，多种因素可能会对审美态度以及照片质量产生影响，从而影响评价结果的准确性。

② 美景度评价法是对景观的整体性进行评价，对于历史、人文、地域差异等细节的研究能力还有所欠缺。

③ 由于是定性半定量的评价研究对象，所以其量化程度不是很高，可以通过定性结合定量的方法来弥补。

4.2.2 风景园林景观美景度评价的方法

目前国内外关于景观美景度值的获取主要有 3 种方法：描述因子法、调查问卷法和直观评价法（表 4-1）。

（1）描述因子法

描述因子法是对景观的各种特征或成分进行评价，从而获得全部景观的美景度值。该方法首先定义多个被认为与美景度有关的构景成分或景观特征，然后从上述构景要素上对每个具体景观做出评价，记录每个景观中各种特征的存在状况，统计其数目，并给每种特征赋予一个数值，最后将每个景观的构成特征与美景度联系在一起。数据处理时，该法不仅能单独求记录结果之和，也能综合各种特征或特征值，从而获得一个美景度值。选择具有广泛适用性景观特征，清晰而充分地区分不同景观是该方法的难点所在。

（2）调查问卷法

调查问卷法通过向公众提问，一般都是口头提问或用表格的方式提问，汇总调查的结果来评价公众对景观的满意度或可接受度。该法的好处是把很多人的意见作为评价标准，简单、经济。它是建立在一个重要的假设之上，也就是说假设受调查人对景观的喜好程度是与景观美是有关系的，简而言之人们越喜爱的景观就是越美的景观。此法的劣势在于，对同一内容在不同的问法下可能会得到完全不同的结果，有时候公众在回答问题时所作的选择与面对景观实体或图片时所做出的选择相互矛盾。如何措辞显得非常关键，此外调查工作还需要得到公众的理解和支持，需要人们认真对待调查提问。

（3）直观评价法

直观评价法和调查问卷法类似，也是由公众的评判来评价景观质量。景观美学评价中把景观与审美的关系认为是刺激与反应的关系，因此这种方法又称心理物理学方法。心理物理学方法通过向公众展示景观的一组彩色相片或 PPT，来确定人们对景观优美程度的评价，探求景观特征和公众审美评判间的数量关系，从而建立起景观要素与美景度之间的关系模型。景观的物理特征可以准确地加以测定，可以有效地避免多次运用形式美原则或其他生态学原则所带来的麻烦。

表 4-1　景观美学评价方法比较

比较内容	描述因子法	调查问卷法	直观评价法
操作方法	选择景观特征或构景成分，从景观要素出发对每个具体景观做出评价	通过向公众提问汇总的结果来评价公众对景观的满意程度或接受程度，主要反应对"环境刺激物"的感受	通过公众的评判来评价景观质量
优点	通过记录各个景观中构景要素的具体特征并计数或赋值，方法操作简单，受评价对象空间尺度的制约较小	把多数人的意见作为评价的标准，比较方便、经济	可建立美景度与各要素之间的关系模型
缺点	在构景因子的选择上具有较大的主观及随机性，难以建立景观特征与美景度之间的关系模型	受调查者及调查对象的背景影响	风景美感与人们审美评判反应之间的数量关系需要验证

注：根据鑫峰和王雁（1999，2000，2001）相关理论整理。

4.3 风景园林景观资源评价

景观资源分为自然景观资源和人文景观资源两大类。一般来说，景观资源又称景源、风景名胜资源、风景旅游资源，应是能够引发人们审美与欣赏行为，并能够开展风景游览和将其开发利用为观光旅游事务的总称。

4.3.1 风景园林景观资源评价概述

4.3.1.1 风景园林景观资源评价的内涵

景观资源评价是指基于某种标准条件下，个人或群体对景观资源价值所作出的判断。景观资源评价是对景观资源的综合评价，不仅包括对资源品质的评价，还包括对开发利用条件及基础设施的评价等。景观资源评价多采用量化的方法，常用方法有模糊综合评价法、回归模型法、结构方程模型法等。由于个体主观偏好的影响，景观资源评估结果会呈现一定的波动性，因此在进行数据采样过程中应尽可能增加样本数量，以得到相对科学合理、更具普遍性的结果，最大程度上还原客观事实。

4.3.1.2 风景园林景观资源评价的目的

景观资源评价的目的主要是在能够分清和判断景观资源的基础上，满足景观资源规划管理以及保护和景观资源的合理利用开发等方面的需求。具体有以下几个方面的需要。

（1）景观资源的规划和管理

景观资源规划和管理的基础是对景观资源现状的了解，包括对景观资源视觉品质的了解。在景观资源规划中，景观资源发展方向和发展区域的选择是重要内容。另外，在景观资源规划管理中，景观资源品质的研究是景观资源规划技术政策和管理规定制定的基础研究内容之一。

（2）景观资源建设项目的改进

对拟建项目的评价可以为项目更好地实施提供指导性的意见。典型的如对实施方案的评审，通过对方案基本概念、具体手法、实施可能性、结果和效率的评价，可以在实施前对方案进行改进，以达到更好的效果。在这种情况下，评审者通常要和项目管理者以及其他各方密切交流，了解项目的背景，共同进行评审活动。这样的评价注重结果的即时性、具体性、应用性。

（3）景观资源的有效利用

如何有效地利用景观资源，并让景观资源产生最大的社会效益，这时的评价就是对项目的关键性的结果进行综合评价，给决策者和景观项目的监督者提供决策依据。景观资源建设的重点项目的选择、实施优先次序的决策等都需要评价结果的支持。

4.3.1.3 风景园林景观资源评价的理论依据

（1）自然资源学理论

自然资源学是一个以自然资源和自然资源利用为核心的横向发展的学科领域，它是在当代综合与交叉的科学潮流的推动下，为了解决当今世界以人口、资源、环境与发展为核心的"全球性问题"而迅速发展的。自然资源学研究既包括单项研究也包括整体自然资源研究。自然资源科学是自然科学、社会科学和技术科学相互交叉、相互渗透、相互结合、多学科横向发展的科学领域，自然资源研究已成为支撑社会经济可持续发展研究的重要学科领域。自然资源研究的基本原理主要有：地域分异规律原理、生态学原理、经济学原理、物理学原理、自然节律原理、因地制宜原理。

（2）景观生态学理论

景观生态学是研究景观的空间结构与形态特征对生物活动与人类活动影响的学科。它研究不同尺度体现在景观的空间变化，以及景观异质性的发生机制（生物、地理和社会的原因）。它是连接自然科学和有关人文科学的一门交叉学科。

景观生态学的基本原理来源于景观、生态及综合系统论3个方面。景观即水平异质性主要表现为空间格局与组合；生态即垂直异质性主要表现为相互关联方面；综合系统论即整体性理论，是学科思想的出发点。几者结合起来表现为整体性原理、自组织原理、景观多样性原理、景观结构与功能原理、景观稳定性原理、物质再分配原理与能量流原理。理论和方法研究的重点体现在景观结构、功能、稳定性、异质性、物质交流与能量转化过程，景观生态系统的动态变化和模拟以及人工景观生态研究。

（3）数理统计理论

数理统计是研究随机现象统计规律性的一门数学理论。以概率论为基础，研究如何以有效的方式收集、整理和分析受到随机性影响的数据，并以这些有限的数据为依据对所考察的问题做出推断和预测，为决策提供依据。数理统计是一种使用局部现象去推断整体内在规律性的方法。

（4）区域发展控制理论

区域发展过程是一个动态的可控制的过程。任何一个区域系统并非永恒静止，而是不停地在随机与确定、协同与制约、递增与递减、破坏与重建、开发与保护中发挥着激烈的作用，通过人口、资源、环境与经济四大子系统之间的相互交织和作用，共同推进整体系统的演进和变换，其中人口增长、资源消耗、环境演化和经济发展等问题都随时间的推移而变化，形成一个复杂的非线性过程。虽然如此但也并非无规律可循，作为这一系统主体的人类具有极大的积极性和能动性，总是可以从错综复杂的动态关系中区分出确定性因素和非确定性因素，建立常规线性控制系统和非线性控制系统，实现对区域发展过程有目的的控制。信息在区域发展过程中是最活跃、最基本的要素，区域持续发展的调控必须借助于信息，信息反馈是实现区域发展控制的基本方法。区域持续发展调控的实质是对人流、物质流、能量流和信息流的高技术调控。

（5）可持续发展理论

可持续发展是从环境与自然资源角度提出的关于人类长期发展的战略与模式，强调的是环境与经济的协调，追求的是人与自然的和谐。其核心思想就是健康的经济发展应建立在生态可持续能力、社会公正和人民积极参与自身发展决策的基础上。它所追求的目标是既要使人类的各种需要得到满足，个人得到充分发展，又要保护资源和生态环境不对后代人的生存和发展构成威胁。这种观念较好地把眼前利益与长远利益、局部利益与全局利益有机统一起来，使经济能够沿着健康轨道发展。

（6）生态经济理论

生态经济学研究经济发展与环境保护之间的相互关系，探索合理协调经济再生产与自然再生产之间的物质交换，用较少的经济代价取得较大的社会效益、环境效益和经济效益。因此，生态经济学能够为解决一系列经济无序发展造成的环境问题提供对策和方法。景观资源具有价值，为缓解一定时间内人类社会与经济发展和资源环境之间的矛盾，必须寻找合理的人们能够接受的生态、经济、社会效益评估的方法，考虑如何将景观价值合理化，以将景观价值与经济利益直接联系起来，在经济核算中考虑环境的成本价值以及人类生活中造成的景观价值损失，建立并实施景观价值损失的合理补偿机制，从而定量地评价与调控景观价值损失及景观价值存量，为可持续发展决策服务。

（7）生态美学理论

生态美学是中国自古以来提倡的"天人合一、道法自然"哲学观的美学体现，与古典园林中"虽由人作，宛自天开"的造园思想不谋而合。生态美学观从人与自然平等共生的亲和关系中来探索自然美问题，在环境中体现人们对自然美的认同和对田园意境的向往。要体会到漫山遍野自由生长的野花是美的，参差不齐乱石林立的驳岸是美的，剥落的墙皮是美的，斑驳的青石板是美的。认可农田劳作、果园采摘是劳动美，乡风民俗是淳朴美，小桥流水、炊烟袅袅、老树黄狗是意境美。

4.3.2 风景园林景观资源评价的方法

4.3.2.1 德尔菲专家打分法

德尔菲专家打分法，是一种定性描述定量化方法，通过先确定评价项目，再根据评价项目制订出一套评价标准，然后聘请若干有代表性的专家凭借自己的经验按此评价标准给出各项目的评价分值，然后对其各专家的评价分值进行统计、处理、分析和归纳。经过多轮的征询、反馈和调整后得出一个最具有权威性的结果。专家打分法的关键在于我们所邀请的专家在自己的研究领域要有一定的权威，其对该领域的专业判断和专业知识要有一定的深度。这样专家打出的分数才能令更多的人信服。

它的操作过程一般都是遵循以下程序：

① 选择相关专家。

② 针对所要调查的指标设计意见征询表。

③ 向专家提供所要调查因子的背景资料，以匿名方式征询专家意见。

④ 收集第一轮调查结果，汇总，整理，分析，并将结果反馈给专家。

⑤ 专家根据反馈给他们的意见修正自己的意见。

⑥ 经过反复调查，得出最终结论。

该方法操作简单，直观性较强，选择的余地也比较大，将能够进行定量计算的评价项目和无法进行计算的评价项目都加以考虑，因此该种方法一直被人们青睐。但是专家打分法对邀请的专家要求比较高，必须具有一定的权威性，得出的结论才具有说服力。

4.3.2.2 层次分析法

层次分析法（AHP）是对非定量事件作定量分析的一种常用方法，也是人们对主观判断做客观描述的一种有效方法。它从系统学的角度来考虑复杂事物的多目标决策，决策思维过程中构建层次结构评价指标体系，优化量化评价标准，对各评价指标对决策目标的贡献度进行量化表述，经过数学运算确定各评价指标对评价对象的重要性权重值，为正确决策提供依据。

AHP法是在一个多层次的分析结构中，最终被系统分析归结为最低层相对于最高层的相对重要性数值的确定或相对优劣次序的排序问题。其基本思想是根据分析对象的性质和决策或评价的总目标，把总体现象中的各种影响因素通过划分相互联系的有序层次使之条理化。AHP法一般计算过程有以下几步（图4-8）。

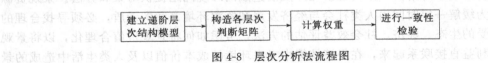

图4-8 层次分析法流程图

（1）建立递阶层次结构模型

递阶层次结构模型中，将目标层决策目标细化为若干准则层，每一准则下又可细化成更多的方案层指标。

最底层就是方案，通常称为指标层，是对指标进行细化和具体化。最上层只有一个，中间可以有一个或几个层次。邻近层之间相互影响，上层管辖下层，下层决定上层，从而构成递阶层次模型，如图 4-9 所示。

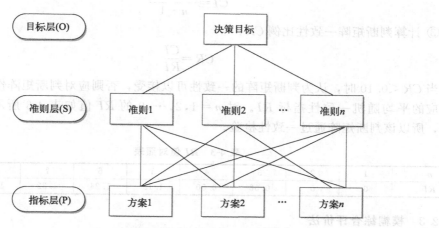

图 4-9　层级结构模型（仿丁冬，2020）

（2）构造各层次判断矩阵

构造各层次判断矩阵的时候，要将本层指标对上层所隶属指标的重要性进行两两比较，比较的标度如表 4-2 所示。这种比较是相对性的，比较结果形成判断矩阵。计算判断矩阵可以得到本层指标的相对权重。通过求解该矩阵，可得到这 n 个因素相对上层的权重。

表 4-2　判断矩阵比较标度表

标度	含义
1	表示两个因素相比,具有相同重要性
3	表示两个因素相比,前者比后者稍显重要
5	表示两个因素相比,前者比后者稍显重要
7	表示两个因素相比,前者比后者稍显重要
9	表示两个因素相比,前者比后者稍显重要
2,4,6,8	表示上述相邻判断的中间值
倒数	若因素 i 与因素 j 的重要性之比为 a_{ij},那么因素 j 与因素 i 重要性之比为 $a_{ji}=1/a_{ij}$

（3）计算权重

① 将判断矩阵的每一列向量归一化：

$$\tilde{w}_{ij}=a_{ij}/\sum_{i=1}^{n}a_{ij}$$

② 将归一化的各行相加：

$$\vec{A}\vec{w}_{ij}=\sum_{j=1}^{n}\tilde{w}_{ij}$$

③ 向量归一化即得到权重：

$$\tilde{w}=(\tilde{w}_1,\tilde{w}_2,\cdots,\tilde{w}_n)^T$$

（4）进行一致性检验

① 计算判断矩阵特征值：

$$\lambda_{\max} = \sum_{i=1}^{n} \frac{(A\vec{w})_i}{nw_i}$$

② 计算判断矩阵一致性指标 CI：

$$CI = \frac{\lambda_{\max} - n}{n-1}$$

③ 计算判断矩阵一致性比例 CR：

$$CR = \frac{CI}{RI}$$

当 $CR<0.10$ 时，认为判断矩阵的一致性可以接受，否则应对判断矩阵作适当修正。查找相应的平均随机一致性指标 RI。对 $n=1,2,\cdots,9$ 的 RI 值如表 4-3 所示。因为 $CR<0.10$，所以该判断矩阵通过一致性检验。

表 4-3　*RI* 值对照表

n	1	2	3	4	5	6	7	8	9
RI	0	0	0.58	0.90	1.12	1.24	1.32	1.41	1.45

4.3.2.3　模糊综合评价法

模糊综合评价法（FCE）是一种综合评价方法。此方法以模糊数学原理为其基础。该综合评价法所得到的最终结果是依据模糊数学的隶属度原理，将定性评价转化为定量评价。由于块状地域范围内的景观是一个多层次、多因素耦合的复杂系统，其内部关系具有极大的相关性与不确定性，所以模糊综合评价法在园林景观、建筑景观等的评价中应用十分广泛。模糊综合评价法依据模糊隶属度理论将定性评价转化为定量评价，顾及了评价界限的模糊度，将定性与定量相互结合，适用于多种情况的景观资源评价。

FCE 法计算的基本步骤如下。

（1）建立因素集

根据构建的评价体系，将组成每个层次的因素集合成一个因素集。假设评价对象由 m 个评价因素组成，则因素集 U 表示为：$U=\{u_1,u_2,u_3,\cdots,u_m\}$，其中 $U_i=\{u_{i1},u_{i2},u_{i3},\cdots,u_{im}\}$，且 $U_i\cap U_j=\phi$，$i\neq j$，$i,j=1,2,3,\cdots,n$，$\{U_i\}$ 为 U 的一个类。

（2）确定评语集

常用的模糊评价记分法是五分制的记分法，设立 $V=\{v_1,v_2,v_3,v_4,v_5\}$ 的评语集，其中 v_1 代表很好，v_2 代表较好，v_3 代表一般，v_4 代表较差，v_5 代表很差。

（3）构成权重集

目前用于确定评价因素权重值的方法较多，大体上可分为两类，主观判断类和量化类。常用的主观判断类方法如专家咨询法或专家调查法、评价专家集体讨论法、主观经验评判法等，量化类的有层次分析法、二元比较函数法等，加上运用数据处理的软件如 Yaahp 软件、DPS 数据处理系统等对调查数据进行处理，计算出各因素重要程度的权重集。以集合 $A=\{a_1,a_2,a_3,\cdots,a_m\}$，表示因素的权重集，$a_i(i=1,2,3,\cdots,n)$，表示第 i 类因素的权数，则 $A_i=\{a_{i1},a_{i2},a_{i3},\cdots,a_{in}\}$。

（4）构建评价矩阵

构建因素集与评语集之间的模糊映射矩阵，矩阵形式如下：

$$R = \begin{bmatrix} r_{11} & r_{12} & r_{13} & \cdots & r_{1n} \\ r_{21} & r_{22} & r_{23} & \cdots & r_{2n} \\ r_{31} & r_{32} & r_{33} & \cdots & r_{3n} \\ \cdots & \cdots & \cdots & \cdots & \cdots \\ r_{m1} & r_{m2} & r_{m3} & \cdots & r_{mn} \end{bmatrix}$$

其中，$r_{ij}(i=1,2,3,\cdots,m；j=1,2,3,\cdots,n)$ 表示因素集 u_i 对评语集 v_j 的隶属度，隶属度以中和评判者意见的方式确定 $r_{ij}=\dfrac{q}{Q}$：q 为评语频数，即某个等级上评判者的数量；Q 为评价总人数。

（5）一级综合评价

利用模糊数学的综合评判法将类中各因素的评价矩阵 R_i 与权重矢量 A_i 合成，便可得到 i 类因素的一级综合评价结果 V_i：

$$V_i = A_i \cdot R_i = \{a_{i1}, a_{i2}, a_{i3}, \cdots, a_{in}\} \cdot \begin{bmatrix} r_{11} & r_{12} & r_{13} & \cdots & r_{1m} \\ r_{21} & r_{22} & r_{23} & \cdots & r_{2m} \\ r_{31} & r_{32} & r_{33} & \cdots & r_{3m} \\ \cdots & \cdots & \cdots & \cdots & \cdots \\ r_{i1} & r_{i2} & r_{i3} & \cdots & r_{im} \end{bmatrix} = \{b_{i1}, b_{i2}, b_{i3}, \cdots, b_{im}\}$$

（6）二级综合评价

利用模糊数学的综合评判法将各类因素之间的评价矩阵 R 与权重矢量 A 合成，便可得到 i 类因素的二级综合评价结果 V：

$$V = A \cdot R = \{a_1, a_2, a_3, \cdots, a_n\} \cdot \begin{bmatrix} A_1 & \cdot & R_1 \\ A_2 & \cdot & R_2 \\ A_3 & \cdot & R_3 \\ \cdots & \cdots & \cdots \\ A_m & \cdot & R_m \end{bmatrix} = \{b_1, b_2, b_3, \cdots, b_m\}$$

上述过程是二级模糊评价模型的计算过程，而针对多级模型的评判，以上述第五步和第六步计算过程反复进行，便可求得最终的评判结果。

4.3.2.4 灰色关联度分析法

灰色关联度分析法主要是依据各个成分间存在的相近的发展趋向水平，来权衡成分之间紧密程度的一种方式方法。该方法的基本思想是依据成分之间各比较序列曲线或参考序列曲线的相近水平，进而分析其联系的紧密程度。

4.4 风景园林景观质量评价

4.4.1 风景园林景观质量评价概述

4.4.1.1 景观质量评价的概念

景观质量评价指使用社会学、美学、现代心理学和生物生态学等各个领域的理论知识和研究意识来评估、预测、判断景观环境的现状，以此预测在未来的开发或运营中可能会对景观环境造成不利的影响或不利的发展，并根据评价结果提出相应应对方法，例如针对于景观环境保护、开发、利用及减缓不利影响措施的评价。

景观质量评价就是对景观效果进行定性和定量相结合的分析和评价，是了解景观特质的方法。景观质量评价程序是从人的体验与感受出发，对环境敏感度、环境适宜性等所作的一系列调查与评价，主要依据各要素在区域中存在或消失对景观主体的影响。景观质量评价研究主要涉及景观的自然、社会经济、文化等多方面因素。

4.4.1.2 风景园林景观质量评价的理论

（1）景观生态学

景观生态学是一门涉及生物学、经济学、地理学等多门学科的交叉型学科，主要研究不同尺度的景观的空间变化，如景观生态学系统是如何影响景观格局变化、景观结构变化、景观异质性变化等多方面的。在景观研究上要基于整体性原则，对景观格局、功能、结构的变化进行研究。景观异质性即在一个景观单元内，其景观变异程度影响着生态系统的安全指数，变异程度越高，安全指数越高，农业生态系统的受灾害程度会越轻，更有利于经济与生态效益的实现。

（2）景观美学

美学在哲学范畴里是由思维活动、感性认知引起的情绪与情感方面的感触。美学包括景观美学，景观美学是一门由生物学、地理学、建筑学、心理学、民俗学等多学科交叉的应用性学科，景观美学研究的是一个从感性认知上升为理性认知再应用于实践活动的过程。

（3）大众行为心理学

大众行为，即在大众社会中产生的独特形式的集体行为，是没有结构与组织、个别的选择，大众行为的产生代表着大多数人反应的总和。人的行为是人类的日常生活中的各种行为做法，是人的想法、品格等内容的外在体现，即为了达到一定的目的或满足一定的欲望而采取的逐步行动的过程，行为是一种心理反应，行动则是为了满足人们的需求。

4.4.1.3 风景园林景观质量评价的标准

近年来，国内外景观学家和生态学家对景观质量评价的标准作了广泛的研究与探讨，由于各自涉及的学科领域不同，观点也不相同，大致可分为两类。

（1）强调景观的视觉属性作为景观质量评价的基础标准

以环境美学家与景观生态学家为主体，以环境美学与景观生态学为理论基础。环境美学专家主要用尺度、比例、线形、形态、色彩、质地与韵律等基本元素来分析景观质量，强调奇特性、多样性、整体均衡性等形式美原则。近年来，环境美学结合景观生态学发展出景观地理学、景观建筑学等新学科，把生态质量和美学质量一起纳入了景观评价的标准范围，强调自然环境的生态功能价值，而良好的景观质量应该符合多样性、整体统一性及连续性的标准。

（2）以人的感受性为侧重点的价值评价标准

以心理学派、认知学派为代表的哲学社会科学家们为主体，以环境哲学与文化生态学为主要理论基础，强调人对景观的感受性。该观点认为景观是给人以各种情感反响的文化环境形态，把人作为景观感受的主体，审视环境景观对当地居民的视觉影响，对景观质量的评价提出了人本主义的价值标准。

4.4.1.4 景观质量评价指标体系建立的原则

（1）系统性

对于被选取的指标要能最大限度地全面概括评价目标的方方面面，要完整齐全，能真实地反映景观质量的特点和价值。

（2）科学性

选取指标时应严格按照科学客观原则，要充分参考美学、园林学、林学等相关学科的理论知识。采用的指标要能真实影响该地区的景观质量，不能掺杂与审美机制毫不相关的因子作为评价指标。

（3）可操作性

选取定性指标时，要有概括性，能准确代表指标所包含的内容。而在选取定量指标时，应该注重容易获取和收集数据的评价指标。

（4）层次性

在选定指标因子时，应该是从复杂到简单、从抽象到具体、从全面到概括，且具有层次性，从宏观到具体，多角度全面深刻地反映景观质量。

4.4.2 风景园林景观质量评价的方法

景观质量评价包含单因素的定性描述评价和多因素的定量评价两个阶段，经历了从定性或定量到定性与定量结合的转变，对于景观质量评价的研究方法方面多从美学角度进行评价。多方法的组合应用也是景观质量评价方法的重要特征。

4.4.2.1 心理物理学方法

（1）美景度评价法

该评价方法通过测量公众对风景的普遍审美态度，得到反映风景美学质量的美景度量表，再将该测量表与各风景构成成分之间建立关系模型，进行风景美学质量的估测。该方法结合定性与定量分析，联系了主观与客观评价并建立数学相关模型，同时能对大量景观进行量化评价，该方法具有科学性与实用性较强的特点，得到了广泛使用。

（2）语义分析法

语义分析法（SD）也称为感受记录法，通过被调查者对外界的心理感受获取数据并量化分析，从而构建量化评价。该方法是通过语言尺度衡量人的感知的量化评价方法，能够清晰地反应景观的优势和劣势，已逐渐运用于建筑、规划、景观评价等领域。

步骤：SD评价法的基本步骤为选定研究对象，拟定评价尺度，根据评价尺度拟定形容词对，制定问卷调查表并收集数据定量分析，将被调查者的感受转化为定量的原始数据，再将原始数据标准化，结合相关性分析、因子分析法等方法进一步运算和分析。此方法能够将主体感知与客体特征联系起来，将使用者的直观感受进行量化，弥补了其他研究方法在综合感知方面的不足。

（3）审美评价量法

审美评价量法（balanced incomplete block design-law of comparative judgment，BIB-LCJ）是由俞孔坚提出的，将风景审美评判测量法中的SBE法（scenic beauty estimation，美景度评价法）和LCJ法（law of comparative judgment，比较评判法）相结合，融合双方优点，消除缺点，因而可靠性高，能真实准确地反映公众对景观的审美态度。BIB-LCJ法是根据频率矩阵算出选择分数百分率，再查询PZO转换表，得出 Z 值，由此表明各景观的美景程度及各群体对不同景观的审美评判。但赫葆源在解释等级排列法时，表明平均等级同样适用BIB-LCJ法的美景度值，比 Z 值更具准确的区分度。

4.4.2.2 AHP-TOPSIS 组合模型

（1）TOPSIS 模型分析

TOPSIS 法指的是逼近理想解排序法，在这种方法中，首先需要结合理想目标和评价对象之间的接近程度对其进行顺序排列，从而分析评价对象的优势和劣势，是一种可以针对多目标决策进行评价分析的方法。最优/最劣解的评判标准按照这些值的空间散布来评判最优和最差理想值，然后将收集到的原始数据值放在矩阵里完成归一化处理，把所有指标的量值转化为统一标准，实现同质化对比分析从而对景观质量的优劣做出评价。

（2）AHP-TOPSIS 组合模型

用 AHP 法对影响因子所对应的权重进行确定，利用 TOPSIS 法确定排序。

① 构建加权的规范矩阵。挑选出 n 个符合条件的评价对象，评价指标 P 个，评分获得原始数据矩阵并对原始数据归一化及加权处理得出矩阵 Z。

$$Z = \begin{bmatrix} z_{11} & z_{12} & \cdots & z_{1p} \\ z_{21} & z_{22} & \cdots & z_{2p} \\ \cdots & \cdots & \cdots & \cdots \\ z_{n1} & z_{n2} & \cdots & z_{np} \end{bmatrix}_{n \times p}$$

式中：$Z_{ij} = g_{ij} \times \omega_{ij}$；$i = 1, 2, \cdots, n$；$j = 1, 2, \cdots, p$；$\omega_j$ 为第 j 个指标的权重。

② 对各参评对象排序。通过正理想解来表示最优解，其与指标最小值所构成的集合相对应；负理想解表示最劣解，其与指标最大值所构成的集合相对应。所有指标的最劣值和最优值构成了劣值向量 Z^- 与最优值向量 Z^+。

$$Z^+ = (z_1^+, z_2^+, \cdots, z_p^+); \quad Z^- = (z_1^-, z_2^-, \cdots, z_p^-)$$

式中：$z_j^+ = (z_{1j}^+, z_{2j}^+, \cdots, z_{pj}^+)$，$j = 1, 2, \cdots, p$；$Z_j^- = (z_{1j}^-, z_{2j}^-, \cdots, z_{pj}^-)$，$j = 1, 2, \cdots, p$。

③ 如果正理想解和各个参评对象间的距离等于 D_i^+，负理想解和各个参评对象间的距离等于 D_i^-，即可对最劣值和最优值与不同评价单元间的距离进行计算。

$$D_i^+ = \sqrt{\sum_{j=1}^{p} (z_{ij} - z_j^+)^2}, \quad D_i^- = \sqrt{\sum_{j=1}^{p} (z_{ij} - z_j^-)^2}$$

④ 对最优值与各个评价单元之间的相对接近程度进行计算：

$$C_i = \frac{D_i^-}{D_i^+ + D_i^-} (i = 1, 2, \cdots, n)$$

⑤ 根据相对接近度数进行排序，C_i 越大，代表第 i 个评价单元与最优水平之间的差距越小。较大的贴近度意味着此参评对象和理想解拥有极高的贴近度，即非常贴近理想解，排序越高。

第5章 风景园林生态绿地研究方法

5.1 景观生态空间格局分析方法

5.1.1 景观生态空间格局概述

景观生态空间格局是景观构成成分的空间结构，即景观组分的组合方式和特征，受到自然因素和人为因素的双重影响。

景观生态空间格局一般指大小和形状不一的相互作用的景观斑块在空间上的配置，是包括干扰在内的各种生态过程在不同尺度上作用的结果。景观生态格局是由斑块、廊道和基质构成，即所谓"斑块—廊道—基质"模式，其变化是自然、生物和社会要素相互作用的结果，景观斑块的数量、形状、大小和空间组合影响着生物物种的分布、径流和侵蚀等生态过程。研究景观的生态空间结构是研究景观功能和动态的基础。

景观生态格局分析的目的是从看似无序的景观斑块镶嵌中，发现潜在的规律性。为了更加深入地分析景观生态格局，应该将景观生态格局和各种生态过程、景观流联系起来。由于景观生态格局是在一定地域内各种自然环境因素与社会因素共同作用的产物，研究其特征可以更加深入地了解它形成的原因与作用机制，景观生态格局分析有助于探讨景观格局和生态过程的相互关系，为人类定向影响生态环境并使之向良性方向演化提供依据。

景观要素在空间上的分布是有规律的，形成各种各样的排列形式，称为景观要素构型，从景观要素的空间分布关系上讲，最为明显的构型有五种，分别为：均匀型分布格局、团聚式分布格局、线状分布格局、平行分布格局和特定组合或空间连接。

景观生态学研究最突出的特点是强调空间异质性、生态学过程和尺度的关系。研究空间异质性自然会用到一些已经在生态学中应用的空间割据分析方法，同时又有必要发展新的方法来弥补传统方法的不足。

5.1.2 目前常用景观生态空间格局分析方法

目前景观生态空间格局的分析方法主要有：景观格局指数分析法、景观格局梯度分析法、景观动态模拟法、地理统计学法、景观生态学模型法、非统计学法等。

随着 RS 和 GIS 技术的应用日益兴起，使对城市生态绿地系统的定量研究成为现实，通过高分辨率遥感卫星影像提取城市绿地信息，对城市生态绿地景观空间格局进行定量分析已成为景观生态学研究的热点和前沿，也是优化城市空间结构和充分发挥城市绿地生态功能的重要手段和途径。

（1）景观格局指数分析法

景观格局指数是指能够高度浓缩的景观格局信息，通过比较景观格局指数在时间维度上的变化研究景观格局的变化。常见的景观格局指数包括斑块形状指数、景观多样性指数、景观优势度指数等。由于其计算方法简单，能更方便地从定量的角度分析景观格局的优点，为景观功能的研究提供数据基础，主要用于空间上非连续的类型变量数据。

景观格局指数分析法可以对景观格局进行定量的描述，比较其动态变化过程。景观空间格局特征的研究，应首先选取对研究区域景观生态空间格局特点意义最大和最能反映区域生态环境特点的一系列指标作为评价指数，进而建立科学的、系统的和全面的以及可获取性的评价指标体系。

基于景观格局指数的城市绿地景观格局研究的方法，可以定量化、数据化直观地展示城市绿地的空间结构特征，但这种方法在表达景观结构具有的整体性与景观空间单元间的功能关系等方面具有局限性。为解决这种方法带来的局限性，可以与其他研究方法结合起来运用，景观格局梯度分析法和景观动态模拟法是目前最主要分析方法。

（2）景观格局梯度分析法

当前对某一区域的景观格局进行梯度分析最重要的两种方法是移动窗口法和缓冲区法。移动窗口法是在研究区域内设置若干条不同方向的条形样带，设置一个合理尺度的标准样方分别在每一条样带上滑动，获取每一个样方内景观格局指数以及变化规律。缓冲区法是围绕一个中心点，设置一个合理的半径尺度，等距地向外辐射扩散设立缓冲样带直至覆盖整个研究区域，用计算软件对各个缓冲区域内的景观格局指数进行计算并分析其梯度变化规律。

景观格局梯度分析法是将景观格局与梯度分析相结合，根据研究区域城市绿地空间结构的特点，通过计算沿样带或者不同缓冲区间景观格局指数的变化，分析城市绿地在空间梯度上变化规律的方法。这种方法特别适合城市绿地景观格局的研究，通过定量地分析城市绿地结构的空间梯度变化，可以清晰地研究城市绿地景观格局的细节变化，分析城市绿地建设中环境属性、人类活动及决策所起的作用，从而更加准确细致地研究城市绿地的空间结构特征。

景观格局动态分析是对同一区域不同时间内同一景观指数体系变化的研究，通过分析可以得出景观格局变化的规律。通过对城市绿地进行景观格局动态分析，不仅可以得出城市绿地景观格局的变化规律，结合相关资料，还可以发现影响城市绿地景观格局变化的因素，从而使城市绿地规划更具有前瞻性。

（3）景观动态模拟法

即景观斑块动态模型，是研究景观格局和过程在时间和空间上的整体动态，有助于建立景观结构、功能和过程之间的相互关系，是预测景观未来变化的有效工具。比较常见的模型有空间景观模型、中性模型、个体行为模型、过程模型、流行病学模型、廊道模型、细胞自组织模型等。其中，国外学者研究较多的是细胞自组织模型；国内学者研究较多的是城市及森林等绿地的景观格局的演变。

（4）地理统计学法

景观格局具有尺度效应和空间异质性，地理统计学法广泛应用于景观生态学中，可以方便地计算城市景观格局的空间自相关、变化趋势、空间数据的插值和估计等。主要用于反映景观格局的梯度变化，发现空间异质性在景观中连续变化的某种趋势或统计学规律，以确定空间自相关关系是否对景观格局有利。

统计学法主要研究景观格局变化的驱动力及其产生的生态环境效应。这种方法适用于景观格局有较好的分布规律（即呈线性或者指数和对数型）的研究区域。空间自相关是景观格局的最大特征之一，因此相关分析就是研究生态学某一变量在空间上如何关联，关联程度又如何。

（5）景观生态学模型法

景观生态学模型是理解和预测生态环境结构、功能和过程的基础，采用该模型分析景观生态空间格局的方法即景观生态学模型法。景观模型是基于3S技术的大量数据处理能力而建立和完善的，可以指示景观生态系统变化的内部规律和机制。其中元胞自动机模型就是一种常用的景观分析模型。元胞自动机又称细胞自动机，简称CA，是由许多相邻的细胞单元组成的栅格网，其特点是时间、空间、状态都是离散的。但每个细胞具有有限多个状态，且状态的改变都是有规则的。CA是从细胞及细胞之间的相互作用来讨论发展的整体过程。

（6）非统计学法

非统计学法往往是在研究区的数据不足的情况下分析景观格局发生变化的驱动力及其对景观生态环境产生的影响，常用的是灰色分析法。导致景观格局发生变化的原因非常多，因此景观格局变化的驱动力与生态环境效应之间的关系非常复杂，很难找到主要矛盾，也就是它们之间的关系是灰色的，具有典型的灰色系统性，可运用灰色分析法厘清多因素之间的主要关系。灰色分析法通过计算关联度（两个因素之间关联程度大小的量度）来分清哪些是主导因素。如果两个因素在系统发展过程中的变化态势基本一致，则认为二者关联度大；反之，二者关联度则较小。

5.2 城市绿地（森林）碳汇研究

5.2.1 城市绿地（森林）碳库碳汇概述

5.2.1.1 碳汇相关概念

（1）绿地（森林）碳汇

碳汇主要指的是植物通过光合作用将大气中的二氧化碳固定到植被体内的过程，即吸收二氧化碳，释放氧气的过程。森林是生态系统中最重要的碳汇，面积占到了整个陆地面积的三分之一，碳储存量则占了一半。但森林往往位于城市的边郊地界，城市生态系统的保护与维持不能只依靠大面积的林地，况且当下的森林也存在着分布不均、生态破坏等问题，因此更好地发挥边郊林地及内部城市森林的固碳释氧能力是提高城市生态系统活力的关键。

增加绿地（森林）碳汇的措施主要包括优化生态系统布局、扩大植被覆盖率、树种优化等相关措施，达到净化空气、缓解城市热岛效应的效果。

（2）碳源

从大气中清除二氧化碳的过程、活动和机制被称为碳汇，碳源则是相反的概念。碳源四分之三来自于化工产品的排放，例如汽车尾气、煤炭、石油气等燃烧，仅有很少部分来自自然界，如人类的呼吸、土壤、水域、岩石等。只要有碳源的发生，就必须有碳汇的保护，即碳汇能力越强，就能确保城市生态系统不被碳源所侵蚀，碳的积累越丰富。

（3）碳库

碳库的单位为质量单位，含义为碳的储存库。通常包括地上生物量、地下生物量、枯落物、枯死木和土壤有机质碳库。碳库的种类总共分为三种：大气碳库、海洋碳库和陆地生态系统碳库。其中在陆地生态系统中，碳循环的速度是最快的，近年来由于城市化进程的加快，造成了生态环境的缺失，导致大气中的二氧化碳浓度呈现日渐上升趋势。

（4）碳补偿

碳补偿一般指的就是碳中和，是指个人或团体因生活方式的需要（例如私家车出行、电力热力的使用、废弃物垃圾）所造成的二氧化碳等温室气体排放总量增加，通过一系列绿色环保的行动（如植树造林、节能减排等形式）使二氧化碳量减少，这两者之间达到中和，实现二氧化碳的零排放。随着科技的不断进步，人们的生活节奏日益加快，同时生活质量也得到了质的飞跃，更多的人选择投入到碳中和这一种新型环保形式中，推动了城市生态环境的优化，践行了"绿水青山就是金山银山"的理念，从而达到绿色出行、绿色生产，实现社会全面的绿色发展。

（5）碳氧平衡

植物在日间太阳光的照射下会产生光合作用，在自身达到了对于氧气的需求后，就会向大气中释放氧气，而植物自身的呼吸作用会将人类活动产生的二氧化碳都吸收掉，这样就达到了氧气和二氧化碳的平衡，即碳氧平衡。

5.2.1.2 碳汇的功能

碳汇功能也叫碳汇能力，主要指绿地系统中各载体斑块的吸收和固定二氧化碳的能力，包括土壤、市域绿地、郊区森林、山体岩石、水域湿地等。城市森林是城市绿地系统中不可分割的一部分，其碳汇功能是绿地系统中能力最强的。

在城市森林中最主要的碳汇来源于植被体内，土壤、水源、山体等虽然也具有重要的碳汇功能，但所承担的功能比例较小。在城市的绿地系统中，城市森林是唯一的自然生态系统，其作用具有不可代替性，是城市碳汇的基础部分。在碳汇功能上，各用地类型之间如林地、草地、耕地、建设用地的碳汇能力有很大差别，此外植物的群落结构也是影响碳汇能力的一大因素。

近年来多名学者针对城市生态绿地系统的碳汇能力进行了研究，结果表明复合的植物群落结构要比单一的植物群落结构固碳释氧能力强；植物群落的密度越高，碳汇能力越好。海洋作为地球表面面积最大的覆盖层、土壤作为园林植物生长的载体，都是储碳量庞大的碳库，此外岩石、生物体也是城市生态系统中碳汇必不可少的组成部分。

5.2.2 城市植物与绿地碳氧平衡能力

5.2.2.1 碳氧平衡原理及影响因素

（1）碳氧平衡原理

生态系统内部不断进行着物质循环，以此满足其各组成成分的生存需求。物质循环包括碳、氧、氮、硫、磷等构成生命有机体的各要素的循环，其中碳氧循环是对生态系统影响最大的一对因子，因为植物在进行光合作用的过程中需要吸收二氧化碳释放氧气，固碳释氧是同时进行的。

植物通过光合作用不断调节碳氧比例，以保持空气新鲜。植物通过光合作用，吸收108g 水和264g 二氧化碳，生成192g 氧气和180g 碳水化合物，这一过程释放氧气量与制造的碳水化合物的质量比为 1：0.938，释放氧气量与固定二氧化碳量比例为 0.727：1；植物消耗碳水化合物用以满足自身生长需求为光合作用的反过程，消耗氧气量和释放二氧化碳量分别与光合作用过程中产生的氧气量和吸收的二氧化碳量相等，这便是城市植物碳氧平衡基本原理。

城市生态系统中，空气中的碳氧比例还受到城市工业、人口等多种因素的影响，而碳氧比例严重影响空气质量并制约城市发展。研究城市植物与绿地的碳氧平衡能力，有助于科学规划城市绿地系统，为城市居民提供良好的生活环境。

（2）碳氧平衡能力影响因素

① 植物自身因素　影响碳氧平衡能力的植物自身因素主要有植物种类、株龄、叶位等。乔木、灌木、草本及藤本植物的碳氧平衡能力高低不同但差异不大，而具体植物种类的碳氧

平衡能力差异较大；随着植物株龄的增加，其碳氧平衡能力呈抛物线形状变化，即中龄植株碳氧平衡能力最强；植物上层叶片比下层叶片碳氧平衡能力强，东南方位叶片比西北方位叶片光合速率强。

② 季节因素　太阳辐射、温度、降水及日照长短等均会影响城市植被碳氧平衡量，即季节变化与植被固碳释氧量密切相关。以广州城区植被为例，其固碳释氧量自冬季1、2月份到春季5月份逐渐升高，并于5月份达到峰值，夏季6～8月份略有回落并上下波动，秋季9月份开始到冬季逐渐降低，12月份达到最低值。春夏季植被固碳释氧量大于秋冬季的主要原因在于春夏季日照时间长、太阳辐射量高。此外，夏季温度较高，植物叶气孔工作效率会大幅下降，从而抑制了光合作用，这是夏季植被固碳释氧量低于春季的原因。

③ 大气污染因素　大气污染对植物的光合作用具有一定的抑制作用，其中影响最大的三种有害气体为二氧化硫、臭氧、二氧化氮，这三种有害气体对植物净光合速率有一定的影响，从而对植物的碳氧平衡能力有一定的影响。实验表明，在植物耐受浓度范围内，二氧化硫浓度越高、熏气时间越长，植物光合速率越低，主要原因在于在二氧化硫气体污染下叶气孔大幅关闭，导致植物吸收二氧化碳能力降低；空气中臭氧浓度较高时也会抑制植物的光合速率，主要是因为高浓度臭氧影响碳水化合物的输出从而引起光合作用产物的累积，致使植物碳氧平衡能力降低，同时，高浓度臭氧导致叶气孔关闭也是引起光合作用降低的原因之一；在二氧化氮污染环境下，植物利用光的能力下降，最大净光合速率和表观量子效率都出现不同程度的降低，园林植物的叶绿素含量均有不同程度的降低。

④ 绿地面积变化因素　城市绿地面积变化会引起城市碳氧比例上下波动。森林面积变化导致森林年氧气释放量减少，而人类活动引起的森林面积减少，是导致森林氧气释放量减少的主要因素。

5.2.2.2　城市植物碳氧平衡能力研究方法

（1）生物量法

生物量法是通过测算植物体内有机物的干重来推算植物固碳量，将绿地中植物分类进行生物量测量，进而推算不同植物年均固碳量。生物量法使用时间较长，主要应用于林业、农业生产等领域。生物量法的实质在于用时间量化植物转化的生物量，它分别以植物生长开始到皆伐为计算起点与终点，以生长时长作为生物量计算的考察期限。

目前生物量法技术成熟，农林部门以此进行了大量研究，并获取了大量数据，但其存在诸多缺点：

① 生物量法需要进行现场采样，对样本造成完全性破坏，造成无法对样本进行持续观测、计算。

② 生物量法需对样本进行烘干称重，实验过程复杂，计算量大。

③ 生物量法需对植物地上地下部分分别进行计算，但植物地下生产量即根部生产量难以进行统计，此外，对植物枯枝落叶进行收集并对其生物量进行计算也比较困难。

（2）同化量法

同化量法是目前研究植物碳氧平衡效益最广泛的方法。同化量法是通过测定瞬时进出植物叶片的二氧化碳浓度和水分，得到植物单位叶面积的瞬时光合速率和呼吸速率，再将植物叶面积乘以植物单位时间净光合量（光合累积量减去呼吸累积量）得到植物固碳量的方法。同化量法涉及植物光合速率、呼吸速率以及植物叶面积三个参数，这三个参数决定了植物的碳氧平衡能力。

红外二氧化碳气体分析仪于 20 世纪 50 年代得以充分发展，其工作的基本原理是通过测定进入叶气孔的二氧化碳浓度差值来计算净光合速率。随着科技进步，近几年出现了便携式光合作用测定仪，其在测定精度、效率、应用范围、数据存储等方面均有不同程度的创新，更适用于室外测算。植物单位叶面积净同化量计算公式为：

$$p = \sum_{i+1}^{i} \left[(p_i + p_{i+1})/2 \times (t_{i+1} - t_i) \times 3600/1000 \right]$$

式中，p 为单位叶面积日同化量，mmol；p_i 为第一测点瞬时净光合速率，mmol/m^2 · s；p_{i+1} 为下一测点净光合速率，μmol/m^2 · s；t_i 为第一测点时间，h；t_{i+1} 为下一测点时间，h。以此通过单位叶面积日同化量计算得出植物年固碳释氧量。

5.2.3 城市绿地（森林）碳汇研究方法

5.2.3.1 现场测定法

在实验测定过程中，要根据实际情况选择合适的实验仪器去测定二氧化碳浓度，并进行研究分析。植物光合测定仪和便携式红外线分析仪是当前较为常见的二氧化碳分析仪器。观测时尽量选择微风和煦的天气，高度约 1～1.5 m 更有利于观测的准确性，此外还要随时定点记录。刘路阳利用 CI-340 植物光合测定仪测定了 6 种常见的北方树种，根据不同时间不同品种植物的光合速率变化，分析得出几种北方树种的碳汇能力状况。

5.2.3.2 样地清查法

样地清查法是通过设立典型样地，对城市森林中的植被、残枝枯叶和土壤等碳汇利用相关研究方法测定其特定时间内的碳储量变化，并进行记录。该方法测定数据较为精准，但测量的客观条件受限较多，只适合较小的城市内绿地系统斑块。涉及较大面积的城市森林、林业碳汇等使用较多是生物量模型法搭配遥感估算法。

5.2.3.3 生物量模型法

通过生物量模型法可以将大面积的城市绿地的碳汇量进行量化分析，主要采用的方式是建立计算模型，通过计算获得相关数据。地块的固碳释氧量主要通过该地块的总生物量和植被的固碳量的乘积获得，释碳耗氧量需要利用《城市统计年鉴》及相关的释碳耗氧系数，结合 $CO_2 + H_2O = CH_2O + O_2$ 方程计算得出。

5.2.3.4 遥感估算法

3S 技术即遥感技术（RS）、地理信息系统（GIS）、全球定位系统（GPS）的统称，目前已经应用到各大云数据计算中，是多学科交叉的高新信息技术。面对复杂多样的全球气候变化，3S 技术已经涉猎到城市绿地系统中，为城市绿地（森林）碳汇能力的测定提供了有效的技术途径。

遥感估算法的原理是对高清分辨率的遥感影像进行数据解译，然后利用实地调研结合解译结果提取出相关用地斑块信息数据，最后利用计算机软件对整个研究区域进行估算。遥感估算法不仅能估算出研究区域某一年份的具体数据，还能分析出多个年份的动态变化，进而得出整个研究区域的变化过程。相关学者利用 3S 技术绘制出了泰山不同时期生物量的分布图，结合生物量及碳汇估算模型，分析了泰山生物量与碳汇及其他因素之间的关系。

5.2.3.5 计算模型法

（1）固碳释氧量计算模型

研究通过生物量法来计算植物的固碳、释氧量。单位面积生物量和含碳量的乘积为碳固定量；根据方程 $CO_2 + H_2O = CH_2O + O_2$ 可得出氧释放量。绿地的固碳量（C_f）和释氧量（O_r），计算公式为：

$$C_f = \alpha \sum_{m=1}^{n} A_m \cdot N_m$$

$$O_r = \beta \sum_{m=1}^{n} A_m \cdot N_m$$

式中，C_f 为各用地类型固碳量，t；O_r 为各用地类型释氧量，t；m 为土地类型；A_m 为第 m 种土地类型面积，hm^2；B_m 为第 m 种土地类型单位面积生物量，t/hm^2；α、β 分别为单位生物量固碳系数和释氧系数。

（2）释碳耗氧量计算模型

参照城市的碳排放计算公式，比对得出南部山区的碳排放较少，大部分来自于城区的工业生产及居民生活所造成的原煤、汽油、液化石油气等的燃烧，计算公式如下：

$$C_d = \sum_{m=1}^{n} C_m \cdot R_m$$

式中，C_d 为年直接碳排放量，t；m 为能源的类型；C_m 为能源 m 的年消费量，t；R_m 为能源 m 的碳排放系数。

碳排放系数主要参照相关文献及《IPCC 温室气体排放清单指南》综合得出（表 5-1）。

表 5-1　碳排放计算系数表

项目	折算标准煤系数/(t 标准煤/t)	排碳系数/(t 标准煤/t)
煤炭	0.7143	5.13
汽油	1.4714	2.11
柴油	1.4571	2.06
燃料油	1.4286	2.17
液化石油气	1.7143	1.75

城市中工业用品等燃烧需要消耗大量的氧气，少量来自人畜的呼吸，计算公式如下：

$$O_c = \sum_{m=1}^{n} C_m \cdot P_m$$

式中，O_c 为年燃烧物耗氧量，t；m 为能源的类型；C_m 为能源 m 的年消费量，t；P_m 为能源 m 的耗氧系数。

煤炭的燃烧在不考虑其他的氧化量情况下，设 1kg 煤炭的含碳量平均为 0.8kg，石油类燃烧、液化石油气的燃烧换算耗氧系数采用王永安等研究的结果（表 5-2）。

表 5-2　能源燃烧耗氧系数表

项目	折算标准煤系数/(t 标准煤/t)	折算耗氧系数/(t 标准煤/t)
煤炭	0.7143	2.13
汽油	1.4714	3.43
柴油	1.4571	3.43
燃料油	1.4286	3.43
液化石油气	1.7143	3.43

第6章　生态评价与生态规划研究方法

6.1　生态评价研究

6.1.1　生态评价概述

（1）生态评价的概念

生态评价是根据合理的指标体系和评价标准，运用恰当的生态学方法，评价某区域生态环境状况、生态系统环境质量的优劣及其影响作用关系。基本对象是区域生态系统和生态环境，即评价生态系统在外界干扰作用下的动态变化规律及其变化程度。

生态评价是进行生态环境保护与管理的一项基础性工作，使用相关指标构建评价模型，可以更加直观、清晰地反映生态系统信息，便于生态系统管理的数字化决策，是联系生态环境监测与管理决策的关键环节。

生态评价的主要任务是了解生态环境的功能和特点，明确人类活动对生态环境造成影响的不同性质和程度，提出保护生态环境和维持自然可持续发展的方法和措施。

（2）生态评价的类型

① 按时间可分为：回顾性评价、现状评价、影响评价、预测评价。

② 按生态环境要素可分为：单要素评价和多要素综合评价。

③ 按评价的生态系统类型可分为：农业生态系统评价、森林生态系统评价等。

④ 根据评价的主题和侧重点不同可分为：生态适宜性评价、生态敏感性评价、生态风险性评价、生态安全性评价等类型，这些评价均是制定生态规划的基础依据。

（3）生态评价的标准与方法

① 标准　由于研究系统的复杂性，使其评价标准不仅复杂，且因地而异。一般情况下，生态评价标准可考虑从国家、行业和地方规定的标准、背景或本底值、类比标准和科学研究已判定的生态标准等进行选择。

② 生态评价的基本方法　图形叠加法、生态机理分析法、类比法、列表清单法、质量指标法（综合指标法）、景观生态学方法、系统分析法、生产力评价法和数学评价法等。

6.1.2　生态评价的研究方法

6.1.2.1　生态适宜性评价

6.1.2.1.1　生态适宜性评价概述

（1）生态适宜性及生态适宜性评价的定义

生态适宜性是指土地本身所提供的生态条件对某种用途的适宜与否及适宜程度，其目的是实现人与自然的和谐共生。

生态适宜性评价指运用生态学、经济学、地学、农学及其他相关学科的知识和方法，根据区域发展的目标来分析区域的资源与环境条件，了解区域自然资源的生态潜力和对区域发展可能产生的制约因素，并与区域现状资源环境进行匹配分析，划分适宜性等级的过程。

（2）目标和核心

目标是避免区域生态环境的不可逆变化。生态规划的核心是制定生态规划方案的基础。

6.1.2.1.2　生态适宜性评价的步骤

生态适宜性评价是生态规划的重要手段之一。麦克哈格"千层饼"模式是生态规划的经典方法之一。麦克哈格在其生态规划方法中，基于生态适宜性评价，提出了生态适宜性评价的七个步骤（图6-1）。

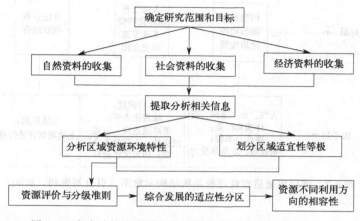

图6-1　麦克哈格生态适宜性评价步骤（仿王文兴，2024）

6.1.2.1.3　生态因子的选择与指标体系的确定

（1）生态因子的选择

① 定性法　即以经验来确定生态因子及其权重。常用的方法有3种：Ⅰ问卷——咨询选择法；Ⅱ部分列举——专家修补选择法；Ⅲ全部列举——专家取舍选择法。

② 定量法　即先在构成土地的生态属性中，从实践经验出发，初步选取一些初评因子，然后对初评因子的指标数量化，再通过一些数学模型定量确定分析因子及其权重，如采用逐步回归分析法、主成分分析法等。

（2）指标体系的确定

可针对各类发展用地自身的要求，制定该用地适宜性评价的体系标准，从而分析对该类用地适宜的用地模式；也可针对整体发展而研究其生态适宜模式，从而得出总体较优的生态发展模式。

有学者从景观生态学的角度，以城市用地适宜性评价为目标，建立了相应的评价指标体系图层（图6-2）。

6.1.2.1.4　生态适宜评价的分级标准

（1）单因子分级

应对每个因子进行分级并逐一评价，进行单因子分级评分时，一方面要考虑该生态因子对给定土地利用类型的生态作用；另一方面则要充分考虑用地的生态特色。

单因子分级一般可分为5级，即很不适宜、不适宜、基本适宜、适宜、很适宜，也可分为很适宜、适宜、基本适宜3级。

（2）综合适宜性分级

在各单因子分级评分基础上，进行各种用地类型的综合适宜性分析。根据综合适宜性的计算值，综合适宜性分级可分为很不适宜、不适宜、基本适宜、适宜、很适宜5级，也可分为很适宜、适宜、基本适宜3级。

很不适宜：指对环境破坏或干扰的调控能力很弱，自动恢复很难，使用土地的环境补偿

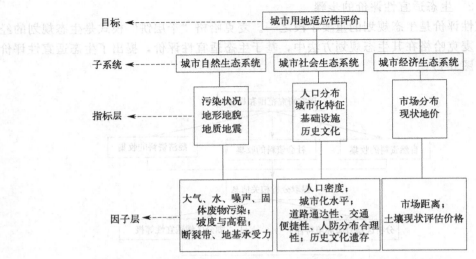

图 6-2　城市用地适宜性评价系统结构示意图（引自刘贵利，2000）

费用很高。

不适宜：指对环境破坏或干扰的调控能力弱，自动恢复难，使用土地的环境补偿费用多。

基本适宜：指对环境破坏或干扰的调控能力中等，自动恢复能力中等，使用土地的环境补偿费用中等。

适宜：指对环境破坏或干扰的调控能力强，自动恢复快，使用土地的环境补偿费用少。

很适宜：指对环境破坏或干扰的调控能力很强，自动恢复很快，使用土地的环境补偿费用很少。

6.1.2.1.5　生态适宜性的分析方法

最早使用的适宜性分析方法，主要应用于土地利用规划。

(1) 形态法

① 选取评价因素；② 单因素评价；③ 确定各因素权重；④ 综合评价。

缺点：一是要求规划者具有很深的专业素养和经验，因而限制了其应用的广泛性；二是进行适宜性分析时，缺乏完整一致的方法体系，从而易导致规划者的主观判断。

优点：较为直观、明了。

形态分析法的基本过程见图 6-3。

(2) 地图叠加法

① 确定规划目标及所涉及的因子，建立规划方案及措施与环境因子的关系表。

② 调查各因子在规划区域的分布状况，建立生态目录。

③ 将各单要素适宜性图叠加得到综合适宜性图。

④ 土地利用分区。

优点：是一种形象直观，可将社会、自然环境等不同量纲的因素进行综合系统分析的一种土地利用生态适宜性的分析方法。

缺陷：叠加法实质上是等权相加方法，而实际上各个因素的作用是不相等的。而且当分析因子增加后，用不同深浅颜色表示适宜等级并进行叠加的方法相当烦琐，且很难辨别综合图上不同深浅颜色之间的细微差别。但地图叠加法仍是生态规划中应用最广泛的方法之一。

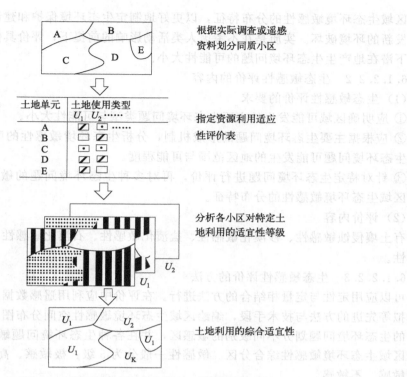

根据实际调查或遥感
资料划分同质小区

指定资源利用适应
性评价表

土地单元	土地使用类型
	U_1 U_2 ……
A	
B	
C	
D	
E	

分析各小区对特定土
地利用的适宜性等级

土地利用的综合适宜性

图 6-3　形态分析法的基本过程（仿董诈继，2007）

（3）因子加权平均法

因子加权的基本原理与地图叠加法相似，加权求和的方法克服了地图叠加法中等权相加的缺点，以及地图叠加法中烦琐的照相制图过程，同时，避免了对阴影辨别的技术困难。因子加权平均法的另一优点是适应计算机，从而使其在近年来被广泛运用。

有学者在对城市空间发展生态适宜度分析中，在 3S 技术支持下，先选取地面高程、地基承载力、景观多样性、水资源分析、自然影响价值分析、饮用水源保护区、现状土地利用开发 7 项生态评价因子，然后对生态因子进行单项处理，即单因子评价，再对单因子分析结果加权、叠加，得出综合性的生态适宜性结果，最后给予综合评价。

（4）生态因子组合法

需要专家建立一套完整的组合因子和判断准则，这是运用生态因子组合法的关键一步。生态因子组合法分为层次组合法和非层次组合法。

层次组合法：首先用一组组合因子去判断土地的适宜度等级，而后，将此组组合因子看作一个单独的新因子与其他因子进行组合判断土地的适宜度。这种按一定层次组合的方法即为层次组合法。适用于判断因子较多的情况。

相反则为非层次组合法。显然，非层次组合法适用于判断因子较少的情况。

6.1.2.2　生态敏感性评价

6.1.2.2.1　生态敏感性及生态敏感性评价的概念

生态敏感性是指生态系统对各种自然环境变化和人类活动干扰的反应或敏感程度，即生态系统在遇到干扰时产生生态失衡与生态环境问题的难易程度和可能性大小。

生态敏感性评价是指根据主要生态环境问题的形成机制，分析生态环境敏感性的区域分异规律，对特定生态环境问题进行评价，而后对多种生态环境问题的敏感性进行综合分析，明确区域生态环境敏感性的分布特征，以更好地制定生态环境保护和建设规划，避免生态建设引发新的环境破坏。实质是在不考虑人类活动影响的前提下，评价具体的生态过程在自然状况下潜在地产生生态环境问题的可能性大小。

6.1.2.2.2 生态敏感性评价的内容

（1）生态敏感性评价的要求

① 应明确区域可能发生的主要生态环境问题类型与可能性大小。

② 应根据主要生态环境问题的形成机制，分析生态环境敏感性的区域分异规律，明确特定生态环境问题可能发生的地区范围与可能程度。

③ 针对特定生态环境问题进行评价，再对多种生态环境问题的敏感性进行综合分析，明确区域生态环境敏感性的分布特征。

（2）评价内容

有土壤侵蚀敏感性、沙漠化敏感性、盐渍化敏感性、石漠化敏感性、生境敏感性、酸雨敏感性。

6.1.2.2.3 生态敏感性评价的方法

可以应用定性与定量相结合的方法进行。在评价中应利用遥感数据、地理信息系统及空间模拟等先进的方法与技术手段，编绘区域生态环境敏感性空间分布图。在制图中，应对所评价的生态环境问题划分不同级别的敏感区，并在各种生态环境问题敏感性分布的基础上，进行区域生态环境敏感性综合分区。敏感性一般分为 5 级：极敏感、高度敏感、中度敏感、轻度敏感、不敏感。

6.1.2.3 生态安全评价

6.1.2.3.1 生态安全概述

（1）生态安全概念

广义上的生态安全概念以国际应用系统分析研究所提出的为代表，认为生态安全是指在人的生活、健康、安乐、基本权利、生活保障来源、必要资源、社会秩序和人类适应环境变化的能力等方面不受威胁的状态，包括自然生态安全、经济生态安全和社会生态安全；狭义上的生态安全指自然和半自然生态系统的安全，即生态系统完整性和健康的整体水平反映。目前主要从生态系统或生态环境方面对其进行阐述。尽管生态安全的内涵和外延的看法有所不同，但生态安全具有战略性、长期性、相对性、动态性、综合性和不可逆性的特点。

（2）生态安全的构成

由国土安全、水资源安全、环境安全和生物安全四方面组成的动态的安全体系（图 6-4）。

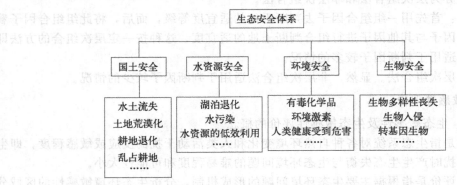

图 6-4　生态安全的构成（引自王钺，2016）

（3）生态安全评价的概念

生态安全评价是根据所选定的指标体系和评价标准，运用恰当的方法对生态环境系统安全状况进行定量评估，是对生态环境或自然资源受到一个或多个威胁因素影响后，对其生态安全性及其由此产生的不利的生态安全后果出现的可能性进行评估，最终为国家的经济、社会发展战略提供科学依据。

生态安全评价以区域生态环境为中心，以生态环境系统和经济、社会以及人类自身的稳定性和可持续性作为评判标准。

6.1.2.3.2　生态安全评价的基本方法与步骤

（1）生态安全评价系统

一般来说，由5个要素构成。①评价主体。②评价对象。③评价目的。④生态安全评价的标准。即系统生态安全性指标的目标值。生态安全评价系统的评价标准具有目的性、层次性、可操作、可持续性的性质。⑤生态安全评价方法。可分为定性评价方法、定量评价方法和将两者综合使用的综合评价法，其中综合评价法是应用最多的方法。

（2）生态安全评价步骤

生态安全评价步骤有：评价主体确定评价对象（区域）与尺度、建立评价指标体系、按评价标准实施评价、编写安全评价报告书等。其工作程序见图6-5。

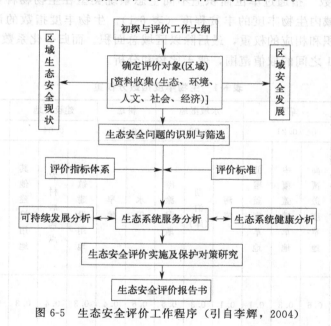

图6-5　生态安全评价工作程序（引自李辉，2004）

（3）生态安全评价报告书

一般包括的内容有：①背景描述，包括评价区域内的生态、环境、社会、经济基本状况；②生态危险性分析，界定可能对系统生态安全性产生影响的因子，并明确影响程度；③生态安全预测；④生态安全综合评价；⑤评价结论。

6.1.2.4　生态环境评价

6.1.2.4.1　生态环境状况评价概述

（1）概念

生态环境状况评价是在一个具体的实践和空间范围内，对与规划活动有关的自然资源及生存环境的优劣程度所做出的评定。

（2）生态环境状况评价的类型

① 生态环境质量现状评价　一般是根据当前的生态环境监测资料，通过相关指标或指数对生态环境现状进行评价，了解某区域生态环境的现状水平。

② 生态环境状况变化幅度评价　通过对连续近几年某区域的生态环境状况进行评价，分析其变化幅度，并确定生态环境优劣变化方向。

6.1.2.4.2　生态环境状况评价的方法

（1）生态环境状况评价指数的构建

$$
生态环境状况评价指数
\begin{cases}
生物丰度指数 \\
植被覆盖指数 \\
水网密度指数 \\
土地退化指数 \\
环境质量指数
\end{cases}
$$

（2）生态环境状况评价指数计算方法及权重

① 生物丰度指数　指通过单位面积上不同生态系统类型在生物物种数量上的差异，间接地反映被评价区域内生物丰度的丰贫程度（表6-1）。生物丰度指数的计算公式通常包括不同土地类型的面积和相应的权重，最后除以区域总面积。而归一化系数则是用于将生物丰度指数映射到0到1之间的取值范围，便于比较和分析。

表6-1　生物丰度指数分权重

项目	林地			草地			水域湿地			耕地		建设用地			未利用地			
权重	0.35			0.21			0.28			0.11		0.04			0.01			
结构类型	有林地	灌木林地	疏林地和其他林地	高覆盖度草地	中覆盖度草地	低覆盖度草地	河流	湖泊（库）	滩涂湿地	水田	旱地	城镇建设用地	农村居民点	其他建设用地	沙地	盐碱地	裸土地	裸岩石砾
分权重	0.6	0.25	0.15	0.6	0.3	0.1	0.1	0.3	0.6	0.6	0.4	0.3	0.4	0.3	0.2	0.3	0.3	0.2

② 植被覆盖指数　是指被评价区域内林地、草地、耕地、建设用地和未利用地五种类型的面积占被评价区域面积的比重，用于反映被评价区域植被覆盖的程度。

植被覆盖指数＝A_{veg}×（0.38×林地面积＋0.34×草地面积＋

0.19×耕地面积＋0.07×建设用地＋0.02×未利用地）/区域面积

式中，A_{veg}为植被覆盖指数的归一化系数。计算方法同上述的生物丰度指数的归一化系数。

植被覆盖指数的分权重见表6-2。

表 6-2　植被覆盖指数的分权重

项目	林地			草地			耕地		建设用地			未利用地			
权重	0.38			0.34			0.19		0.07			0.02			
结构类型	有林地	灌木林地	疏林地和其他林地	高覆盖度草地	中覆盖度草地	低覆盖度草地	水田	旱田	城镇建设用地	农村居民点	其他建设用地	沙地	盐碱地	裸土地	裸岩石砾
分权重	0.6	0.25	0.15	0.6	0.3	0.1	0.7	0.3	0.3	0.4	0.3	0.2	0.3	0.3	0.2

③ 水网密度指数　指被评价区域内河流总长度、水域面积和水资源量占被评价区域面积的比重,用于反映被评价区域水的丰富程度。

$$水网密度指数 = A_{riv} \times 河流长度/区域面积 + A_{lak} \times$$
$$湖库(近海)面积/区域面积 + A_{res} \times 水资源量/区域面积$$

式中,A_{riv} 为河流长度的归一化系数;A_{lak} 为湖库面积的归一化系数;A_{res} 为水资源量的归一化系数;计算方法同上述的生物丰度指数的归一化系数。

④ 土地退化指数　指被评价区域内风蚀、水蚀、重力侵蚀、冻融侵蚀和工程侵蚀的面积占被评价区域面积的比重,用于反映被评价区域内土地退化程度。

$$土地退化指数 = A_{ero} \times (0.05 \times 轻度侵蚀面积 + 0.25 \times$$
$$中度侵蚀面积 + 0.7 \times 重度侵蚀面积)/区域面积$$

式中,A_{ero} 为土地退化指数的归一化系数。土壤退化指数的分权重见表 6-3。

表 6-3　土地退化指数分权重

土地退化类型	轻度侵蚀	中度侵蚀	重度侵蚀
权重	0.05	0.25	0.7

⑤ 环境质量指数　被评价区域内受纳污染物负荷,用于反映评价区域所承受的环境污染压力。

$$环境质量指数 = 0.4 \times (100 - A_{SO_2} \times SO_2 排放量/区域面积) + 0.4 \times (100 - A_{COD} \times$$
$$COD 排放量/区域年均降雨量) + 0.2 \times (100 - A_{sol} \times 固体废弃物排放量/区域面积)$$

式中,A_{SO_2}、A_{COD} 和 A_{sol} 分别为 SO_2、COD 和固体废弃物的归一化系数。

环境质量指数的分权重见表 6-4。

表 6-4　环境质量指数的分权重

指标	二氧化硫(SO_2)	化学需氧量(COD)	固体废弃物
权重	0.4	0.4	0.2

(3) 生态环境状况计算方法

采用指数评价法,即将生态环境质量用生态环境质量指数(EI)表示,其计算方法如下:

$$EI = A_1 \times 生物丰度指数 + A_2 \times 植被覆盖指数 + A_3 \times$$
$$水网密度指数 + A_4 \times 土地退化指数 + A_5 \times 环境质量指数$$

式中，A_1、A_2、A_3、A_4、A_5分别代表5个相关指标的权重。一般权重值见表6-5。

表6-5　生态环境状况指数的分权重

指标	生物丰度指数	植被覆盖指数	水网密度指数	土地退化指数	环境质量指数
权重	0.25	0.2	0.2	0.2	0.15

（4）生态环境状况分级

根据生态环境状况指数，将生态环境分为五级，即优、良、一般、较差和差，见表6-6。

表6-6　生态环境分级

级别	优	良	一般	较差	差
指数	EI≥75	55≤EI<75	35≤EI<55	20≤EI<35	EI<20
状态	植被覆盖度高,生物多样性丰富,生态系统稳定,最适合人类生存	植被覆盖度较高,生物多样性丰富,基本适合人类生存	植被覆盖度中等,生物多样性一般水平,较适合人类生存,但有不适人类生存的制约性因子出现	植被覆盖较差,严重干旱少雨,物种较少,存在着明显制约人类生存的因素	条件较恶劣,人类生存环境恶劣

（5）生态环境状况变化幅度分级

生态环境状况变化幅度分为4级，即无明显变化、略有变化（好或差）、明显变化（好或差）、显著变化（好或差），见表6-7。

表6-7　生态环境状况变化幅度分级

级别	无明显变化	略有变化	明显变化	显著变化
变化值	$\lvert \Delta EI \rvert \leq 2$	$2 < \lvert \Delta EI \rvert \leq 5$	$5 < \lvert \Delta EI \rvert \leq 10$	$\lvert \Delta EI \rvert > 10$
描述	生态环境状况无明显变化	如果2<ΔEI≤5,则生态环境略微变好,如果−2>ΔEI≥−5,则生态环境状况略微变差	如果5<ΔEI≤10,则生态环境状况明显变好;如果−5>ΔEI≥−10,则生态环境状况明显变差	如果ΔEI>10,则生态环境显著变好;如果ΔEI<−10,则生态环境状况显著变差

6.1.2.5　生态环境容量分析

6.1.2.5.1　生态环境容量的概念

生态环境容量是指在保证区域土地利用适宜、资源开发利用合理、生物受到保护、环境污染得到有效控制的前提下，区域所能容纳的适度人口和一定的经济发展速度及规模。生态环境容量是区域生态规划的基础和依据。

6.1.2.5.2　生态环境容量体系的构建

生态环境容量指标构建可以从3个方面考虑。

① 在一定的空间范围内的环境要素在一定的环境质量标准下所能容纳的污染物允许排放量。分别从大气环境容量、水环境容量、土壤环境容量三方面建立环境容量指标体系。

② 支撑经济、人口、社会发展的资源承载力。可从大气资源（包括光照和热量两方面）、水体资源（包括地表水和地下水两方面）、土地资源（包括地面森林、草场和耕地、地下矿产和建筑等方面）、风景资源等方面对区域经济、社会发展的承载力，包括水资源承载力、土地资源承载力、草地资源承载力、旅游资源承载力、矿产资源承载力等。

③ 资源环境对人口承载力，指在特定的时期内特定的空间区域所能相对持续容纳的具有一定生态环境质量和社会环境质量水平及具有一定活动强度的人口数量。根据上述内容可

构建如图 6-6 所示的区域生态环境容量体系。

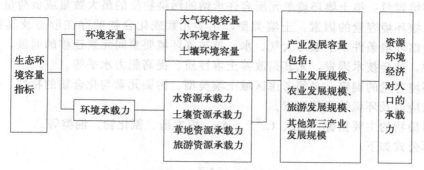

图 6-6　生态环境容量指标体系（引自王文兴，2004）

6.1.2.5.3　生态环境容量的分析方法

（1）大气环境容量

大气环境容量：是指在一个特定区域内一定的气象条件、自然边界条件及排放源结构条件下，在满足该区域大气环境质量目标前提下，所允许的区域大气污染物的最大排放量。

对于局部区域来说，大气环境容量是大气传输、扩散和排放方式的具体体现。

大气污染物的主要构成包括：TSP（大气总悬浮颗粒）、SO_x、NO_x、CO_x、O_3、Pb 等。大气环境容量可用下式计算：

$$Q_a = \frac{V_a \times \sum_{i=1}^{n}(B_{ai} - B_{ai0}) + \sum_{i=1}^{n}C_{ai0}}{1 - R_{a0}}$$

$$V_a = H_a \times S_a$$

式中，Q_a 为大气环境容量；V_a 为某区域有效空间规模；i 为主要污染物的种类；B_{ai} 为表示第 i 种污染物的标准值，可以从所用的质量标准中得到；B_{ai0} 为第 i 种污染物的本底值，是大气环境资源自身的原始状态，可以由比较样本测得；C_{ai0} 为第 i 种污染物的大气同化能力，可以采用国际通用标准值；R_{a0} 表示其他非主要污染物占污染物总量的比率，可以通过长年实际监测值进行回归取得；H_a 为大气空间的有效高度，即指大气平流层的海拔高程与某区的平均海拔高程间的高差；S_a 为大气空间的有效面积，即指某区的图上平面面积。

（2）水环境容量

我国《水污染排放总量监测技术规范》中指出：将给定水域和水文、水力学条件，给定排污口位置，满足水域某一水质标准的排污口最大排放量，叫作该水域在上述条件下的所能容纳的污染物质总量，通称水域允许纳污量或水环境容量。

水体污染物的主要构成：COD、BOD5、Cu、Hg、Pb、Cr^{6+}、As、溶解氧、挥发酚、氰化物等。

水体环境容量的计算式：

$$Q_w = \frac{V_w \times \sum_{i=1}^{n}(B_{wi} - B_{wi0}) + \sum_{i=1}^{n}C_{wi0}}{1 - R_{w0}}$$

式中，Q_w 为水环境容量；V_w 为水体环境资源总量；i 为主要污染物的种类；B_{wi} 为第 i 种污染物的标准值；B_{wi0} 为第 i 种污染物的本底值；C_{wi0} 为第 i 种污染物的水体同化能力，该值应按地区水体同化标准值计算；R_{w0} 表示其他非主要污染物占污染物总量的比率。

（3）土壤环境容量

土壤环境容量：指土壤环境单元所容许承纳的污染物质的最大数量或负荷量。

影响土壤环境容量的因素：土壤类型，化学元素或化合物的存在形态及其物理化学性质，区域自然环境条件，土壤与大气、水、植被等环境要素间元素迁移的通量，土壤环境的生物学特性，社会技术因素，尤其是改善土壤性质、提高肥力水平等。

土壤环境容量的确定：必须考虑区域土壤类型、污染元素与化合物的特性、作物与土壤生物生态效应以及环境效应等因素。

土壤污染物的主要指标：Hg、Cr^{6+}、As、挥发酚、氰化物、油类等。

其计算公式如下：

$$Q_i = S_e \times M_l \times \sum_{i=1}^{n} (B_{li} - B_{li0})$$
$$S_e = S_l - (S_w + S_p + S_i + S_s)$$

式中，Q_i 为土壤环境容量；S_e 为土壤环境资源总量；i 为主要污染物的种类；B_{li} 为第 i 种污染物的标准值；B_{li0} 为第 i 种污染物的本底值；M_l 为某区每公顷土地的土壤重量，kg；S_e 为某区国土总面积；S_l 为水体总面积（包括江、河、湖、库、渠等水面）；S_w 为非农产业用地总面积（第二、第三产业等）；S_p 为交通用地总面积（城乡道路、机场等）；S_i 为无土覆盖的基岩裸露土地总面积。

（4）旅游资源容量

经验量测法：即先根据旅游区的接待设施能力或凭经验估计一个较保守的环境容量数值，然后在实际接待中结合每年（季）的旅游区监测结果对比来进行不断的调整，使旅游环境容量逐步达到一个最佳数值。

理论计算法：面积法。

$$C = (A/a) \times D = (A/a) \times (T/t)$$

式中，C 为日环境容量，人次；A 为旅游区内可游览面积，m^2；a 为每位游人应占有的合理面积，m^2；D 为周转率；T 为景点开放时间，h；t 为游客游览景点所需时间，h。

6.1.2.5.4 生态足迹分析法

（1）生态足迹的概念

生态足迹是生产特定数量人群所消耗的所有资源和吸纳这些人口所产生的所有废弃物所需要的生物生产性土地面积。从生物物理量的角度研究人类活动与自然系统的相互关系。它是一种度量可持续发展程度的方法，也是一组基于土地面积的量化指标。

（2）生态足迹的计算与比较

生态足迹的计算基于以下两个基本事实：一是人类可以确定自身消费的绝大多数资源及其所产生的废弃物的数量；二是这些资源和废弃物能折算成相应的生物生产面积或生态生产面积。生态足迹分析法从需求面计算生态足迹的大小，从供给面计算生态承载力的大小，通过对这二者的比较来评价研究对象的可持续发展状况。即生态足迹的计算主要包括生态足迹、生态承载力的计算以及在此基础上得出的生态赤字或盈余的结果。

① 生态足迹的计算（生态需求）　根据生态足迹模型，各种物质与能源的消费均按一定的换算比例折算成相应的土地面积。生物生产性土地面积主要考虑以下 6 种类型：耕地、林地、草地、化石燃料土地、建筑用地和水域。由于不同土地单位面积的生物生产能力差异很大，因此在计算生态足迹时，要在这 6 类不同的土地面积计算结果数值前分别乘上一个相应的均衡因子，来转化为可比较的生物生产均衡面积。根据国际统一标准，上述 6 种土地利

用类型的均衡因子分别为 2.8、1.1、0.5、1.1、2.8、0.2。

生态足迹（生态需求）的计算公式如下：

$$EF = N \cdot e_f = N \sum r_j A_i \quad (j=1,2,\cdots,6; i=1,2,\cdots,n)$$

式中，EF 为区域总的生态足迹；e_f 为人均生态足迹；N 为人口数；r_j 为第 j 类生物生产性土地的均衡因子；j 为 6 类生态性土地类型；A 为第 i 种消费项目折算的人均生态足迹分量，$hm^2/$人；i 为消费项目的类别。

$$A_i = C_i / Y_i = (P_i + I_i - E_i) / (Y_i \cdot N)$$

式中，C_i 为第 i 种消费项目的人均消费量；Y_i 为第 i 种消费项目的全球平均产量，kg/km^2；P_i 为第 i 种消费项目的年生产量；E_i 为第 i 种消费项目的年出口量；I_i 为第 i 种消费项目的年进口量。

② 生态承载力的计算（生态供给）　生态承载力是指区域所能提供给人类的生物生产性土地的面积总和。

在计算生态足迹的供给即生态承载力时，由于同类生物生产性土地的生产力在不同国家或地区存在差异，因此要在这 6 类不同的土地面积前分别乘上一个相应的产量因子，以转化成具有可比性的生物生产均衡面积。产量因子是一个国家或地区某类土地的平均生产力与世界同类平均生产力的比率。

出于谨慎性考虑，在生态承载力计算时应扣除 12% 的生物多样性保护面积。

生态承载力（生态供给）的计算公式如下：

$$EC = 0.88N \sum e_c = 0.88N \sum A_j r_j y_j \quad (j=1,2,\cdots,6)$$

式中，EC 为总的生态承载力，hm^2；e_c 为人均生态承载力；A_j 为人均实际占有的生物生产性土地面积，$hm^2/$人；y_j 为产量因子；r_j、N 意义同前。

③ 生态足迹和生态承载力的比较与分析

如果一个地区的生态足迹超过了区域所能提供的生态承载力，即 $EF > EC$，就会出现生态赤字；反之，$EF < EC$，则表现为生态盈余。生态赤字表明该区域的人类负荷超过了其生态容量，区域发展模式处于相对不可持续状态。相反，生态盈余表明该区域的生态容量足以支持其人类负荷，该区域发展模式处于相对可持续状态。

6.1.2.6　生态环境综合评价

（1）生态环境综合评价的概念

生态环境综合评价是在综合生态调查和分析的基础上，根据选定的指标体系，运用综合评价方法评定区域生态环境质量的优劣、预测或预警区域未来的生态环境质量。生态环境综合评价可为区域生态规划提供科学依据，也可为相关决策部门提供科学的依据和指导。

（2）生态环境综合评价的方法

可分为定性评价和定量评价两类。

① 定性评价以评价者的主观判断为基础，受评价者的专业水平、意志和偏好的影响。因此这类方法已不常用。

② 定量评价的方法由于所选指标各异，方法也较多，常见的有层次分析法、主成分分析法、灰色关联度分析法、模糊综合评判法等。

（3）生态环境综合评价流程

① 评价指标体系选取　生态环境综合评价指标是评价的基本尺度和衡量标准，指标体系构建得合理与否将决定评价效果的客观性与可行性，最终影响评价结果的指导性。

生态环境综合评价指标体系的确定需要遵循下述原则：综合性原则、代表性原则、系统性原则、实用性原则、易获性原则。

② 指标体系的确定　评价的指标应从社会、自然、经济等方面去分析生态环境系统的结构、功能、效益等方面考虑，涉及的指标一般可分为社会指标、经济指标和自然环境指标（图 6-7）。

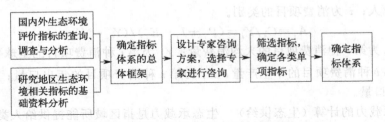

图 6-7　生态环境综合评价流程（引自毕晓丽，2001）

③ 指标权重的确定与标准化　因各评价指标对生态环境的影响程度不同，为此常需采用层次分析法（AHP）以及主成分分析法（PCA）等确定各指标的权重；通常情况下，对与生态环境存在正相关的评价指标（即指标数值越大越好），标准化采用公式：

$$E_i = \left(\frac{x_i - x_{i\min}}{x_{i\max} - x_{i\min}} \right)$$

式中，E_i 为第 i 个指标的标准化值；i 是各评价单元序号；x_i 为该评价指标原始值；$x_{i\max}$ 为该评价指标中的最大值；$x_{i\min}$ 为该评价指标中的最小值。

与生态环境存在负相关的要素（即指标数值越小越好时），标准化采用公式：

$$E_i = \left(\frac{x_{i\max} - x_i}{x_{i\max} - x_{i\min}} \right)$$

当指标值处于中间值最优时（即指标数值处在中间最好时），标准化采用公式：

$$E_i = \left(1 - \left| \frac{x_i - \overline{x}_i}{\overline{x}_i} \right| \right) \times 10$$

$$\overline{x}_i = \frac{x_{i\max} - x_{i\min}}{2}$$

④ 综合评价模型建立　生态环境综合评价可用以下公式进行计算：

$$P_n = \sum_{i=1}^{n} E_i \omega_i$$

式中，P_n 为第 n 个评价单元（栅格）的生态环境综合指数；n 为评价单元数；E_i 为该评价单元第 i 个评价指标标准化后的定量值；w_i 为该评价指标对生态环境影响重要性的权重。

⑤ 评价结果分析　为便于比较，根据综合评价模型计算得出的生态环境综合评价值，按一定标准进行等级划分，可得到区域生态环境质量状况的综合分级及其空间分布特征，根据评价结果可了解生态环境综合状况的区域空间差异。

6.1.3　生态环境影响评价

6.1.3.1　生态环境影响评价概述

6.1.3.1.1　生态环境影响评价的概念

根据我国《环境影响评价技术导则——非污染生态影响》中的定义，生态环境影响评价是指"通过定量揭示和预测人类活动对生态影响及对人类健康和经济发展的作用，分析确定一个地区的生态负荷或环境容量"。生态环境影响评价是指对人类开发建设活动可能导致的生态环境影响进行分析与预测，并提出减少影响或改善生态环境的策略和措施。

生态环境影响评价涵盖了对复合生态系统各组成部分的综合评价，然而复合生态系统的自然、经济和社会三者的关系错综复杂，给评价带来了极大的困难。目前在实践中，仍然以对自然生态系统的评价为主，适当对社会、经济的某些问题进行分析和评价。

6.1.3.1.2　环境影响评价与生态环境影响评价的区别

环境影响评价是我国的一项重要的环境保护制度。一般来说，环境影响评价包含生态环境影响评价。按照《中华人民共和国环境影响评价法》的定义，环境影响评价是指对规划和建设项目实施后可能造成的环境影响进行分析、预测和评估，提出预防或者减轻不良环境影响的对策和措施，进行跟踪监测的方法与制度。建设项目的环境影响评价通常侧重于对建设项目的工程性质、工程规模、能源及资源（包括水）的使用量及类型、污染物排放特点（排放量、排放方式、排放去向，主要污染物种类、性质、排放浓度）等的评价，以及工程项目对不同环境要素如大气、地面水、地下水、噪声、土壤与生态、人群健康状况、文物与"珍贵"景观以及日照、热辐射、放射性、电磁波、振动等的影响评价。建设项目对上述各环境要素的影响评价统称为单项环境影响评价，简称为单项影响评价。进行环境影响评价时，可以是包括上述各方面的综合评价，也可以根据建设项目的规模进行其中一项或一个以上的单项影响评价。

环境影响评价应在人类进行某项开发建设活动开始之前进行。按照建设项目实施过程的不同阶段，可以划分为建设阶段的环境影响、生产运行阶段的环境影响和服务期满后的环境影响三种。生产运行阶段还可分为运行初期和运行中后期，评价应包括预测生产运行阶段正常排放和不正常排放两种情况的环境影响。通过环境影响评价，可以提出约束人们行为的对策和措施，明确开发建设者的环境责任，为有关部门进行环境保护与管理提供科学决策的依据和建议，以贯彻"预防为主"的环保政策方针，预防因规划和建设项目实施后对环境造成的不良影响，促进清洁生产和清洁工艺的推广，保证经济建设的合理布局。

但是，我国现行的环境影响评价是以污染影响评价为主，其生态环境影响评价的内容不全、深度不够，与实际需要进行的生态环境影响评价尚有较大差距，二者的差别还是明显的（表6-8）。

表6-8　生态环境影响评价与现行环境影响评价的区别

比较项目	现行环境影响评价	生态环境影响评价
主要目的	控制污染，解决清洁、安全问题，主要为工程设计和建设单位服务	保护生态环境和自然资源，解决优美、舒适和持续性问题，为建设单位、工程设计、环境管理和区域长远发展利益服务
主要对象	污染型工业项目，工业开发区	所有开发建设项目，区域开发建设
评价因子	水、大气、噪声、土壤污染，根据工程排污性质和环境要求筛选	生物及其生境，生态系统环境服务功能，污染的生态效应，根据开发活动影响性质、强度和环境特点筛选
评价方法	重工程分析和治理措施，定量监测与预测、指数法	重生态分析和保护措施，定量与定性方法相结合，综合分析评价
工作深度	阐明污染影响的范围、程度，治理措施达到排放标准和环境标准的要求	阐明生态环境影响的性质、程度的后果（功能变化），保护措施达到生态环境功能保持和可持续发展需求的要求
措施	清洁生产、工程治理措施，追求技术经济合理化	合理利用资源，寻求保护、改造、建设方案及代替方案
评价标准	国家和地方法定标准，具有法规性质	法定标准、可参考背景和本底，类比及规划等，具有法规或参考性质

6.1.3.1.3 环境质量评价与生态环境影响评价的区别

环境质量评价与生态环境影响评价是不同的两个概念。环境质量评价是根据环境（包括污染源）调查与监测资料，按照一定的评价标准，运用一定的评价方法对某一区域的环境质量进行评定和预测。按环境要素可分为单要素评价、联合评价和综合评价三种类型。单要素评价是对反映当地环境特点的多个要素逐个进行单一的评价。联合评价是将两个以上环境要素联系起来进行评价，以反映污染物在不同环境要素间的迁移、转化特点和环境要素之间的相互关系。例如，地面水与地下水的联合评价；土壤与作物的联合评价；地面水、地下水、土壤与作物的联合评价等。综合评价是整个环境质量的整体评价，可以从整体上全面反映一个地区的环境质量状况，需要在单要素评价的基础上进行。综合评价可以分为城市的、水域的、海域的与风景名胜区的环境质量评价等。环境质量评价主要是环境规划和环境综合整治服务。

生态环境影响评价则是主要考虑生态系统属性信息，是根据选定的指标体系，运用综合评价的方法评定某区域生态环境的优劣，作为环境现状评价的参考标准，或为环境规划和环境建设提供基本依据。例如，野生生物种群状况、自然保护区的保护价值、栖息地适宜性与重要性评价等，都属于生态环境影响评价。生态环境影响评价还可用于资源评价中。

因此，环境质量评价是生态环境影响评价的基础，也是生态环境影响评价的重要方法；生态环境影响评价是环境质量评价的延伸和拓展。生态环境影响评价与环境质量评价的区别见表6-9。

表6-9 环境质量评价与生态环境影响评价的区别

区别	环境质量评价	生态环境影响评价
目的	为环境规划、综合整治提供依据，为影响评价提供参照基础	为开发建设活动的布局决策和为预防环境破坏与污染，减轻环境影响
性质	环境现状优劣评定	预测环境影响和环境变化
对象	区域性自然环境	开发建设活动与工程项目
特点	区域性	工程性
方法	环境调查、监测、建立指标并进行定量化	收集资料，现状监测，类比分析或模拟实验评价或描述实验，影响预算计算与评价
作用	评定环境现状，为规划或整治服务，或为影响评价构建基础平台	论证选址合理性，预测环境影响，制定防治对策，为决策和工程设计以及环境管理服务

6.1.3.2 生态环境影响评价的程序

（1）生态环境影响评价的基本工作程序

生态环境影响评价的基本程序与环境影响评价是一致的，可大致分为生态环境影响识别、现状调查与评价、影响预测与评价、减缓措施和替代方案四个步骤，其基本工作程序见图6-8。

生态环境影响评价首先要进行开发建设项目所在区域的生态环境调查、生态影响分析及现状评价，在此基础上有选择、有重点地对某些影响生态系统进行深入研究，对某些主要生态因子的变化和生态环境功能变化作定量或半定量预测计算，以把握开发建设活动导致的生态系统结构变化、相应的环境功能变化以及相关的环境与社会性经济后果。评价过程中应特别重视以下四个环节。

① 选定影响评价的主要对象（受影响的生态系统）和主要评价因子。

② 根据评价的影响对象和因子选择评价方法、模式、参数和进行计算。

③ 研究确定评价标准和进行主要生态系统和主要环境功能的影响评价。

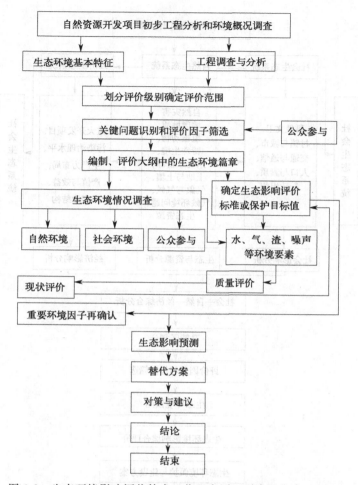

图 6-8　生态环境影响评价技术工作程序图（引自毛文永，1998）

④ 进行社会、经济和生态环境相关影响的综合评价与分析。

（2）区域生态环境影响评价的基本内容与程序

区域生态环境影响评价的基本内容与程序见图 6-9。

6.1.3.3　生态环境影响评价的内容

（1）人类活动的生态影响

人类活动对生态环境的影响可分为物理性作用、化学性作用和生物性作用三类。

物理性作用是指因土地用途改变、清除植被、收获生物资源、分割生境、改变河流水系、以人工生态系统代替自然生态系统，使生态系统组成成分、结构形态或生态系统的外部支持条件发生变化，从而导致系统的结构和功能发生变化。

化学性作用是指环境污染的生态效应。如大气中的铅、氟、硫氧化物、氮氧化物等对植物或作物的影响；水中的重金属、有机耗氧物质对水生生物的影响等。这些影响有的是直接毒杀作用，有的是间接改变生物生存条件（如土壤板结、水质恶化）所致；有的是急性作用，如一次酸雨导致大面积水稻无收；有的是缓慢地累积影响，如微量的有机氯在食物链中的逐渐富集过程。

生物性作用主要是指人为引入外来物种导致的生态影响。外来物种导致的生态影响有时

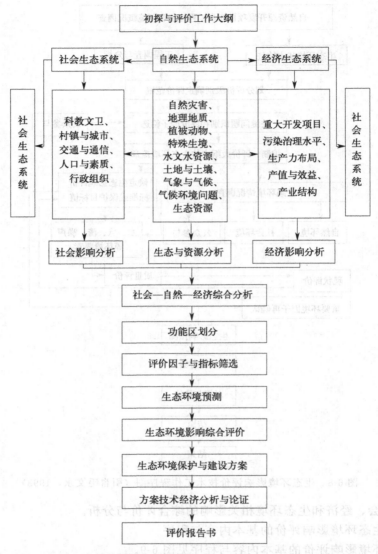

图 6-9　区域生态环境影响评价的基本内容与程序（引自王文永，1998）

会表现得十分严重。例如，我国内陆湖泊和高原湖泊因发展水产养殖而引入外来鱼种，结果导致这些湖泊特有或稀有的鱼种灭绝。孤立生境（如岛屿）和封闭生境（如内陆湖泊）应特别注意外来物种的引入问题。引进作物品种的同时也会引入害虫或杂草，或者对引进的作物或草类品种缺乏控制，都可能造成严重的生态问题。

（2）生态环境影响对象的敏感性分析

生态环境影响对象的敏感性是生态环境影响分析中的重要内容。对敏感性高的保护对象（敏感保护目标）产生生态影响分析应包括以下主要内容：

① 保护意义或保护价值的认定，即分辨其是具有生态学、美学、科学文化意义的保护对象，还是具有经济价值或其他保护意义的保护对象。

② 明确保护目标的性质、特点、法律地位和保护要求。

③ 分析拟开发建设活动对敏感目标的影响途径、影响方式、影响程度和可能后果。

在实际评价工作中，一般是按照开发建设项目所影响或涉及的生态系统如农业生态系统、草原生态系统等进行分析，影响因子分析也首先是分析组成这些系统的主要生态因子。

（3）生态环境效应分析

生态环境效应是指生态系统受到某种干扰后所产生的变化。生态环境效应依据外力作用的方式、强度和范围的大小、时间的长短等会产生很大的差异。在进行生态环境影响评价时，应对生态环境效应进行判别，其内容如下。

① 生态环境效应的性质　即某种生态影响是正向还是负向，导致的变化是不可逆的还是可逆的。对不可逆的各种生态影响，应尽量避免，并给予更多的关注，在定量分析确定该影响是否可以接受时，应赋予更大的权重。

② 生态环境效应的程度　根据干扰作用的方式、范围、强度、持续时间来判别生态系统受影响的范围、强度、持续时间。人为活动影响的空间范围越大、强度越高、时间越长，受影响因子就越多或对主导性生态因子产生较大影响，则影响的效应就越大。影响效应的程度可以分级并以赋值的形式表达，如将影响效应的程度分为无影响、弱影响、中等影响、较强影响、强烈影响五个等级，可以分别赋值以 0.00、0.25、0.50、0.75、1.00。

③ 生态环境效应特点分析　不同生态系统或者不同的影响因子，会使生态效应的表现形式多种多样。很多生态系统或生态因子受到影响后，其变化是渐进性的或累积性的，是从量变到质变的，只有当影响达到某种临界状态或当系统崩溃时，才能发现影响的存在。例如，当自然保护区缩小到某一临界面积或生物种群减少到某一临界值时，物种就要不可避免地灭绝，但往往这时人们才能发现这种生态影响。因此，进行生态环境影响分析时，应充分注意生态效应的累积性、渐变性和从量变到质变的特点。

④ 生态环境效应的相关性分析　从生态因子相关性分析生态效应的相关性，这也是生态效应分析中直接与间接、显现与潜在的问题。一般地说，人类活动对生态系统的直接影响往往比间接影响要小得多。这是生态环境影响的一大特点，也是生态影响分析中应予充分注意的地方。

⑤ 生态影响发生的可能性分析　通过区域生态变迁历史的了解、类比调查，分析在生态影响识别与生态影响评价时所得结论发生的可能性的大小。生态影响发生的可能性亦采用分级赋值的方法来表示，如可以将生态影响发生的可能性分为不可能（0）、极小可能（0.25）、可能（0.50）、很可能（0.75）、肯定发生（1.0）等五个等级。

⑥ 生态影响评价指标选择　影响评价的内容与指标基本上从保护环境功能出发，结合具体情况确定。例如，我国许多开发建设项目发生在农业区，农业区的主要环境功能是生产生物资源，同时具有区域生态环境保护所要求的其他相关功能。开发建设项目对农业生态系统的影响主要有占地、恶化土壤性质和生态条件、改变系统结构以及污染影响等。

6.1.3.4　生态环境影响评价的方法

生态环境影响评价方法尚不成熟，目前还处于探索与发展阶段，各种生物学方法都可借用于生态环境影响评价，下面仅简单介绍几种方法。

（1）图形叠置法

该方法也称为生态图法，它采用把两个或更多的环境特征重叠表示在同一张图上，构成一份复合图（也叫生态图），用以在生态影响所及范围内，指明被影响的生态环境特征及影响的相对范围和程度。生态图主要应用于区域环境影响评价。例如，水源地建设、交通线路包括公路和铁路的选择、土地利用、滩涂开发等方面的评价，也可将植被或动物分布与污染影响的程度相叠置，绘制成污染物对生物的影响分布图。绘制这类生态图有指标法和叠图法两种基本方法。其绘制步骤如下。

① 用透明纸做底图，在图上标出建设项目的位置和可能受到生产、生活影响的地区范围。

② 在底图上绘出植被分布现状、动物分布范围及其他受影响的特征。

③ 在另一张透明图上绘出每个影响因子的影响程度。

④ 将以上两种图重叠，按照建设项目影响的种类和每种影响的程度分级标注颜色。这样绘制成的生态图形象、直观、简单明了，使用简便，但是不能作精确的定量评价。

（2）列表清单法

该方法是将实施开发的建设项目的影响因素和可能受影响的影响因子，分别列在同一张表格的行与列内，并以正负号、其他符号、数字表示影响性质和程度，在表中逐点分析开发的建设项目的生态环境影响。该方法使用方便，但也是一种定性分析方法，不能对生态环境的影响程度进行定量评价。

（3）生态机理分析法

这种方法涉及生态学、生物学、地理学、水文学、数学等多个学科知识，需要多学科的合作才能做出较为客观的评价。这种方法的主要目的是评价开发项目对植物生长环境的影响，以及判断项目对动物和植物的个体、种群、群落产生影响的程度。按照生态学原理进行影响预测的步骤如下。

① 调查环境背景现状和搜集有关资料。

② 调查植物和动物分布、动物栖息和迁徙路线。

③ 根据调查结果分别对植物或动物按种群、群落和生态系统进行划分，描述其分布特点、结构特征和演化等级。

④ 识别有无珍稀濒危物种及重要经济、历史、景观和科研价值的物种。

⑤ 观测项目建成后该地区动物、植物生长环境的变化。

⑥ 根据兴建项目后的环境（水、气、土和生命组分）变化，对照无开发项目条件下动植物或生态系统演替趋势，预测动植物个体、种群和群落的影响，并预测生态系统的演替方向。

根据实际情况，评价过程中可以进行相应的生物模拟试验或数学模拟，如应用种群增长模型。

（4）类比法

类比法就是将两个相似的项目，或者两个项目中相似的某个组成部分进行比较，以判定其生态影响程度的方法。类比法属于一种比较常用的定性与定量相结合的评价方法，它可分为整体类比和单项类比两种。整体类比法是根据已建成的项目所产生的对动植物或生态系统影响，来预测拟建项目的生态环境效应。被选中作为类比的项目，应该在工程特征、地理地质环境、气候因素、动植物背景等方面都与拟建项目相似，并且该项目应是已建成的项目并已达到一定年限，其产生的生态影响已基本趋于稳定。在调查类比项目的植被现状时，要包括个体、种群和群落变化，还要调查动植物分布和生态功能的变化情况，然后再根据类比项目的变化情况预测拟建项目对动植物和生态环境的影响。

在实际生产中，由于很难有完全相似的两个项目，因此，单项类比法更实用。

（5）综合指数法

综合指数法也叫环境质量指标法。该法需要首先确定环境因子的质量标准，然后根据不同标准规定各个环境质量指标的上下限。具体方法是通过分析和研究环境因子的性质及变化规律，建立生态环境评价的函数曲线，将这些环境因子的现状值（项目建设前）与预测值（项目建设后）转换为统一的无量纲的环境质量指标，将这些指标按照由好至差的顺序，赋以区间为 1～0 之间的数值，代入生态环境评价的函数曲线之中，由此可计算出项目建设前、后各因子环境质量指标的变化值。然后，根据各因子的重要性赋予权重，就可以得出项目对生态环境的综合影响。

$$\Delta E = \sum_{i=1}^{n} (Eh_i - Eq_i) \cdot W_i \qquad i = 1, 2, \cdots, n$$

式中，ΔE 为项目建设前、后环境质量指标的变化值（项目对环境的综合影响值）；Eh_i 为项目建设后的环境质量指标；Eq_i 为项目建设前的环境质量指标；W_i 为权重。

（6）系统分析法

系统分析法是一种多目标动态性问题的分析方法，经常被应用于区域规划或解决多方案的优化选择问题。在生态系统质量评价中使用系统分析的具体方法有专家咨询法、层次分析法、模糊综合评价法、综合排序法、系统动力学法、灰色关联法等，这些方法原则上都适用于生态环境影响评价。

（7）生产力评价法

绿色植物的生产力是生态系统物流和能流的基础，它是生物与环境之间相互联系的最基本标志。该方法的评价由下列分指数综合而成。

① 生物生产力　指生物在单位面积和单位时间内所产生的有机物质的质量，即生产的速度，单位为 $t/(hm^2 \cdot a)$。生物生产力一般常采用绿色植物的生长量来代表。

② 生物量　指一定空间内某个时期生产者的活有机体的质量又称现有量。在生态环境影响评价中，一般选用标定相对生物量作表征指数（P_b）。

$$P_b = B_m / B_{mo}$$

式中，B_m 为生物量；B_{mo} 为标定生物量；P_b 为标定相对生物量，P_b 值增大，表示生态环境质量越好。

③ 物种量　指生态系统内单位空间（如单位面积）内的物种数量（物种数/hB12）。在生态学评价中采用标定物种量的概念，来反映环境条件相一致的生物多样性与群落稳定性之间的关系。生态环境影响评价中，将物种量与标定物种量的比值，称为标定相对物种量（P_s），以此作为生态环境影响评价的指标。

$$P_s = B_s / B_{so}$$

式中，B_s 为物种量，物种数/hm^2；B_{so} 为标定物种量，物种数/hm^2；P_s 为标定相对物种量，P_s 值增大环境质量越好。

（8）生物多样性定量评价

生物多样性一般由多样性指数、均匀度和优势度三个指标表征。

① 物种多样性指数　即 Shannon-Winer 多样性指数。

$$H = \sum_{i=1}^{n} P_i \log_2 P_i$$

式中，P_i 为第 i 种的个体数占个体数 N 的比例，即 $P_i = n_i / N$

本法亦可用于群落多样性、生态多样性的分析与评价。

② 均匀度　通常表示为下式。

$$E = H / H_{max}$$

式中，E 为均匀度；H_{max} 为最大多样性。

如果群落的物种总数为 T，当所有种都以相同比例（$1/T$）存在时，将有最大的多样性，即 $H_{\max} = \log_2 T$。

样地中个体多度的均匀程度，即是每个种间个体数的差异。种的多样性与种间个体分布的均匀程度有关。

③ 优势度　优势度表明群落中占统治地位的物种及其分布。

可用下式来表示。

$$D = \log_2 T + \sum_{i=1}^{n} P_i \log_2 P_i$$

式中，D 为优势度；T 为总丰富度，即群落中物种总数。

（9）景观生态学方法

景观生态学方法通过空间结构分析、功能与稳定性分析等两种方法，来评价生态环境质量状况。景观是由拼块、模地（或称本底）和廊道组成，其中模地为区域景观的背景地块，是景观中一种可以控制环境质量的组分。空间结构分析的重点是模地判定。模地判定依据三个标准：一是相对面积大；二是连通程度高；三是具有动态控制功能。模地的判定多借用传统生态学中计算植被重要值方法来进行。拼块的表征采用多样性指数和优势度，优势度指数由密度、频度和景观比例三个参数计算得出。景观生态学方法体现了生态系统结构与功能结合相一致的基本原理，反映出生态环境的整体性。

景观的功能和稳定性分析则包括生物恢复力的分析、异质性分析、种群源的持久性和可达性分析、景观组织的开放性分析等四个方面。

景观生态学方法可用于生态环境现状评价，也可用于生态环境变化的预测，是目前国内外生态环境影响评价方法中较为先进的一种。

（10）数学评价方法

由于生态环境评价涉及的因素众多，采用多元回归方程进行评价的方法也较为常见。其公式是：

$$Y_\alpha = \beta_0 + \beta_1 X_{\alpha 1} + \beta_2 X_{\alpha 2} + \cdots + \beta_k X_{\alpha k} + \varepsilon \alpha$$

式中，β_0、β_1、β_2、β_k 为待定系数；$\varepsilon \alpha$ 为随机变量。

为了估计 β 采用最小二乘法，得到其回归模型为：

$$Y = b_0 + b_1 X_1 + b_2 X_2 + \cdots + b_k X_k$$

式中，b_0 为常数项；b_1、b_2、b_k 为偏回归系数（数学分析与计算过程）。

事实上，多数生态环境影响评价问题都属于非线性多元回归问题，除采用上述线性回归模型进行评价外，还应采用非线性多元回归模型进行分析和预测。采用多元回归模型都要进行显著性检验。

6.1.3.5　生态风险评价

生态风险评价是 20 世纪 80 年代兴起的一种新的环境影响评价方法，它利用生态学、环境化学和毒理学的知识，定量地确定环境危害对人类的负效应的概率及其强度的过程，为人类科学地评价某种人为或自然活动对自然环境的影响及其生态效应提供了一种工具。

6.1.3.5.1　生态风险评价的定义

生态风险评价是借用风险评价的方法，确定各种环境污染物（包括物理、化学和生物污染物）对人类以外的生物系统可能产生的风险及评估该风险可接受的程度的体系与方法。风险评价是保险业中用来定量估计事故发生概率的方法，如估计死亡和财产损失等风险发生的可能性和程度。生态风险评价参考了保险业中使用的一些评价方法，核心是来评估土壤、大气、水体环境的变化或通过食物链传递的变化和影响所引起的非愿望效应，重点是评估环境危害对自然环境可能产生的影响及其变化的程度。

生态风险评价包括预测性风险评价和回顾性风险评价。进行生态风险评价可以在一个较小的范围内进行，称作点位风险评价，也可以在一个较大的范围内进行，称为区域风险评价。

近年来生态风险评价主要侧重于进行面源污染的影响的风险评价，特别是人们认识到了人类自身是全球生态系统的组成部分，生态系统发生的不良改变直接或通过食物链途径，影响或危害人类自身的健康，因此，通过科学的和定量的生态风险评价，能为保护和管理生态环境提供科学依据。

6.1.3.5.2　生态风险评价的步骤

生态风险评价的步骤一般包括4个环节，即危险性的界定（也就是问题的提出）、生态风险的分析、风险表征和风险管理。生态风险的工作流程和基本内容如图6-10所示。

危险性的界定，主要是通过了解所评价的环境特征及污染源情况，做出是否需要进行生态风险评价的判断。如果需要进行生态风险评价，则首先要科学地选定评价结点。所谓生态风险评价结点就是指由风险源引起的非愿望效应。由于生态风险评价的目的常常取决于具体问题，不像人类健康风险评价中有统一的明确的目的和范围，所以危险性界定的过程中结点的选择是个关键问题。生态风险评价的结点选择，一般应考虑三个方面的因素：问题本身受社会的关注程度（是有价值的问题）、具有的生物学重要性和实际

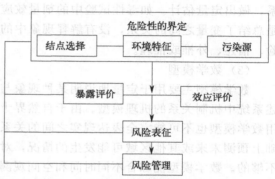

图6-10　生态风险的工作流程和基本内容
（引自胡荣桂，2010）

测定的可行性。其中，具有社会和生物学重要性的结点应是优先考虑的问题。例如，杀虫剂引起的鸟类死亡；酸雨引起的鱼类死亡；森林的砍伐引起某种物种的灭绝和水土流失等都是典型的结点。

生态风险的分析，则需要进行暴露评价与效应评价。要通过收集有关数据，建立适当的模型，对污染源及其生态效应进行分析和评价。

风险表征就是将污染源的暴露评价与效应评价的结果结合起来加以总结，评价风险产生的可能性与影响程度，对风险进行定量化描述，并结合相关研究提出生态评价中不确定因素的结论。

风险管理是决策者或管理者根据生态风险评价的结果，考虑如何做出减少风险的选择的一个可以独立进行的工作。风险管理者一般除要考虑来自生态风险评价得出的结论，判断生态风险的可接受程度以及减少或阻止风险发生的复杂程度外，还要依据相应的一些环境保护法律法规以及社会、技术、经济因素来综合做出决策。因此，严格地说，风险管理不属于生态风险评价的范围，是风险评价者可以不进行的工作。但是生态风险评价的结果为风险管理提供了科学依据，要使生态风险评价的结果充分发挥作用，需要生态风险评价者、风险管理者或决策者彼此合作、良性互动。

6.1.3.5.3　生态风险评价的基本方法

生态风险评价的核心内容是定量地进行风险分析、风险表征和风险评价，因此应设计能

定量描述环境变化及其产生影响的程序与方法。在生态风险评价中主要应用数值模型作为评价工具，归纳起来有以下三类模型。

（1）物理模型

物理模型是通过实验手段建立的模型，通常采用实验室内各种毒性试验数据或结果，研究建立相应的效应模型，来表达通常在自然状态下不易模拟的某种过程或系统。如利用实验室进行鱼类毒性试验的结果或对一些水生生物的毒性实验，能代表某些生物或整个水生生物反应的类似情况和过程。污染源及其受纳水体的反应数据也可作为评价的依据，如预测某个水库是否会发生富营养化，就常常利用附近类似的、已发生富营养分化水库的资料，即应用类比研究的方法进行评价。渔业科学家提出的有些数据模型和计算机的处理与模拟技术也可用于评价污染对鱼类资源可能产生影响的生态风险评价中。

（2）统计学模型

应用回归方程、主成分分析和其他统计技术来归纳和表达所获得的观测数据之间的关系，做出定量估计。如毒性试验中的剂量效应回归模型和毒性数据外推模型。统计学模型只是总结了变量之间的关系，没有解释现象中的机理关系，利用统计学模型可主要进行假设检验、描述、外推或推理。

（3）数学模型

数学模型主要用于定量地说明某种现象与造成此现象的原因之间的关系，是一类可以阐述系统中机制关系的机理模型。由于自然界十分复杂，任何模型都是某个系统的简化代表，用数学模型也不可能完全表达现实之间的关系，但是由于生态风险评价一般要求在已知的基础上预测未来或其他区域可能发生的情况，对于大幅度和长期的预测，单独用统计学模型是不够的。数学模型能综合不同时间和空间观测到的资料，可根据易于观察到的数据预测难以观察或不可能观察到的参数变化，能说明各种参数之间的关系，以提供有价值的信息，因此，利用数学模型来阐述评价系统内的因果关系，是生态风险评价不可缺少的方法。用于生态风险评价的数学模型有两类：归宿模型和效应模型。

① 归宿模型　模拟污染物在环境中的迁移、转化和归宿等运动过程，包括生物与环境之间的交换、生物在食物链（网）中迁移及积累等的各种模型。

② 效应模型　模拟风险源引起的生态效应，如模拟污染物质对生物的影响与胁迫作用，二氧化碳浓度增高引起增温效应，或者是人类开发环境引起的效应等效应模型可在不同的生物层次上进行模拟，一般分为个体效应模型、有毒物动力学模型和生长模型等。

其中涉及个体生物对污染物吸收、积累量引起并导致死亡的风险的关系模型有：种群效应模型，有毒物对种群增长、繁殖、扩散、积累的影响模型以及毒物与种群关系或浓度效应关系模型等，许多从渔业资源管理中发展起来的模型大都属于这一类模型。

群落与生态系统模型是效应模型中最多的一类模型，包括微宇宙、中宇宙、区域与自然景观生态系统中能流模型、物质循环模型、自然生态系统食物网集合模型等。

通过上面的介绍可以看出，不确定性是生态风险评价的主要特点。不确定性的影响因素主要有三方面：自然界固有的随机性，人们对事物认识的片面性，实验和评价处理过程中的人为误差即自然差异、参数误差和模型误差。因此，在建立和选择模型的过程中，应尽量减少不确定性，提高模拟精度，并且注意采用现实的、相对准确的模型定量描述这些不确定性是生态风险评价的核心。

由于生态系统的多样性和生物与生物、生物与环境之间相互关系的复杂性，用统计学和数学来描述生态风险还存在有不同的争议，而且由于每个模型均有简化，不可能准确地与现实完全对应，有关模型需要加以验证。验证的方法包括实验性验证、实际应用检验或者参考杂志上发表的权威评论，还可以吸收专家的意见。通常，在生态风险评价中专家的判断和意见常常有重要的作用，并且在可能的情况下，采用多种方法或途径进行生态风险评估结果的比较，有助于提高模拟结果的可信赖程度。

6.1.3.6　城市生态环境影响评价

（1）城市环境质量评价的内容

城市环境质量评价的内容包括以下几个方面：

① 城市地区自然环境和社会环境背景的调查分析。

② 污染源的调查与评价。

③ 环境质量的监测和评价。

④ 环境污染生态效应的调查。

⑤ 环境质量研究。

⑥ 污染原因及危害分析。

⑦ 综合防治对策研究。

（2）城市环境质量评价的方法

城市环境质量评价包括对城市环境质量进行单要素评价和综合评价。城市环境质量可分为大气、水质（地面和地下水）、土壤、噪声等环境质量要素，各环境要素又包含了若干的关键污染因子（或参数）。对单要素环境质量评价常采用多因子综合评价指数进行不同等级的污染状况评价，即：

$$P_j = \sum_{i=1}^{n} W_i I_i \quad \text{或：} P_j = 1/m \sum_{i=1}^{n} W_i I_i$$

式中，P_j 为 j 要素的综合评价指数；I_i 为 j 要素的 i 污染因子指数；W_i 为第 i 个污染因子的权重值；m 为污染因子数目。

$I_i = C_i / C_{i0}$，C_{i0} 为 i 污染因子评价标准，C_i 为 i 污染因子实测浓度，权重 $W_i = W_{i-1} = 1$，权重的确定有几种方式。

① 等权值法。基于各污染因子已在污染指数中有所反映，均等考虑各污染指数。

② 因子污染指数分担率法。采用下式：

$$W_j = I_i \left(\sum_{i=1}^{n} I_i \right)$$

③ 调查评分法。由污染因子社会调查和专家评定法分析确定。另外，还有其他修正型的综合评价方法，可用于城市环境质量的评价。在以上单要素的环境质量评价基础上，可用类似方法做出整个城市总体质量的综合评价。

（3）城市环境影响评价的程序

① 环境质量现状评价程序　环境质量综合评价并无一个固定的模式和程序，它因评价区域的特点、所关心的主要问题的不同而有所差异。综合国内环境质量评价的实际情况及要求，可将图 6-11 所示的工作程序作为环境质量现状评价的参考。当然，针对所研究对象的具体情况与要求，工作的侧重点及工作程序可以有所调整和取舍。

② 环境质量综合影响评价程序　根据环境影响评价工作的目的与要求，其程序大致可分为三个阶段：第一阶段即预评价阶段，首先确定计划建设项目是否需要进行详细评价，若不需要，就可发施工执照，直接进行开发。第二阶段是认为需要做详细评价时，开始准备初步评价报告书。即根据当地自然条件和工程规模、性质、生产工艺水平和预测排污状况等资

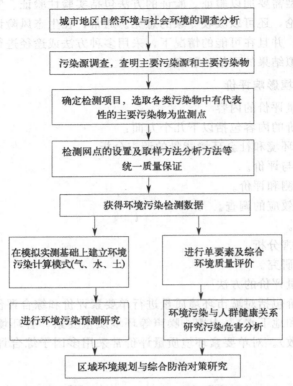

图 6-11　城市环境质量评价工作程序示意图（引自郦桂芬，1989）

料，提出工程将会带来的可能影响的预测估计。第三阶段是完成最后报告书。在这一阶段，将初步评价报告书发给有关评价机关征求意见，据此做出修改，并写出最后报告书，认为无问题即发放施工执照，若还有问题，则提交环境质量委员会。

6.2　生态规划研究

生态规划是以生态学及生态经济学原理为基础，以促进区域与城市生态系统的良性循环，保持人的活动与自然协调、人与环境关系的持续共生，并寻求社会的文明、经济的高效和生态环境的和谐为目标的生态系统管理的一条重要途径。

6.2.1　生态规划的概念与特点

6.2.1.1　生态规划概念的发展

20 世纪初，生态学已经形成了一门独立的年轻学科。在这种大背景下，生态规划理论在这一时期逐渐形成，同时其实践也悄然展开。受英国生态学家 E. Howar "田园运动"、Geddes（西方区域综合研究和区域规划的创始人）思想以及 1923 年美国区域规划协会成立的影响，生态规划的理论与实践得以较快地发展。美国也开始了从区域整体角度探索解决城市环境恶化及城市拥挤问题的途径，例如，重视城市—农村过渡带的规划与保护，在过渡带建设缓冲绿带或公园，以创造更接近自然的居住环境和限制城市扩张等。这些理论与实践对后来的美国宾夕法尼亚大学的学者麦克哈格（L. L. McHarg）等人的工作产生了深刻的影响。

1969 年，麦克哈格在他的名著《协同自然的设计》一书中指出："生态规划是在通盘考虑了全部或多数因素，并在无任何有害的情况或多数无害条件下，对土地的某种可能用途进行规划和设计，确定其最适宜的利用"。日本一些学者和我国学者刘天齐也认为，生态规划的概念是指生态学的土地利用规划。1984 年，联合国"人与生物圈计划"第 57 集报告中指出："生态规划就是要从自然生态和社会心理两方面去创造一种能充分融合技术和自然的人类活动的最优环境，激发人的创造精神和生产力，提供高的物质和文化生活水平"。王如松等也强调生态规划不仅限于生态学的土地利用规划，而应是城乡生态评价、生态规划和生态建设三大组成部分之一。于志熙则认为，生态规划是实现生态系统的动态平衡、调控人与环境关系的一种规划方法。可以看出 20 世纪 60 年代以后，生态规划的思想日益繁荣，认识逐步深入，其理论也逐步成熟起来。

综上所述，生态规划的概念是逐步从偏重生态学的土地利用规划，发展到从更加宏观、综合的角度研究区域或城镇的生态建设和生态环境保护，以及探讨如何保证人与环境关系的持续协调发展战略。因此，目前国内的多数生态学家对生态规划概念的认识，已不只局限于生态学的土地利用规划，可以将生态规划理解为"以生态学原理和城乡规划原理为指导，应用系统科学、环境科学等多学科的手段辨识、模拟和设计人工复合生态系统内的各种生态关系，确定资源开发利用与保护的生态适宜度，探讨改善系统结构与功能的生态建设对策，促进人与环境关系持续协调发展的一种规划方法"。

6.2.1.2　生态规划的类型和基本特点

生态规划按照地理空间尺度大小可划分为区域生态规划、景观生态规划、生物圈生态保护规划三类；按照人类的生存环境可划分为城市生态规划、农村生态规划；按照社会科学门类的不同可划分为经济生态规划、人类生态规划、民族文化生态规划等类型。这些类型是因生态规划的范围、对象和研究重点的不同而划分的。但是，各类生态规划都具有以下基本特点。

（1）以人为本

从人的生产、生活活动与自然环境和生态过程的关系出发，追求区域与城镇总体关系的和谐，各部门、各层次之间的和谐，人与自然关系的和谐。

（2）以生态系统的承载力为前提

强调区域或城市的发展应立足于当地资源环境的承载力，充分了解生态系统内自然资源与自然环境的性能、环境容量，以及自然过程特征与人类活动的关系。

（3）系统开放、优势互补

强调系统的开放、形成区域或城市生态经济优势与社会子系统和自然子系统优势的互补。

（4）高效、和谐、可持续

强调经济发展的高效、和谐与可持续性，而不是简单的高速度。生态规划认为区域或城镇的发展应是社会、经济与生态环境的改善和提高，系统自我调控能力与抗干扰能力的提高，旨在全面改善区域与城镇可持续发展的能力。

6.2.1.3　生态规划与城市规划、环境规划的联系和区别

生态规划与城市规划、环境规划有密切联系，又和它们有一定的区别。

（1）城市规划是根据国家城市发展和建设的方针、经济技术政策、国民经济和社会发展长远计划、区域规划以及规划区域的自然条件和建设条件等，合理地确定城市发展目标、城

市性质、城市规模和布局，布置城镇体系，重点强调规划区域内土地利用空间配置和城市产业及基础设施的规划布局、建筑密度和容积率的合理设计。城市规划主要是城市物质空间、硬质景观的规划。

（2）环境规划，也叫环境保护规划，是指为使环境与社会经济协调发展，把"社会—经济—环境"作为一个复合生态系统，依据社会经济规律、生态规律、地学原理，对其发展变化趋势进行研究，合理安排人类自身活动的时间和空间。环境规划强调规划区域内大气、水体、噪声及固体废弃物等环境质量的监测、评价和调控管理。

（3）生态规划强调的是运用生态系统整体优化的观点，对规划区域内城乡生态系统的人工生态因子（如土地利用状况、产业布局状况、环境污染状况、人口密度和分布以及建筑、桥梁、道路、城市管线基础设施分布等）和自然生态因子（气候、水系、地形地貌、生物多样性、资源状况等）的动态变化过程和相互作用特征研究。研究物质循环和能量流动的途径，进而提出资源合理开发利用，环境保护和生态建设的规划对策，它与城市总体规划和环境规划紧密结合，相互渗透，是联系城市规划和环境规划的桥梁，是协调城乡建设、发展和环境保护的重要手段，比起城市规划和环境规划，其内涵更大，深度更高。

6.2.2 生态规划的原则

（1）整体优化原则

生态规划坚持从系统分析的原理和方法出发，强调生态规划的目标与区域或城乡总体规划目标的一致性，追求社会、经济和生态环境的整体最佳效益，努力创造一个社会文明、经济高效、生态和谐、环境洁净的人工复合生态系统。

（2）人地系统协调共生原则

人地系统是地球表层人类活动与地理环境相互作用形成的复杂系统，各子系统之间和各生态要素之间相互影响、相互制约，不仅影响到整个系统的稳定性，而且直接关系到系统的结构和整体功能的发挥。因此，在生态规划中必须遵循协调共生的原则。协调是指要保持区域与城乡、部门与子系统、各层次、各要素以及周围环境之间相互关系的有序和平衡，保持生态规划与总体规划、近期远期目标的步调一致。共生是不同种类的子系统合作共存、互惠互利的现象，其结果是所有共生体都明显节约了原材料、能量和运输量，系统获得了多重效益；共生也是正确利用不同产业和部门之间互惠互利、合作共存的关系，搞好产业结构的调整和生产力的合理布局。部门之间联系的多寡和强弱及其部门的多样性是衡量城市共生、城乡共生强弱的重要标志。

（3）生态功能分区原则

生态功能分区是生态规划的重要内容。在研究区域或城乡生态要素功能现状、问题及发展趋势的基础上，综合考虑国土规划（或区域规划）、城市总体规划的要求和城乡现状布局，搞好生态功能分区，以利于社会经济的发展和居民生活，利于环境容量的充分利用，实现社会、经济和环境效益的统一。

（4）高效和谐原则

生态规划的目的是要将人类聚居地建成一个高效和谐的社会—经济—自然复合生态系统，使其内部的物质代谢、能量流动和信息传递形成一个环环相扣的网络，物质和能量得到多层分级利用，废物资源化和循环再生，各部门、各行业之间形成发达的共生关系，系统的功能、机构充分协调，系统能量的损失最小，物质利用率最高，经济效益最高。

（5）相互制约原则

生态系统中任意两个组分之间可能存在两种不同类型的生态关系，即促进关系与抑制关系。生态系统的任一组分都处在某一封闭的关系链环上，当其中的抑制关系数为偶数时，该环是正反馈，且即某一组分的增加（或减少）通过该链环的累计放大（或衰减作用），最终将促进本身的增加（或减少），负反馈则相反。

（6）最小风险原则

生态演替的原理揭示，某个种生存的生态位只有距离限制因子上下限最远时，那个种生存机会最大、风险最小。Liebig 限制因子原理认为，任一生态因子在数量和质量上的不足和过多，都会对生态系统的功能造成损害。所以，生态规划必须采取自然生态系统的最小风险对策，使各项人类活动处于与上下限风险值相距最远的位置，使城市发展的机会更大。

（7）可持续发展原则

可持续发展是人类社会的共同目标。生态规划遵循可持续发展理论，在规划中突出"既满足当前的需要，又不危及下一代满足其发展需要的能力"的思想，强调在发展过程中合理利用自然资源，并为后代维护、保留较好的资源条件，使人类社会得到公平发展。

6.2.3 生态规划的步骤和内容

生态规划的内容应根据研究的范围和对象来确定。一般来讲，其对象是一个由自然要素和人工要素组成的复合生态系统，结构非常复杂，因此规划应突出重点、因地制宜、有针对性。

6.2.3.1 生态规划的工作程序

生态规划基本上以麦克哈格方法为基础。麦克哈格在《协同自然的设计》一书中提出了一个城市与区域规划的生态学框架，这个框架后来被称为麦克哈格生态规划，其核心是根据区域自然环境与自然资源性能，深入分析其生态适宜性，以确定土地利用方式与发展规划，从而使自然的利用开发和人类其他活动与自然特征、自然过程协调统一。麦克哈格生态规划的框架主要分为 5 个步骤。

① 确立规划范围与规划目标——提出问题。

② 广泛搜集规划区域的自然与人文资料，包括地理、地质、气候、土壤、野生动物、自然景观、土地利用、人口、交通、文化、人的价值观等的调查，并分析描绘在地图上。这一环节要列出生态条目和进行生态分析。

③ 根据规划目标综合分析，提取在第二步中所收集的资料。

④ 对各主要因素及各种资源开发（利用）方式进行适宜度分析，确定适应性等级。

⑤ 综合适应性图的建立。

王祥荣等根据前人的工作总结提出了一套生态规划的工作程序如图 6-12 所示。

6.2.3.2 生态要素的调查与评价

生态要素的调查，可以搜集规划区域的自然、社会、人口、经济、环境资料与数据，为充分了解规划区域的生态特征、生态过程、生态潜力、制约因素提供基础信息。在生态要素调查中，历史资料的收集十分重要。同时，近年来，公众的参与、实地调查、社会调查、遥感技术与地理信息系统（GIS）技术都发挥着非常重要的作用。

（1）生态调查

生态规划首先要掌握规划区域或规划范围内的自然、社会经济特征及其相互关系，建立生态调查清单。生态调查中多采用网格法。所谓网格，就是生态调查与评价的基本单元，其大小一般为 1km×1km，有的也采用 0.5km×0.5km。在确定了生态规划的区域后，即可在筛选生态因子的基础上，按网格逐个进行生态状况的调查与登记。调查登记的主要内容有：

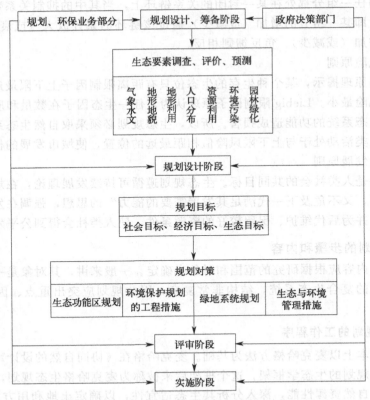

图 6-12　生态规划工作程序框图（引自王祥荣，1995）

规划区内的气象条件、水资源、绿化、地形地貌、土壤类型、人口密度、产业结构与布局、土地利用、建筑密度、能耗密度、水耗密度和环境污染状况等，并进行自然环境与社会环境特征的调查分析。利用卫星遥感数据与航测照片有利于快速、科学地进行登记工作。如果借助于专家咨询、民意测验等公众参与的方法还可弥补数据的不足。

　　(2) 生态评价

　　生态评价包括生态过程分析、生态潜力分析、生态敏感性分析、土地质量及区位评价，其目的在于认识和了解评价区域环境质量及资源现状、生态潜力的制约因素等。

　　① 生态过程分析　　生态过程的特征是由生态系统以及景观生态的结构与功能所决定的，本质是生态系统与景观生态功能的宏观表现。对于人类生态系统来说，其自然资源及能流特征、景观生态格局及动态都是以组成景观的生态系统功能为基础的。同时，人类生产、生活及交通等经济活动影响下的生态过程及其与自然生态过程的关系是生态过程分析和规划应关注的重点。

　　② 生态潜力分析　　生态潜力是指在单位面积土地上可能达到的初级生产水平，它是一个综合反映区域光、温、水和土资源综合效果的一个定量指标。根据这 4 种自然要素的稳定性和可调控性，资源生产可分为 4 个层次：光合生产潜力、光温生产潜力、气候生产潜力及土地承载力。光合、光温、气候生产潜力反映了区域气候资源的潜力，表现为生态系统的生态效率，是农、林业生产的基础；土地承载力是区域农业土地资源和农业生产特征的综合表现。

　　③ 生态敏感性分析　　不同的生态系统或景观斑块，对人类活动干扰的反应是不同的。

有的生态系统对干扰具有较强的抗逆能力，恢复能力强；有的生态系统很脆弱，容易受到损害或破坏，恢复起来很难。生态敏感性分析的目的就是分析与评价区域内各生态系统对人类活动的反应。生态敏感性分析的内容，通常包括水土流失评价、敏感集水区的确定、具有特殊价值的亚生态系统及人文景观、自然灾害的风险评价等。

④ 土地质量及区位评价 土地质量及区位评价实际上是对生态系统进行的评价与分析的综合与归纳。由于规划目标不同，土地质量及区位的内涵是有差异的，而且不同对象的土地质量及区位评价，所选的属性与综合方法也不太一致。区位评价的主要目的是为区域发展、产业经济布局与城镇建设提供基础。区域评价的指标主要有地形地貌条件、河流水系分布、植被与土壤等因素以及交通、人口、工农业产值、乡镇基础和土地利用现状等。

6.2.3.3 环境容量和生态适宜度分析

环境容量是指在人类生存、自然生态不致受害的前提下，并在环境质量标准的约束下，某一环境所能容纳的污染物最大负荷量。

生态适宜度是指在规划区内确定的土地利用方式对生态要素的影响程度，是土地开发利用适宜程度的依据。环境容量和生态适宜度的研究，可为生态规划中区域与城市污染物的总量排放控制、生态功能的科学分区提供依据。

6.2.3.3.1 生态适宜度分析程序

在进行生态适宜度分析时，应注意两点：一是生态适宜度是针对某一类地块而言的；二是某一类地块对何种生产利用方式的生态适宜度，即生态适宜度要针对某种特定用途进行分析。如地势低洼、常年积水的某一地段，对城市建设而言基本上属于生态适宜度较低的土地，但对于水产养殖或水生生物培养而言却可能是适宜的土地。所谓的某一类地块，是在网格调查的基础上，进行生态分析和分类，将生态状况相似的网格归为一类。

刘天齐等提出了城市环境管理工作中的生态适宜度分析的步骤，其工作程序如图 6-13 所示。

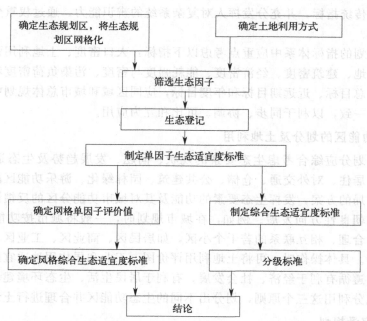

图 6-13 生态适宜度分析工作程序图（引自刘文齐等，1990）

6.2.3.3.2　筛选生态适宜度评价因子的原则

① 所选择的生态因子对给定的利用方式具有较显著的影响。

② 所选择的生态因子在各网格的分布中存在着较显著的差异。

6.2.3.3.3　生态适宜度评价标准，包括单因子评价标准和综合评价标准。

(1) 单因子评价标准的依据有两条：

① 生态因素（单因子）对给它的土地利用方式（用地类型）的影响作用规律。

② 生态规划区的实际情况。包括该生态因子在生态规划区的时空分布情况和该生态规划区社会、经济等有关指标。

单因子生态适宜度的评价结果通常分为三级、五级或者六级。三级，即适宜、基本适宜、不适宜；五级即很适宜、适宜、基本适宜、基本不适宜、不适宜；六级即很适宜、适宜、基本适宜、基本不适宜、不适宜、很不适宜。

(2) 综合评价标准是在单因子生态适宜度的评价标准基础上制定的，其依据是：

① 单因子生态适宜度的评价标准。

② 生态规划区生态适宜度综合评价值。

③ 区域或城市的经济、社会发展规划。

④ 区域或城市的总体规划。

综合生态适宜度的每一个分级都和一个评价区间相对应，一般分为很适宜的上界、适宜的上界、基本适宜的上界、基本不适宜的上界、不适宜的上界、不适宜的下界。

6.2.3.4　生态规划的指标体系和目标

生态规划的指标体系是描述和评价某种事物的可量度参数的集合，指标体系应充分体现科学性、综合性，并具有简洁、完备等特点。生态规划的指标体系及目标尚处于不断完善的阶段。具体指标体系常因规划目标而定。根据人工复合生态系统的特点，指标体系的确定一般采用 Delphi 专家咨询法和多目标决策法，从协调社会经济发展与环境保护的关系着手，注意参考和吸收传统指标，并充分发挥人对复杂系统的辨识能力，通过权重分析选择各类分指标。

通常生态规划的指标体系中应重点考虑以下指标：人口密度、土地利用强度、绿地覆盖率、人均公共绿地、建筑密度、经济密度、能耗强度与密度、污染负荷密度和交通量等。

生态规划的总目标、近远期目标和年度目标，应同区域和城市总体规划中的近远期目标和相应的年度相一致，以利于同步、协调、可比和互为应用。

6.2.3.5　生态功能区的划分及土地利用

生态功能区划分应综合考虑生态要素的现状、问题、发展趋势及生态适宜度，提出工业、农业、生活居住、对外交通、仓储、公共建筑、园林绿化、游乐功能区的综合划分以及大型生态工程布局的方案，发挥生态要素的功能及其对城市功能分区的反馈调节作用，使调控生态要素功能朝良性方向发展。例如，在城市规划时，一般将城市按功能性质和环境条件，划分成布局合理、相互联系的若干个小区，如居民区、商业区、工业区、仓储区、车站及行政中心区等。具体操作时，可将土地利用评价图、工业和居住用地适宜度等图纸进行叠加、综合分析，遵循有利于经济、社会发展，有利于居民生活、生态环境建设，使区域内的环境容量得以充分利用这三个原则，划分出不同的生态功能区并合理进行土地利用的布局。

6.2.3.6　人口容量规划

在生态规划编制工作中，必须确定近远期的人口规模，提出调整人口密度、提高人口素质以及实施人口容量规划的对策和建议。进行规划时，要研究人口分布、规模、自然增长率、机械增长率、男女比率、人口密度、人口组成和流动人口基本情况等。

制定人口容量规划时，要注意保持适宜的密度，包括人口密度、居住密度和经济密度。人口过密，会引起城镇资源的过度需求与开发。当需求量超过生态阈值时，城市生态环境将急剧恶化；居住密度不适当，可增加生活废弃物的排放，给城市生态系统的还原造成负荷压力，也使人在生理上和心理上受到摧残，甚至导致犯罪率的上升。

经济密度常以每平方公里的国民经济生产总值或工厂数来表示。在一定技术经济水平下，调整产业结构，强化环境管理，可使同一经济密度状况下，污染物的排放量有较大幅度下降，保护环境并提高环境质量。

6.2.3.7 区域产业结构与布局调整规划

产业结构指区域产业系统内部各部门（行业）之间的比例关系。它是经济结构的主体，影响着区域与城市生态系统的结构和功能。目前，发达国家城市产业结构的比例多为3∶2∶1（第三产业∶第二产业∶第一产业），我国大多数城市的产业结构比例为3∶2∶1（第三产业∶第二产业∶第一产业），我国经济发达地区城市的第一产业比重一直偏高，对环境的压力很大。城市的产业结构还存在生产工艺合理设计的问题，即在功能区（工业区）中要设计合理的"生态工业链"，推行清洁生产工艺，促进城市生态系统的良性循环。调整、改善老城市产业布局、搞好新建城市产业的合理布局，是改善城市生态结构、防治污染的重要措施。城市产业的布局符合生态要求，根据风向风频等自然要素和环境条件的要求，在生态适宜度大的地区设置工业区。各类工业对环境和资源要求不同，对环境的影响也不一样。按照对环境的影响程度，工业部门可分成隔离工业、严重污染工业、污染工业和一般工业等。在城市布局中，隔离工业一般布置在城市边缘的独立地段上；严重污染工业布置在城市边缘地段。对于那些如钢铁、水泥、炼铝、有色冶金等能够散发大量烟尘及毒性、腐蚀性气体的工业，应布置在最小风频风向的上风侧，而对于那些污水排放量大，污染严重的造纸、石油化工和印染等工业，应避免在地表水和地下水上游建厂。

6.2.3.8 自然资源的合理利用与保护规划

在经济和社会发展过程中，人类对自然资源的掠夺式开发和不合理使用，导致人类面临资源枯竭的危险。因此，生态规划还应包括对水、土地资源、生物多样性与矿产资源等的合理开发利用与保护规划。

自然资源的合理利用规划，应依据区域规划、环境保护目标并适应城市社会经济发展要求来制定，要遵循以下原则：①经济、社会和生态效益相结合的原则。②生物资源开发量应与其生长、更新速度相适应的原则。③当前利益与长远利益相结合的原则。④因地制宜的原则。⑤统筹兼顾、综合利用的原则。自然资源的合理利用与保护规划包括以下两方面的内容。

（1）水资源保护规划

根据下游生态环境的状况和社会经济的需要，制定上游水源涵养林和水土保持林的建设规划；禁止乱围垦，保护鱼类和其他水生生物的生存环境；积极研究和推广保护水源地、水生态系统和防止水污染的新技术；兴建一批跨流域调水工程和调蓄能力较大的水利工程，恢复水生生态平衡；健全水土资源保护和管理体制，制定相应的政策、法规和条例。

（2）生物多样性保护和自然保护区建设规划

加强生物多样性保护的管理工作。包括制定生物多样性保护的规范和标准；建立和完善生物多样性保护的法律体系；制定生物多样性保护的战略和计划，建立区域性的示范工程；积极推行和完善各项管理制度，教育和培训管理队伍；强化监督管理，包括生物多样性保护的监测网络和国家的生物多样性保护的信息系统，逐步使生物多样性的管理制度化、规范化和科学化。

6.2.4 生态规划的方法

高度综合是生态规划的特征之一，它是由规划的主要对象——区域或城镇生态系统的特点所具有的范围广大、结构复杂、功能综合、因子众多、目标多样等特点决定的。因此，也决定了生态规划必须向多目标、多层次、多约束的动态规划方向发展。目前，国内的生态规划方法大都根据对城市生态系统的了解，采用新兴的控制论、信息论、泛系统理论等现代科学理论来研究，形成了多目标规划法、泛目标规划法、灵敏度模型规划法、系统动力学方法、控制论规划法等。现仅介绍如下几种。

(1) 多目标规划法

多目标规划原理是在线性规划原理基础上发展而来的。线性规划是一种典型的运筹学方法，它着眼于解决在一定的约束条件下，如何求得目标函数的最优解。线性规划法目前发展比较成熟，而多目标线性规划主要解决的是一组约束条件下多个目标均衡达到最优的难题。其数学表达式为：

$$\begin{cases} \max(\min) f_i(x) & i=1,2,3,4,\cdots,m \\ \mathrm{sig}i(x) \leqslant (=,\geqslant) b_j & j=1,2,\cdots,n (\text{其中 } 1 \leqslant n \leqslant m) \end{cases}$$

多目标线性规划作为一种数学模型工具，以获取较快的经济增长和环境开发破坏程度最小为目标，以区域资源、自然条件为限制因素，能获取可持续发展的最佳途径。

(2) 泛目标规划法

区域或城镇生态系统是一个结构复杂的网络式回环系统，需要分析其间的相互制约与反馈动态关系，但因其信息来源往往粗糙模糊，具有不完全或不确定性，因而可以采用一种能够处理不完全数据、简单可行且便于推广的人机对话或动态决策方法——泛目标规划法。

泛目标规划法以线性规划为工具，采用定量和定性方法相结合，决策、科研、管理人员相结合的方法，对人工生态系统进行规划和调控的一种智能辅助决策方法。其基本思路是依据生态控制论中的生态工艺原则和生态协调原则去调控系统关系，改善系统功能，寻求系统功能的最优调节，并在逐步优化过程中不断地向决策部门提供各种有关的信息。

(3) 灵敏度模型规划法

灵敏度模型是一个以系统动力学理论为基础的未定量化模型。最早是 1980 年由德国的 F. Vester 和 A. V. Heder 在研究法兰克福城市生态系统时提出的。该模型反映了系统组分间的相互关系的动态、结构与功能变化趋势的定性描述，即通过系统中各种关系在干扰之后的适应性来判断系统的结构稳定性、适应能力的增强或减弱、不可逆的变化趋势、系统崩溃的风险或出现变态的可能性等，同时可以操纵系统向有利方面变化的指导因素等，而且还给出控制论的解说和评价。

(4) 系统动力学方法

系统动力学方法，是美国 MIT 的 Forrest 发明的一种计算机系统模拟方法。它以解决如社会系统等这类大系统的模拟问题为特色。从原理上来说，是一组变微分方程组在计算机上的模拟解，它不要求对一事物的精确解，只要求在已知事物组成要素间相对变动关系的前提下求解事物的发展趋势。一般认为，系统动力学很适合于城乡生态系统的研究，因为它可以解决组成元素复杂、相互关系了解不甚明了的难题。

生态规划的方法和体系尚处于探索发展之中，目前发展的趋势是从定性的描述向定量化方向发展，从单项规划向综合规划方向发展。

6.2.5 生态绿地系统规划

生态绿地系统在城市生态系统中显得十分重要。生态绿地系统的规划，是生态规划的重要组成部分，不仅是构成园林规划设计的主要内容之一，而且是城市园林建设的重要步骤。从生态学理论的角度进行园林规划设计，是当今园林建设的一个重要的发展方向，也是城市生态环境改善的必要途径。

（1）生态绿地系统规划工作的内容

① 城市绿地指标与布局　城市绿化覆盖率是指城市绿化覆盖面积占城市总用地面积的百分比，一般城市绿化覆盖率应达到 30%～50%，城市公共绿地是指每个城市居民所占有的公共绿地面积，一般地说，城市公共绿地面积应达到 6～10m²/人。城市绿地系统的规划，首先要保证绿地数量指标，其次要实现绿色质量标准。因此，只有提高每块绿地的生态品位，通过科学设计使其达到更高的生态效率，才能更好地实现城市绿地的生态功能。

② 卫生防护生态林带规划　为了避免烟尘、噪声等污染源对城市居民生活环境的影响，应在污染源与居民区之间设立卫生防护生态林带。防护林带宽度、林带走向、树种选择、防护距离大小的确定等，应根据污染源状况、有害物质的危害程度、污染治理状况以及当地自然、气象、地形条件和环境质量的要求，因地制宜、综合确定。

（2）生态绿地规划步骤

制定区域的绿地规划，首先必须了解该区域的绿化现状，对绿地系统的结构、布局和绿化指标做出定性和定量评价。在此基础上，可根据以下步骤进行绿地系统的规划。

① 确定绿地系统规划的原则。

② 选择并合理布局不同的绿地类型，确定其位置、性质、范围和面积。

③ 根据该地区生产、生活水平及经济社会发展规模，研究绿地建设的发展速度与水平，拟定绿地建设的各项定量指标。

④ 对过去的绿地系统规划及建设情况，进行调整、充实、改造和提高，提出绿地分期建设及重要工程项目的实施计划，规划出需要控制和保留的绿化用地。

⑤ 编制绿地系统规划的图纸及文件。

⑥ 提出重点绿地规划的示意图和规划方案，根据实际工作需要，还可提出重点绿地的规划设计任务书，其内容包括绿地的性质、位置、周围环境、服务对象、估计游人量、布局形式、艺术风格、主要设施的项目与规模及建设年限等，作为园林绿地详细规划设计的依据。

6.2.6 环境规划

环境规划侧重于对环境问题的综合整治和污染的综合治理措施及项目进行统一的布局和安排，它是构成生态规划的重要内容。但环境规划有其自身的特点，实践中也形成了一些不同的环境规划类型。

（1）环境规划的基本特征

① 整体性　其含义是指环境要素及其各个组成部分之间构成了一个有机的整体，虽然环境各要素之间有一定的联系，但各要素自身产生的环境问题特征和规律也十分突出且相对独立，存在着相对确定的分布结构和相互作用关系。因此，环境规划可以促使其形成独立的整体性强、关联度高的体系。

② 综合性　该特性反映了环境规划涉及的领域广泛，影响的因素众多，需要综合的对策措施和部门间的有机协调。因此，环境规划应是自然、工程、技术、经济、社会紧密结合的综合体，也是多部门的集成产物。

③ 区域性　环境问题的地域性特征十分明显，因此，环境规划十分注重因地制宜，总结精炼出的环境规划的基本原则、规律、程序和方法必须融入地方特征才是有效的。

④ 动态性　环境规划具有较强的时效性。它的影响因素在不断变化，因此，随着经济发展方向、发展政策、发展速度以及实际环境状况的变化，要求环境规划工作者应具有快速反应和不断更新的能力。

⑤ 信息密集　信息的密集、不完备、不准确和难以获得是环境规划所面临的一大难题。在环境规划的全过程中，自始至终需要收集、消化、吸收、参考和处理各类相关的综合信息。

⑥ 政策性强　从环境规划的最初立题、课题总体设计至最后决策分析、制订实施计划的每一技术环节，经常会面临需要从各种可能性中进行某种选择的问题，要完成这种选择的依据，只能是现行的和环境问题相关的国家政策、法律法规、制度、条例和标准。

（2）进行环境规划的作用

① 促进环境与经济、社会可持续发展。环境问题的解决必须注重以预防为主，防患于未然，否则损失巨大、后果严重。环境规划的重要作用就在于协调环境与经济、社会的关系，预防环境问题的发生，促进环境与经济、社会的可持续发展。

② 有助于保障将环境保护活动纳入国民经济和社会发展计划。环境保护是我国社会经济生活的重要组成部分，它与人类的经济、社会活动有密切联系。因此，必须将环境保护活动纳入国民经济和社会发展计划之中，进行综合平衡，环境保护才能得以顺利进行。

③ 合理分配排污削减量、约束排污者的行为。根据环境的纳污容量以及"谁污染谁承担削减责任"的基本原则，公平地规定各排污者的允许排污量和应削减量，为合理地、指令性地约束排污者的排污行为，消除污染提供科学依据。

④ 以最小的投资获取最佳的环境效益。环境规划是在运用科学的方法保障经济发展的同时，保证以最小的投资获取最佳环境效益的有效措施。

⑤ 是实行环境管理目标的基本依据。环境规划确定的功能区划、质量目标、控制指标和各种措施以及工程项目，给人们提供了环境保护工作的方向和要求，可以指导环境建设和环境管理活动的开展，对有效实现科学的环境管理起着决定性作用。

（3）环境规划的主要类型及内容

① 大气环境综合整治规划　主要内容包括：在对大气污染源及质量现状评价与发展趋势分析的基础上进行功能区划，确定规划目标，选择规划方法与相应的参数，制定规划方案，并进行评价与决策。

② 水环境综合整治规划　主要内容包括：在对水环境污染现状与发展趋势分析的基础上划分控制单元，确定规划目标，设计规划方案，然后对各种规划的整治方案进行优化选择，以便决策。

③ 固体废弃物综合整治规划　要在现状调查基础上进行预测及评价，将预测结果与规划目标相对应，比较并参照评价结果，按照各行业的具体情况确定各行业的分目标及具体污染源的削减量目标。

④ 声环境综合整治规划　在声环境质量和噪声污染现状与发展趋势分析的基础上，根据城市土地利用和声环境功能区划，提出声环境规划目标及实现目标所采取的综合整治措施。

6.2.7 景观生态规划

景观生态规划是以生态学原理为指导，以谋求区域生态系统功能的整体优化为目标，以各种模型、规划方法为手段，在进行景观生态分析和综合评价的基础上，提出构建区域景观优化利用的空间结构和功能方案、对策及建议的一种生态地域规划方法。景观生态规划的中心任务就是创造一个可持续发展的整体区域生态系统，它是生态规划的一种，属于一个综合性的方法论体系。

6.2.7.1 景观生态规划的内容与步骤

景观生态规划的目的，主要是保证景观生态系统的环境服务、生物生产及文化支持等三大基本功能的实现。由于结构是功能的基础，不同的空间结构具有不同的功能特点，表现为不同的类型，所以，构建合理的景观生态系统结构是景观生态规划的关键。一般地说，景观生态规划的主要内容可分为四部分：区域景观生态系统的基础研究、景观生态评价、景观生态规划及生态系统管理建议。但是，因规划目的和设计重点的不同，景观生态规划的内容也有不同侧重。

区域景观生态系统的基础研究，就是要进行景观生态要素及其特征的调查、分析，景观生态分类及空间结构研究，然后才进行景观生态评价，并进一步认识其特征。

景观生态规划的基本步骤，包括景观规划与设计的全部内容的逻辑序化和实现过程，主要分四个层次进行（图6-14）。

① 规划设计的基本思想和目标。
② 区域生态功能的规划。
③ 区域景观生态系统空间结构的规划设计。
④ 景观生态系统的具体设计。

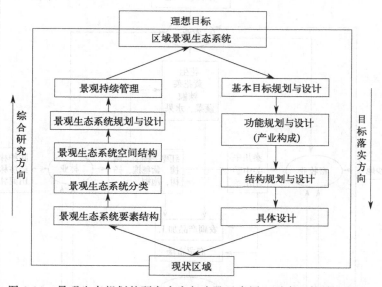

图 6-14 景观生态规划的研究内容与步骤示意图（引自王仰麟，1995）

6.2.7.2 景观生态规划案例之一——以渭南地区典型的大荔沙苑地域为例

沙苑的独特自然生态条件，使这里一直成为大荔县乃至渭南地区特色产品的集中出产地。其中主要经济产品为花生、黄花菜、辣椒等经济作物和红枣、刺槐林等经济树木。经济产品面积占该地区耕地面积的一半。就大荔县而言，沙苑土地面积仅占全县土地面积的

31.4%，但花生面积却占全县花生面积的 96% 以上，辣椒、红枣面积占全县红枣面积的 95% 以上，刺槐林占全县片林的 90% 以上，黄花菜则全部集中在这里。另外，沙苑也是大荔县蔬菜、瓜类的主要产地。受生态条件影响，在耕作习惯上，这里具有间作套种的潜在生态经营传统。如粮油（花生）、粮棉、粮菜、粮果间作等。现存在园林地 6600hm²，沙荒地 5300hm²，疏林草地 4600hm²，适宜发展红枣、黄花菜及硬杂木洋槐等。林草资源丰富，有发展秦川牛、关中驴和奶山羊等畜牧业的条件。

沙苑地区的景观生态设计应根据其生态条件和特点进行，核心内容是建设具有防风固沙效应的各种林地景观生态系统及构建镶嵌格局。主要内容是：①强化带廊状防风固沙主林带建设，提高其环境服务功能。防风固沙主林带应为南北走向，以便与主风向垂直，林带配置宜采用疏透结构，树种宜选用刺槐、苦楝和侧柏等。同时，要采取草灌结合、护田护路结合、防护与用材结合，以提高综合效益。此外要把现有的 5 条主干防护林带廊发展到 9 条左右，加强防护功能。②恢复营造黄河汉地、渭河北岸带廊状防护林。消减成沙动力——风对沙苑的冲击作用。选用树种为柳树、苦楝、新疆杨和紫穗槐等。③建设农田林网，提供生物生产的环境服务基础。树种以刺槐、杨树及泡桐为主。④红枣是耐干旱、耐瘠薄的喜光树种，适宜于枣粮间作，可形成斑状林地，使沙苑产生防护、经济的双重效益。

沙苑景观生态设计的另一重要内容，是在各种廊、斑状林带和林地中配置固沙草丛、灌丛和耕地。以林草带动畜牧、以畜牧促进农业，形成一个良性循环的系统。并从资源优势出发，发展以农副产品加工为基础的城镇和居住景观。最终形成一个城镇、居住、农田、林地和草灌等空间布局合理、相互关联协调的景观生态系统单元（图 6-15）。

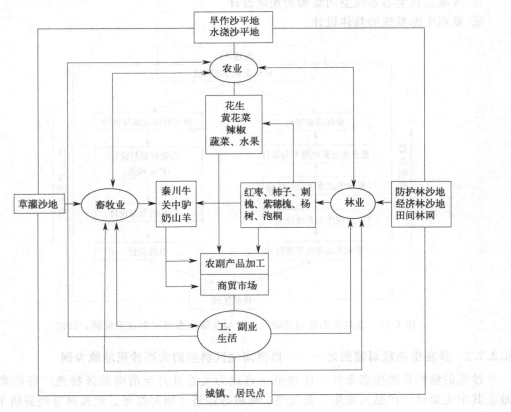

图 6-15 渭南地区大荔县沙苑生态规划设计图（引自王仰麟，1995）

6.2.7.3 景观生态规划案例之二——以北京市生态功能区的分析为例

（1）北京市区的生态功能分区与景观生态规划思路

① 市中心工作、文物、古迹集中分布区 该区位于北京旧城，一环线以内。故宫、天安门、中南海均位于本区。其生态规划的思路是：保护古都风貌，保存历史文物，改善大气环境，减轻对名胜古迹的污染，使大气质量达到国家二级标准；保持河湖水系，更好地发挥首都政治中心的功能。

② 商业、居民混合区 该区位于一环和二环之间，人口密度高，服务用地比例大，土地开发利用过度，商业区和居民区混合，环境质量较差。其生态规划的思路是：改造和拆迁扰民企业，增加绿地；控制和疏散人群，增加集中和联片供热，减轻污染。

③ 以工业（仓库）用地为主的混杂区 该区位于二环和三环之间，以工业用地为主，工业用地与居住用地混杂，大气质量超过三级标准。其生态规划的思路是：调整工业布局和产业结构；发展联片供热；花大力气治理"三废"，建立城市污水处理和垃圾处理设施，严格控制"三废"排放总量，积极开展污染源的治理。

④ 文物、风景旅游区 该区位于北京市区西北部三环以外的地区，是高等院校和科研院所的集中地，分布有著名的园林风景区，也是城市的最大风速风频的上风侧，环境质量尚可。该区生态规划的思路是：发挥科技人才优势，大力发展高新技术产业和信息产业；保护旅游资源；建设成优美科学旅游城。

⑤ 北郊综合新区 该区沿城市南北中轴线向北延伸至四环以外，包括奥林匹克村及其他公共建筑，有较好的绿地系统，环境质量较好，可建成具有办公、文化、体育、会议、展览、游憩等功能的综合新区。

⑥ 城市边缘区 该区地处城市与农村的过渡地带，以农业为主，工业与农业交错分布，因分散集团式规划而形成了 10 个边缘集团，分别是石景山亚区，以钢铁、机械、电力为主；西苑亚区，以风景、游览为主；清河亚区，以毛纺、建材为主；酒仙桥亚区，以电子为主；丰台亚区，以铁路设施为主；定福庄亚区，以机械为主；还有堡头亚区、衙广门口亚区、南门苑亚区、卢沟桥亚区。

城市边缘区的生态问题主要是：土地利用状况严重无序，浪费严重；绿化隔离带严重破坏；基础设施不完善。其生态规划的思路是：a. 扩大集团规模挖潜力，提高土地利用率，大力发展高新技术产业和科技园区。b. 保护和扩大绿化隔离带。c. 寻找其他边缘区扩散方式，缓解城市人口和能源等方面的压力。

（2）北京市郊的生态功能分区与景观生态规划思路

根据区域生态功能的差异，将北京市郊区划分为 6 大生态功能区，每个大区还可进一步划分为不同的生态功能亚区。通过对功能区进行生态分析，简单提出了区域景观生态系统空间结构的规划设计思路。具体内容如下。

① 中山森林生态恢复和保护区 该生态功能区包括 3 个亚区，即京西中山森林生态恢复和保护亚区、延庆和怀柔中部中山林业开发森林生态保护亚区、延庆和怀柔北部自然生态保护亚区。

该区地势高峻，以森林生态系统为主，人类活动较少，环境质量相对较好。百花山、东灵山、海挖山、松山均为本区的自然保护区，今后该区除要设立和加强自然保护管理外，应加强高山林区建设。

② 低山丘陵自然灾害综合整治区 该生态功能区包括 4 个亚区：a. 西山东北部低山林粮、果业生态整治亚区。b. 长城北段重点保护、水土流失重点整治区。c. 吕怀低山丘陵水

土流失重点治理亚区。d. 平谷、密云北部低山丘陵水土流失防治亚区。

该区海拔高度在150~180m之间，人为活动影响较大，部分地区常有暴雨、冰雹、大风等自然灾害。土地类型主要为林、果、粮、牧业用地。

生态治理应结合水土流失治理和植树造林进行，选择林、果、农、牧业综合发展的道路。

③ 低山河谷水土流失、泥石流整治区　该生态功能区包括4个亚区：a. 清水河低山河谷水土流失、泥石流整治亚区。b. 大石河低山河谷水土流失、泥礁整治亚区。c. 拒马河低山河谷水土保持、泥礁保护亚区。d. 白河、汤河低山河谷水土流失防治亚区。

该区自然生态条件较好，农业发达，人口较密，土地利用强度大。但河谷两岸植被破坏、水土流失严重，部分地区常有泥石流发生。此外，乡镇企业的发展还引起局部地段的环境污染。

生态治理对策是：a. 搞好山区绿化和水土保持工作。b. 在燕山、房山可建设以石化、建材为主的工业集中区。

④ 山间盆地农业环境保护区　该生态功能区包括2个亚区，即延庆盆地农业环境保护亚区和燕落盆地农业环境、地面水源重点保护亚区。该区海拔在400m左右，水源条件优越，人口密度大，经济较发达，官厅水库和密云水库分别位于2个亚区之内，生态环境质量较好。

主要的生态问题是：由于森林破坏引起一定程度的水土流失；农药、化肥的施用对环境造成了一定的污染。生态规划与建设的主要任务是两库水源地的保护。

⑤ 山前丘陵台地洪积平原环境资源保护区　该生态功能区包括4个亚区：a. 京西山前风景名胜保护亚区。b. 房山—长辛店山前粮果业生态整治亚区。c. 昌平山前地下水源保护亚区。d. 密云湖白河上游水质重点保护亚区。

本区于山区和平原过渡地带，其中前两个亚区为丘陵台地，以林、果、牧业为主，后两个亚区为山前洪扇冲积平原，以粮、果业为主，地下水资源丰富。其中，京西山前风景名胜保护亚区，旅游资源丰富。房山—长辛店山前粮果业生态整治亚区的土地利用强度大，水土流失较严重，同时该亚区内堆放有大量工业废弃物，造成局部环境污染。

生态规划的重点应加强污染源治理，积极进行植树造林，尽快恢复植被，加强文物保护，在长辛店可建立以机械为主的工业基地，在昌平可建立以服装、食品为主的轻工业基地。

⑥ 平原农业生态环境综合治理保护区　该生态功能区包括3个亚区：a. 冲积平原农、牧业生态环境保护亚区。b. 城郊永定河冲积平原环境污染重点治理亚区。c. 平原农业生态环境综合治理亚区（包括房山大百河、拒马河冲积平原农业环境综合治理小区和大兴、通县低平洼地农业环境重点治理小区以及潮白河冲积平原自然灾害防治小区）。

本区属平原区，靠近北京城区，城镇和居民点密集，交通方便。城市近郊区以菜田和工业为主，远郊地区则以粮果业以及迅速崛起的乡镇工业为主。本区受城镇工业生产、交通以及农药化肥大量施用的影响，环境污染严重，地下水开采过度，地下水质恶化，风沙危害频繁且严重。生态规划的重点是：应加强城市污水治理，减少污染物的排放；新建的乡镇企业在布局上要适当集中，重点企业、乡镇企业要加强规划与管理；节约用水，控制地下水的过量开采；营造防护林减轻风沙危害，调整农业种植结构。

6.2.8　城市生态规划

城市生态规划是生态规划的一种类型，也是城市总体规划的重要组成部分。城市是区域的中心，是社会经济和环境问题最集中的场所，随着生产的发展和工业的进一步集中，城市迅速发展和扩张，人与环境之间的矛盾愈加突出，许多严峻的环境问题迫使人们设法解决城市无计划发展所带来的后果。因此，城市生态规划便成为当代生态规划的焦点和重心。搞好城市生态规划，对协调城市社会经济发展与生态环境之间的关系，促使城市环境管理向科学化发展，具有重要的现实和战略意义。事实上,国内外的很多生态规划都是以建设生态城市为核心展开的。

(1) 城市生态规划的目的和依据

城市生态规划是指按生态学原理对某地区的社会、经济、技术和资源环境进行全面综合规划。规划应以实现经济、社会、环境效益的统一为目标,通过对城市性质、结构、规模和功能等进行分析和策划,提出以人工化为主体的城市生态系统调控体系和措施,塑造一个舒适、优美、清洁、安全、高效、和谐的城市生态系统。

城市生态规划要目标明确,从实际出发,做到切实可行。应根据生态系统的整体性原理、循环再生原理、区域分异原理、动态发展原理等,按照全局观点、长远观点和反馈观点,既要从当前的生态情况出发,又要考虑到生态系统改变后所产生的各种效应的长远影响进行。

城市生态规划的方法和步骤,与前述生态规划的方法步骤基本一致。城市生态规划时还要依据以下三个方面进行:

① 城市总体规划和经济社会发展规划。

② 本地区的环境状况和改善环境的要求。

③ 经济技术等的现实条件和发展水平。

(2) 城市生态规划的内容——以承德市生态规划为例

根据承德市所处的地理环境、城市特性和生态环境恢复的要求等因素,薛兆瑞等学者对承德市城市生态规划进行了深入研究,认为城市生态规划的内容应包括以下几个方面。

① 承德市生态系统演变规律及其基本特征　从承德市的兴衰和生态环境演替历史的研究入手,解剖城市生态系统的结构特征和功能以及其历史和发展趋势。

② 承德市生态系统的人口生态学研究　从人口是城市生态系统的主体入手,着重研究人口与资源、人口与环境的关系,提出适度人口数量和规模及人口调控对策。

③ 承德市城市生态系统地域分异规律研究　以生态适宜度的分析评价为手段,研究土地开发利用现状,评价土地利用方式,提出生态系统合理的空间布局和调控对策,包括土地利用适宜度的分析评价方法研究,工业的合理化结构、生产力布局及调整方案。

④ 承德市区域环境生态经济区划研究　区域分异规律是生态学的基本原理之一,因此,应以生态学理论为指导,应用模糊聚类法进行生态经济区划研究。该研究包括区划指标体系、区划方法、生态经济类型及区划表征等内容。

⑤ 承德市受损生态系统恢复与重建研究　以承德市生态系统演变为基础,在分析受害生态系统基本状态之后,提出恢复和重建生态系统的技术和生态工程建设规划,重点研究避暑山庄森林生态系统的恢复与保护规划,以及外八庙周围生态环境绿化带的工程设计。

⑥ 承德市污染防治规划研究　污染防治规划是城市环境综合整治的重要组成部分,是区域环境保护工作的重点。防治规划是在揭示环境质量现状和预测发展趋势的基础上,有针对性地选取相应的防治污染措施,使排污程度与环境承载能力相适应,力求环境保护与经济建设同步发展。

⑦ 承德市生态系统整体优化动态仿真模型研究　在城市总体规划、社会经济发展规划、人口发展规划及环境污染控制规划的基础上,应用动态仿真模型,探索承德市生态系统整体优化的途径和控制指标,为城市管理者提供决策依据。

综上所述,承德市城市生态规划的内容可归纳为:承德市的城市生态规划是围绕保护历史文化遗产——避暑山庄和外八庙景区开展的,该规划突出了承德市作为历史文化名城和旅游胜地的城市性质。其规划内容包括了自然生态系统恢复重建的设计和人工生态环境的整治规划,在规划深度上达到生态工程设计的要求。

第7章 生态监测与生态修复研究方法

7.1 生态监测研究

7.1.1 生态监测的概念和特点

7.1.1.1 生态监测的概念及理论依据

（1）概念

生态监测是指利用生命系统各层次（个体水平、种群水平、群落水平、生态系统水平）对自然或人为因素引起的环境变化的反应，来监测环境质量状况及其变化。而生物监测是指利用不同生物物种对环境中的毒物、污染物及其含量有不同的反应和变化来监测环境受污染的程度。因此生态监测包括生物监测，它是比生物监测更复杂、更综合、更广泛的一种监测技术。

（2）理论依据

生命与环境的统一性和协同进化是生态监测的基础。按照进化论的理论，生命的产生是地球上各种物质运动综合作用的结果，从这种意义上说，环境创造了生命。然而，生命一经产生，又在其发展进化过程中不断地改变着环境，就形成了生物与环境间的相互补偿和协同发展的关系，群落的原生演替就是这方面典型的例子。生物与环境间的这种统一性，正是开展生态监测的基础和前提条件。

在一定的环境条件下，各种生物能够很好地生活和生长，生物群落的结构及其内在的各种关系能够保持相对稳定，这正是生命适应环境的表现，因此适应是生命存在的普遍法则。但是，生物适应具有一定的相对性。一方面生物为适应环境而发生变异，如生长在高山上的树木出现矮化的现象，就是对高海拔风大的适应而产生的一种变异。另一方面生物的适应能力不是无限的，而是有一个适应范围（生态幅），超出这个范围，生物就表现出不同程度的损伤特征，如我们前面介绍的生物受到各种污染后，污染物能够被生物吸收、富集并沿食物链在生态系统中传递和放大，使这些物质超过生物所能承受的范围，对生物和整个群落造成影响或损伤，并通过各种形式表现出来，人们可以以此为依据来分析和判断各种污染物在环境中的行为和危害。某地域的生态环境发生变化超过一定限度，生态系统或生物群落的结构特征就会发生变化，如多样性、物种的丰富度、均匀度以及优势度等都可能发生一定变化。正是生物适应的相对性才使生物及生物群落发生着各种变化，因此，我们可以以此为依据来监测环境的变化情况。

生命的共同特征使生态监测具有可比性。生命的共同特征决定了生物对同一环境因素变化的忍受能力有一定的范围，即不同地区的同种生物抵抗某种环境压力或对某一生态要素的需求基本相同，因此，生物监测的结果是可比的。各类生态系统虽然有较大差异，但各生态系统的基本组成成分是相同的，可采用相应的结构和功能指标，对不同生态系统的环境质量或人为干扰效应的生态监测结果进行对比，如系统结构是否缺损、生产力、能量转化率等都可作为比较指标。

7.1.1.2　生态监测的特点

生态监测之所以在现代环境监测中占有重要地位，因为它具有许多化学和物理监测不可替代的优点。

（1）具有较高的灵敏度

有些生物对某种污染物的反应很敏感，它们与较低浓度的污染物质接触一定时期后便会出现不同的受害症状。例如，二氧化硫的质量分数达到 $3×10^{-7}$ 时，敏感的植物几小时就出现症状，而二氧化硫质量分数达到 $1×10^{-6}~5×10^{-6}$ 时，人能闻到气味，达到 $1×10^{-5}~2×10^{-5}$ 时，人会受刺激而流泪、咳嗽。又如，在质量分数为 $1×10^{-8}$ 的氟化氢下，唐菖蒲 20 小时内就出现反应症状，有的敏感植物能监测到十亿分之一浓度的氟化物污染，而现在许多仪器也未达到这样的灵敏度水平。

（2）能连续对环境进行监测

生态监测是利用生命系统的变化来"指示"环境质量，而生命系统各层次都有其特定的生命周期，这就使得监测结果能反映出某地区受污染或生态破坏后累积结果的历史状况。例如，大气污染的监测植物，如同不下岗的"哨兵"，可以春、夏、秋、冬，日复一日、年复一年真实地记录着污染物危害的全过程及污染物的积累量。利用理化监测方法可快速而精确测得某空间内许多环境因素的瞬时变化值，但却不能以此来确定这种环境质量对长期生活于这空间内的生命系统影响的真实情况。

（3）同种生物能监测多种干扰

生态监测能通过指示生物的不同反应症状，分别监测多种干扰效应。例如，植物受二氧化硫和氟化物的危害后，叶子常表现出不同的受害症状，根据受害症状可以初步判断大气中的污染物的种类；在污染的水体中，通过对鱼类种群的分析就可获得某污染物在鱼体内的生物积累速度以及沿食物链产生的生物学放大情况等许多信息。而理化监测仪器的专一性很强，测定氟化氢的仪器不能监测二氧化硫，测定二氧化硫的仪器也不能监测臭氧。环境问题是相当复杂的，某一生态效应常是几种因素综合作用的结果。如在受污染的水体中，通常是多种污染物并存，而每种污染物并非都是各自单独起作用，各类污染物之间也不都是简单的加减关系，理化监测仪器常常反映不出这种复杂的关系，而生态监测却具有这种特征。

（4）能监视生态系统的变化

生态监测能真实和全面地反映外界干扰的生态效应所引起的环境变化。许多外界干扰对生态系统的影响都因系统的功能整体性而产生连锁反应。如大气污染可影响植物的初级生产力，采用理化的方法可对此予以定量分析。然而，初级生产力变化使系统内一系列生态关系的改变才是大气污染影响的全部效应，也是干扰后该系统的真实的环境质量状况。只有通过生态监测才能对宏观系统的复杂变化予以客观的反映。

生态监测具有许多化学监测和物理监测不可替代的优点，但在理论和方法上还存在一些缺陷。利用生态监测，要精确地确定污染物质的种类和含量是困难的，因为生物表现的症状往往是多因素综合作用的结果，有时不同污染物引起的症状相似，有时多种污染物同时发生作用，有时因其他因素的干扰可能引起相似症状（如二氧化硫对植物的伤害往往与霜冻或无机盐缺乏的症状也很相似）。另外，同种生物在不同的发育时期对外界干扰的反应的敏感性也不一样，一般幼龄和老龄植物抗性较弱，营养生长期抗性较强，生殖生长期抗性最弱。尽管生态监测还存在着一定的局限性，但因生态监测能对环境中的多种污染因子进行长期的、有效的、综合的连续监测，并且取材容易、监测方法简单、费用低，因此，生态监测在环境监测中的地位和作用仍然是非常重要的。

7.1.2 生态监测方法

7.1.2.1 指示生物法

指示生物法是利用指示生物来监测环境状况的方法。而指示生物是指对环境中某些物质包括污染物的作用或环境条件的改变能较敏感和快速地产生明显反应的生物。植物、动物和微生物都可以作为指示生物。目前主要用植物作为大气污染指示生物，因为植物能长期生长于某一固定地点，能对大气短期污染做出急性反应，对长期污染做出累积反应，而微生物和动物则主要用于水体污染的监测中。

并不是所有的生物都可以作为环境监测的指示生物，优良的指示生物具备下列条件：①对干扰污染物有较强的敏感性。②受害症状明显，干扰症状少。③监测大气污染的植物生长期要长，能不断地抽生新枝，并且繁殖和栽培管理容易。④具有代表性，最好是群落中的优势种，并且对干扰作用的反应个体间的差异小（最好是无性繁殖个体）。⑤具多种功能性，如监测城市大气污染选择的植物，除了具有监测功能，还应具有较高的观赏价值。在实践中植物监测大气污染的方法最常用、最成熟，这里我们主要来介绍大气污染的指示植物法。前面我们曾介绍过大气污染对植物的形态、生理、生长发育等各个方面都会产生影响，因此植物可以从多方面来指示大气污染。

（1）症状指示法

这种方法是通过肉眼或其他宏观方式观察受害生物的形态变化来指示环境污染。因为气体污染物多数是从叶片的气孔进入植物体内，植物首先受害的往往是叶片，受不同气体的危害，叶片所表现出的受害症状也不同（表7-1，图7-1），因此可以通过这些症状来初步判断危害气体的种类和浓度。当然有时高浓度的危害会使花、果实、枝条等呈现伤害症状。

表 7-1　不同污染物质对植物的伤害及阈值

污染物	症状	受影响的叶部位	受影响的叶组织	伤害域值		
				cm^3/m^3	$\mu g/m^3$	h
臭氧（O_3）	叶片上出现各种密集斑点、漂白斑、生长受抑制、过早落叶	先是老叶，后是幼叶	栅栏组织	0.03	70	4
过氧乙酰基硝酸酯（PAN）	叶背面光泽化、银白化、褐色化	幼叶	海绵组织	0.01	250	6
二氧化氮（NO_2）	叶缘部和叶脉间呈不规则的白色或褐色的斑块	中叶	叶肉细胞	2.5	4700	4
二氧化硫（SO_2）	叶脉间和叶缘部漂白化、褪绿、生长受抑制、早期落叶、产量减少	中叶	叶肉组织	0.3	800	24
氟化氢（HF）	叶尖与叶缘烧焦、褪绿、落叶减产	成熟叶	表皮和叶肉	0.0001	0.2	120
氯（Cl_2）	叶脉间、叶尖漂白化、落叶	成熟叶	表皮和叶肉	0.1	300	2
乙烯（C_2H_4）	花萼干枯、畸形叶、器官脱落、开花不良	无，对花的影响较大	全部	0.05	60	6

在有害气体污染区有些植物不表现出受害症状而能正常生长，而另一些植物却受害特别严重，说明各类植物对污染物的抵抗能力不同。植物对大气污染物的抗性通常可分三级，标准如下。

① 抗性强　这类植物能较正常地生活在一定浓度的有害气体环境中，基本不受伤害或受害轻微，慢性受害症状不明显；在遭受高浓度有害气体袭击后，叶片受害轻或受害后生长恢复较快，能迅速萌发出新枝叶。

② **抗性中等** 这类植物能较长时间生活在一定浓度的有害气体环境中。在遭受高浓度有害气体袭击后，生长恢复慢，植株表现出慢性中毒症状，如节间缩短、小枝丛生、叶形缩小以及生长量下降等。

③ **抗性弱（敏感）** 这类植物不能长时间生活在一定浓度的有害气体污染的环境中，否则，植物的生长点将干枯，全株叶片受害普遍，症状明显，大部分受害叶片迅速脱落、生长势衰弱，植物受害后生长难以恢复。

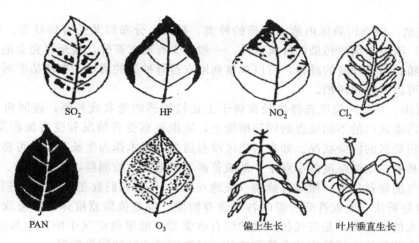

图7-1 不同有害气体对植物伤害典型症状示意图

当观察到敏感植物受害时，表明大气已受到污染；当抗性中等植物出现症状时，预示着污染已比较严重；当抗性强植物受害，敏感植物基本上消失时，说明污染已相当严重。不同植物对不同污染物抗性表现不一致，如唐菖蒲、玉簪对二氧化硫抗性强，对氟化物抗性却很弱；悬铃木对二氧化硫很敏感，对氨气和臭氧抗性很强；而白蜡对大部分大气污染物抗性都较强。因此，在一定范围内选择多种指示植物，建立起监测网，能同时监测多种气体污染物。

症状指示法的具体操作方法有两种：一种为实地调查法，以调查区内现有植物为观察对象，根据不同植物出现的症状，来评价环境质量和区划污染范围；另一种是通过现场栽培监测，可以采用盆栽或人工实地栽培，对用于监测的指示植物进行定期观察、记录，通过对结果的分析，判断有害气体的种类、浓度和范围。

（2）**生理生化指标法**

生物常在未出现可见症状之前就已有了生理生化方面的明显改变，因此，生理生化指标法比症状指示法更敏感和迅速，如大气污染对植物光合作用有明显影响，在尚未发现可见症状的情况下，光合作用强度就已减弱，通过测定光合作用强度就可推测污染程度。植物呼吸作用强度、气孔开放度、细胞膜的透性等都可作为监测指标。但多数生化指标只能用来评价环境的污染程度，而无法确定污染物的种类。

（3）**植物体内污染物含量分析法**

叶片对重金属、二氧化硫、氟化物、氯等污染物有一定的富集能力，而且叶片内污染物的含量与大气中污染物的含量有一定的相关性。在污染区内可选择吸收能力强且分布广泛的一种或几种监测植物，分析叶片内污染物种类和含量来判断污染情况。树皮一年四季都接触大气，也能吸收积累大气污染物，且在植物休眠期仍可进行，不受季节限制，如分析公路两旁树木的树皮铅含量，可了解交通车辆铅的污染情况；测定树皮中的氟含量，可了解大气中的氟污染情况。通过乔木年轮组成成分分析，可反映该地区环境污染的历史。美国科学家曾用中子轰击古树年轮取得样品，经测定发现汞、铁和铅的含量与该地区工业发展史有关，另外通过观察年轮的宽窄、色泽等，还可以定性了解相应年度大气污染水平。

（4）地衣苔藓指示法

地衣苔藓对环境因子的变化非常敏感，常被用来作为大气污染的指示植物，目前常用的方法有三种。

① 调查法　调查污染区内地衣苔藓的种类、数量、分布以及受害症状等。在大气污染严重的地带，除极个别耐污染的种属以外，一般很少有地衣苔藓，甚至有完全绝迹的"地衣沙漠"带，随着污染程度的减轻，可以观察到地衣苔藓种属的增加；在清洁非污染区，地衣生长良好，可以一直到树梢。

② 移植法　在非污染区选择生长在树干上比较敏感的地衣或苔藓，连同树皮一起取下来，移植到污染区内的不同地点的同种植物上，定期观察受害情况和受害面积及死亡状况，从而估测该污染区的污染状况。如在污染区没有适当的树木作为生长基质，可将苔藓或地衣人工栽植在具有一定温湿度的小室中，做成苔藓（或地衣）检测器，或将苔藓、地衣放在一定面积的透气的塑料袋内，做成苔藓袋（或地衣袋），可将它们放在任何地点进行检测。

③ 含量分析法　地衣苔藓所需的各种营养物质，都是依靠原植体直接吸取的，并且地衣苔藓有巨大的表面比，是空气污染物的综合收集器，能吸收空气中的灰尘和多种污染物，通过测定地衣苔藓体内污染物的含量和成分，可确定该地区的污染状况。

7.1.2.2　群落和生态系统层次的生态监测

这类监测方法是利用群落结构的信息或生态系统的生产力来判断人为干扰或污染对生态环境的破坏程度。群落和生态系统层次的生态监测方法多用于水域监测上。

7.1.2.2.1　生物指数法

生物指数法是以群落中优势种为重点，对群落结构进行研究，利用数学公式反映群落种类组成上的变化，以说明环境的污染状况。主要方法有：

（1）培克法

培克法是培克于 1955 年提出的。在水污染监测中，根据大型底栖无脊椎动物对污染的敏感性和耐性将其分为两类（Ⅰ类是不耐有机污染的种类，Ⅱ类是能耐中等污染但非完全缺氧条件下的种类）。并在规定的河段和相同的面积内，采集底栖动物，对两类底栖动物的种数分别进行统计，按下列公式计算生物指数。

$$BI = 2n_{\mathrm{I}} + n_{\mathrm{II}}$$

式中，BI 为培克生物指数；n_{I} 为Ⅰ类不耐有机污染类的种数；n_{II} 为Ⅱ类能耐中等污染但非完全缺氧条件下类的种数

指数范围在 0～40 之间，生物指数值越大，水质越好；反之水体污染越严重。指数值与水质的关系为：BI＞10，水体清洁；1≤BI≤10，水体中等污染；BI＝0，水体严重污染。

（2）蚯蚓类与全部底栖动物相比的生物指数。

蚯蚓类是身体细长、具有体节的一类底栖无脊椎动物，主要生活在有机质丰富的淤泥中，该指数用蚯蚓类与全部底栖动物个体数量的比例作为生物指数，来反映污染程度。

生物指数＝蚯蚓类个体数量/底栖动物个体数量×100％

所得数值越大，污染越严重，指数值与水质的关系为：生物指数＜60％，水质良好；60％≤生物指数≤80％，水质中等污染；生物指数＞80％，水质严重污染。

7.1.2.2.2　生物多样性指数法

利用生物多样性指数，描述受到不利的环境因素影响时，群落中物种及其个体数会发生变化，是个很好的环境监测方法。例如，水体受到污染后，水环境质量下降，水体中生物群落总种数减少，只有那些能忍受污染的物种才会继续生存下来。这样被保留下来的少数物种的个体数可能增加。利用多样性指数描述种类数与各种类个体数之间的关系，以达到监测环境变化的目的。最常用的是辛普生（Simpson）指数和香农（Shannon）指数（H）。

上述生物多样性指数反映了种类和个数两个变量之间的关系，种类越多，H 值越大，水质越好。反之，水质越差。若所有个体属一种者，H 值最小，水体污染严重，水质恶化。H 值与河流污染关系为：H 为 0 时，为无生物，严重污染；H 为 0~1 时，为重污染；H 为 1~2 时，为中度污染；H 为 2~3 时，为轻度污染；H＞3 时，为清洁河川。

7.1.2.2.3　生产力测定法

通常中等强度的外界干扰或污染不会造成某个种的突然消失，而是使生物个体活力下降。因此，常常通过生产力的减少测定，来估计污染程度或环境变化的程度。

7.2　退化生态系统的修复

7.2.1　生态恢复与恢复生态学

7.2.1.1　生态恢复与恢复生态学的定义

生态恢复的定义最重要的一个内容就是恢复的最终对象是什么，即以什么作为恢复的参照物或对比，评价恢复成功的合适标准是什么。Bradshaw 认为，生态恢复是生态学有关理论的一种严格检验，它研究生态系统自身的性质、受损机理及修复过程。Cairns 等将生态恢复的概念定义为：恢复被损害生态系统到接近于它受干扰前的自然状况的管理与操作过程，即重建该系统干扰前的结构与功能及有关的物理、化学和生物学特征。Jordan 认为，使生态系统恢复到先前或历史上（自然或非自然的）的状态即为生态恢复。Egan 认为，生态恢复是重建某区域历史上有的植物和动物群落，而且保持生态系统和人类的传统文化功能的持续性的过程。

按照国际生态恢复学会的详细定义，生态恢复是帮助研究恢复和管理原生生态系统的完整性的过程，这种生态整体包括生物多样性的临界变化范围、生态系统的结构和过程、区域和历史内容以及可持续的社会实践等。生态恢复与重建的难度和所需的时间与生态系统的退化程度、自我恢复能力以及恢复方向密切相关。一般说来，退化程度较轻的和自我恢复能力较强的生态系统比较容易恢复，其所需的时间也较短。生态系统的自我恢复往往较慢，有些极度退化生态系统如流动沙丘没有人为措施自然恢复则几乎不可能。

与生态恢复有关的几个概念。

① 恢复　是指受损状态恢复到未被损害前的完美状态的行为，是完全意义上的恢复，既包括回到起始状态又包括了完美和健康的含义。

② 修复　被定义为把一个事物恢复到先前状态的行为，其含义与恢复相似，但不包括达到完美状态的含义。因为我们在进行恢复工作时，不一定要必须恢复到起始状态的完美程度，所以这个词被广泛用于指所有退化状态的改良工作。

③ 改造　是 1977 年在对美国露天矿区治理和垦复法案进行立法讨论时被定义的，它比完全的生态恢复目标要低，是产生一种稳定的、自我持续的生态系统。被广泛应用于英国和北美地区，结构上和原始状态相似但不一样，它没有回到原始状态的含义，但更强调达到有

用状态。其他科学术语如：挽救、更新、再植、改进、修补等这些概念从不同侧面反映了生态恢复与重建的基本意图。

国际生态恢复学会对恢复生态学定义如下：恢复生态学是研究如何修复由于人类活动引起的原生生态系统生物多样性和动态损害的学科。但这一定义尚未被大多数生态学家所认同。Dobson等认为恢复生态学将继续提供重要的关于表达生态系统组装和生态功能恢复的方式，正像通过分离组装汽车来获得对汽车工程更深的了解一样，恢复生态学强调的是生态系统结构的恢复，其实质就是生态系统功能的恢复。

我国有学者认为，恢复生态学是研究生态系统退化的原因、退化生态系统恢复与重建的技术与方法、生态学过程和机理的学科。还有些学者认为恢复生态学是一种通过整合的方法研究在退化的迹地上如何组建结构和功能与原生生态系统相似的生态系统，并在此过程中如何检验已有的理论或生态假设的生态学分支学科。尽管对恢复生态学的定义多种多样，甚至还存在着一些争议，但总体上是以其功能来命名的。

7.2.1.2 恢复生态学研究的对象和主要内容

（1）恢复生态学的研究对象

恢复生态学的研究对象是那些在自然灾害和人类活动压力条件下受到损害的自然生态系统的恢复与重建问题，涉及自然资源的持续利用、社会经济的持续发展和生态环境、生物多样性的保护等许多研究领域的内容。

（2）恢复生态学的主要研究内容

恢复生态学既是一门应用学科又是一门理论科学，它既具有理论性也具有实践性。根据恢复生态学的定义和生态恢复实践的要求，恢复生态学应加强基础理论和应用技术两大领域的研究工作。

基础理论研究主要包括：①生态系统结构（包括生物空间组成结构、不同地理单元与要素的空间组成结构及营养结构等）、功能（包括生物功能，地理单元与要素的组成结构对生态系统的影响，能流、物流与信息流的循环过程与平衡机制等）以及生态系统内在的生态学过程与相互作用机制。②生态系统的稳定性、多样性、抗逆性、生产力、恢复力与可持续性。③先锋与顶级生态系统发生、发展机理与演替规律。④不同干扰条件下生态系统受损过程及其响应机制。⑤生态系统退化的景观诊断及其评价指标体系。⑥生态系统退化过程的动态监测、模拟、预警及预测。⑦生态系统健康等。

应用技术研究主要包括：①退化生态系统恢复与重建的关键技术体系。②生态系统结构与功能的优化配置及其调控技术。③物种与生物多样性的恢复与维持技术。④生态工程设计与实施技术。⑤环境规划与景观生态规划技术。⑥主要生态系统类型区域退化生态系统恢复与重建的优化模式试验示范与推广。

由此可见，恢复生态学研究的起点是在生态系统层次上，研究的内容十分综合而且主要是由人工设计控制的。因此，加强恢复生态学研究和开展典型退化生态系统恢复，不仅能推动传统生态学（个体生态学、种群生态学和群落生态学等）和现代生态学（景观生态学、保护生态学和生态系统生态学等）的深入和创新，而且能加强和促进边缘和交叉学科（如生物学、地质学、地理学、经济学等）的相互联系渗透和发展。

（3）恢复生态学的研究方法

整合是恢复生态学一个基本的研究方法。整合就是通过设计把系统的主要组分组合起来，检验它们能否像原生生态系统一样发生功能。这种方法是建立在传统的还原论方法和已有的生态学理论基础之上的，是对通过还原论方法获得的研究成果和生态学理论的重新组合和再检验。

英国生态学家 Harper 提出，生态现象的研究和钟表的研究之间存在着一种类似，钟表的修理只需要一系列相关配套的元件和怎样把这一系列的元件组装到一起的知识，而不要了解每一个元件的结构。对于一个生态学家在恢复一个种群或生态系统时，最好的办法是掌握系统知识，所谓的恢复生态学恰恰是这个装配的过程，恢复生态学的运用就是要测试种群或系统的工作机理。

恢复生态学研究的一个十分重要的目的就是为生态系统恢复提供理论指导和技术，因此，在考虑恢复生态学的具体研究方法时，应重视以下问题：

① 许多同恢复相关联的问题都涉及受损生态系统中的物理因子，物理因子可以直接影响恢复中种群的建立和生长。

② 对群落过程和生态系统功能之间的联系等基本问题的研究，对促进生态系统恢复是十分重要的。

③ 一些新的研究手段，如 3S 技术（遥感 RS，地理信息系统 GIS 和全球定位系统 GPS）可对生态系统进行较大空间范围的监测，对生态系统进行资源优化配置、资源管理和有关地理信息的处理和综合。对区域性退化生态系统恢复的研究往往借助于景观生态学的一些研究方法。

④ 生态恢复实践性很强，它将生态工程原理应用于系统功能的恢复，最终达到系统的自我维持。退化生态系统组分单元的重组往往采用生态设计的方法，对退化生态系统的恢复与重建的目标、功能和结构进行优化设计。生态恢复不仅涉及一些生态恢复的工程技术，而且也涉及系统生态学的研究方法。

7.2.2　退化生态系统的修复原则

退化生态系统恢复与重建的原则包括自然法则、社会经济技术原则、美学原则等 3 个方面（图 7-2）。对退化生态系统进行恢复与重建时应充分考虑到区域的自然生态环境、人文环境和社会经济特征。

① 因地制宜是进行生态恢复的一个基本原则。

② 要遵循风险最小原则和效益最大原则。要透彻地研究被恢复对象，经过综合分析、评价、论证，将风险降低到最低限度。同时，还要考虑生态恢复的经济收益和收益周期。

③ 要遵循生态学和系统学的基本原则。既要按生态系统发展的基本规律办事，循序渐进，不能急于求成，同时，恢复与重建要站在生态系统的高度上，确立整体系统的思想。

④ 要考虑到现有的技术、经济情况。要做到技术上适当、经济上可行和社会上接受。

⑤ 在进行生态恢复工作时，还要兼顾美学效果，要使退化生态系统的恢复与重建给人以美的享受。

7.2.3　退化生态系统修复的目标和程序

7.2.3.1　生态恢复的目标

生态恢复工程涉及四个主要内容：①退化生境的恢复。②退化土地生产力的提高。③在被保护的景观内去除干扰加以保护。④对现有生态系统进行合理利用和保护，维持其生态服务功能。

虽然恢复生态学强调对受损生态系统进行恢复，但恢复生态学的首要目标仍是保护现有的自然生态系统；第二个目标是恢复现有的已经退化的生态系统，尤其是与人类关系密切的生态系统；第三个目标是对现有的生态系统进行合理的管理，避免退化；第四个目标是保持

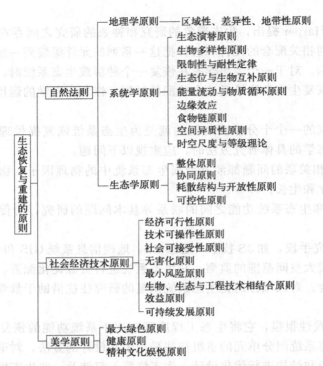

图 7-2　退化生态系统恢复与重建应遵循的基本原则示意图（仿张家恩，1999；任海等，2001）

区域文化的可持续性。其他目标还包括实现景观层次的整合性，保持生物多样性及良好的生态环境。Parker 认为，恢复的长期目标应是生态系统自身可持续性的恢复，但由于这个目标的时间尺度太大，加上生态系统的开放性，可能会导致恢复后的系统状态与原始状态不同。

总之，根据不同的社会、经济、文化与生活需要，人们往往会对不同的退化生态系统制定不同水平的恢复目标，而且生态恢复的具体目标也应随退化生态系统本身的类型和退化程度的不同而有所差异。无论对什么类型的退化生态系统，都应该存在一些基本的恢复目标或要求，主要包括：①实现生态系统的地表基底稳定性。因为基底（地质地貌）是生态系统发育与存在的载体，基质不稳定（如滑坡）就不可能保证生态系统的持续演替和发展。②恢复植被和土壤，保证一定的植被覆盖率和土壤肥力。③增加种类组成和生物多样性。④实现生物群落恢复，提高生态系统的生产力和自我维持能力。⑤减少和控制环境污染。⑥增加视觉和美学享受。

7.2.3.2　生态恢复基本过程与程序

（1）基本过程

退化生态系统恢复的基本过程可以简单地表示为：基本结构组分单元的恢复→组分之间相互关系（生态功能）的恢复（第一生产力、食物网、土壤肥力、自我调控机能包括稳定性和恢复能力等）→整个生态系统的恢复→景观的恢复。

（2）植被恢复

植被恢复是重建任何生物生态群落的第一步。它是以人工手段在短时期内使植被得以恢复。植被自然恢复的过程通常是：适应性物种的进入→土壤肥力的缓慢积累，结构的缓慢改善（或毒性缓慢下降）→新的适应性物种的进入→新的环境条件的变化→群落的进入。

Bradshaw 曾将植被恢复归结为要解决 4 个问题：物理条件、营养条件、土壤的毒性、合适的物种。在进行植被恢复时应参照植被自然恢复的规律。在选择物种时既要考虑植物对土壤条件的适应，也要强调植物对土壤的改良作用，同时，还要充分考虑物种之间的生态关系。

（3）退化生态系统恢复与重建的操作程序

目前，认为恢复中的重要程序包括：确定恢复对象的时空范围；评价样点并鉴定导致生态系统退化的原因及过程（尤其是关键因子）；找出控制和减缓退化的方法；根据生态、社会、经济和文化条件决定恢复与重建的生态系统的结构、功能目标；制定易于测量的成功标准；发展在大尺度情况下完成有关目标的实践技术并推广；恢复实践；与土地规划、管理部门交流有关理论和方法；监测恢复中的关键变量与过程，并根据出现的新情况做出适当的调整。

上述程序可表述为如下操作过程（图 7-3）：①首先应明确被恢复对象，确定退化系统的边界，包括生态系统的层次与级别、时空尺度与规模、结构与功能，然后对生态系统退化进行诊断，对生态系统退化的基本特征、退化原因、过程、类型、程度等进行详细的调查和分析。②结合退化生态系统所在区域的自然系统、社会经济系统和技术力量等特征，确定生态恢复目标，并进行可行性分析。在此基础上，建立优化模型，提出决策和具体的实施方案。③对所获得的优化模型进行试验和模拟，并通过定位观测获得在理论上和实践上都具有可操作性的恢复与重建模式。④对成功的恢复与重建模式进行示范推广，同时进行后续的动态监测、预测和评价。

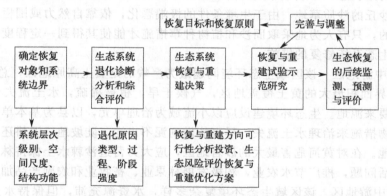

图 7-3　退化生态系统恢复与重建的一般操作程序与内容示意图（仿章家恩，1999）

7.2.4　退化生态系统修复的途径与措施

（1）退化生态系统修复的途径

生态恢复就是恢复生态系统合理的结构、高效的功能和协调的关系。生态系统恢复的目标是把受损的生态系统返回到它先前的、或类似的、或有用的状态。可见，恢复不等于复原，恢复包含着创造与重建的内涵，当然，这种创造和重建都是有原则的。自然因素和人类活动所损伤的生态系统在自然恢复过程中可以重新获得一些生态学性状，若这些干扰能被人类合理地控制，生态系统将发生明显的变化。受损生态系统因人类管理对策的不同可能有下列几个结果（图 7-4）。

① 结构和功能都恢复到它原来的状态。

② 生态系统的结构恢复到原生生态系统中的某一个阶段，恢复原来的某些特性，使其达到对人类有用的状态。

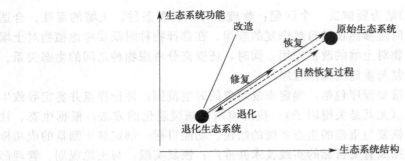

图 7-4 退化生态系统改良的不同选择途径示意图

③ 由于管理技术的使用，形成一种改进的、结构不同于原生系统，但功能却优于原生系统的新的状态。

④ 因适宜条件的不断损失的结果保持受损状态。

受损生态系统的恢复可以遵循两个模式途径：

① 当生态系统受损不超负荷并是可逆的情况下，压力和干扰被去除后，恢复可以在自然过程中发生。如对退化草场进行围栏封育，经过几个生长季后草场的植物种类数量、植被盖度、物种多样性和生产力都能得到较好的恢复。

② 生态系统的受损是超负荷的，并发生不可逆的变化，只依靠自然力已很难或不可能使系统恢复到初始状态，必须依靠人为的一些正干扰措施，才能使其发生逆转。例如，对已经退化为流动沙丘的沙质草地，由于生境条件的极端恶化，依靠自然力或围栏封育是不能使植被得到恢复的，只有人为地采取固沙和植树种草措施才能使其得到一定程度的恢复。

（2）退化生态系统修复的措施

① 黄河上中游地区　该区域生态环境问题最为严峻的是黄土高原地区，总面积约 $6.4 \times 10^5 km^2$，是世界面积最大的黄土覆盖地区，气候干旱，植被稀疏，水土流失十分严重，是黄河泥沙的主要来源地。生态环境建设应以小流域为治理单元，以县为基本单位，综合运用工程措施和生物措施来治理水土流失，尽可能做到泥不出沟。陡坡地应退耕还林还草，恢复森林植被和草地。在对黄河危害最大的砂岩地区，应大力营造沙棘水土保持林。妥善解决农民的生产和生活问题，推广节水农业，积极发展林果业、畜牧业和农副产品加工业。

② 长江上中游地区　该区域生态环境复杂多样，水资源充沛，但保持水土能力差，人均耕地少，且旱地坡耕地多。生态环境建设应以改造坡耕地为主，开展小流域和山系综合治理，恢复和扩大林草植被，控制水土流失，保护天然林资源，停止天然林砍伐，营造水土保持林、水源涵养林和人工草地。有计划地使 25°以上的陡坡耕地退耕还林还草，25°以下的坡地改修梯田。合理开发利用水土资源、草地资源和其他资源，禁止乱砍滥伐和过度利用，坚决控制人为的水土流失。

③ 三北防护林地区　该区域包括东北西部、华北北部和西北大部分地区。这一地区风沙面积大，多为沙漠和戈壁地。生态环境建设应采取综合措施，大力增加沙区林草植被，控制荒漠化扩大。以三北风沙为主干，以大中城市、厂矿、工程项目为重点，因地制宜兴修各种水利设施，推广旱作节水技术，禁止毁林毁草开荒，采取植物固沙、沙障固沙、引水拉沙造田、建立农田保护网、改良风沙农田、改造沙漠滩地、人工垫土、绿肥改土、普及节能技术和开发可再生资源等各种有效措施，减轻风沙危害。因地制宜，积极发展固沙产业。

④ 南方丘陵红壤地区　该区域包括闽、赣、桂、粤、琼、湘、鄂、皖、苏、浙、沪的全部或部分地区，总面积 $1.2 \times 10^6 km^2$，水土流失面积大，红壤占土壤类型的一半以上，广

泛分布在海拔 500m 以下的丘陵岗地，以湘赣红壤盆地最为典型。生态环境建设应采取生物措施和工程措施并举，加大封山育林和退耕还林力度，大力改造坡耕地，恢复林草植被，提高植被覆盖率。山丘顶部通过封山育林治理或人工种植治理，发展水源涵养林、用材林和经济林，减少地表径流，防止土壤侵蚀。林草植被与用材林、薪炭林等分而治之，以便充分发挥林草植被的生态作用。

⑤ 北方土石山区　该区包括京、冀、鲁、豫、晋的部分地区及苏、皖的淮北地区，总面积约 $4.4 \times 10^5 \mathrm{km}^2$，水土流失面积约 $2.1 \times 10^5 \mathrm{km}^2$。生态建设应加快石质山地造林绿化步伐，开展缓坡修整梯田，建设基本农田，发展旱作节水农业，提高单位面积产量，多林种配置开发荒山荒坡，陡坡地退耕还林还草，合理利用沟滩造田。

⑥ 东北黑土漫岗区　该区域包括黑、吉、辽大部分及内蒙古东部地区，总面积近 $1 \times 10^6 \mathrm{km}^2$，这一地区是我国重要的商品粮和木材生产基地。生态环境建设应采取停止天然林砍伐、保护天然草地和湿地资源、完善三江平原和松辽平原农田林网等主要措施，综合治理水土流失，减少缓坡面和耕地冲刷，改善耕作技术，提高农产品单位面积产量。

⑦ 青藏高原冻融区　该区域面积约 $1.76 \times 10^6 \mathrm{km}^2$，其中水力、风力侵蚀面积 $2.2 \times 10^5 \mathrm{km}^2$，冻融面积 $1.04 \times 10^6 \mathrm{km}^2$。绝大部分是海拔 3000 米以上的高寒地带，土壤侵蚀以冻融侵蚀为主。生态建设应以保护现有自然生态系统为主，加强天然草场、长江源头水源涵养林和原始森林的防护，防止不合理开发。

⑧ 草原区　我国草原面积约 $4 \times 10^8 \mathrm{km}^2$，主要分布在蒙、新、青、川、甘、藏等地区。生态建设应保护好现有林草植被，大力开展人工种草和改良草种，配套建设水利设施和草地防护林网，提高草场的载畜能力。禁止草原开荒种地，实行围栏、封育和轮牧，提高畜牧产品加工水平。

7.2.5　生态恢复的时间与评价标准

对于土地管理者和恢复生态学研究者来说，比较关心的一个问题是被干扰的自然生物体（个体、种群甚至生态系统）目前的状态及其与原状的距离，以及恢复到或者接近其原来状态所需要的时间。生态恢复的时间不仅取决于被干扰对象本身的特性，如对干扰的抵抗力和恢复力，也取决于被干扰的尺度和强度。退化生态系统恢复时间的长短与生态系统的类型、退化程度、恢复的方向和人为正干扰的程度等都有密切的关系。一般来说，退化程度较轻的生态系统恢复时间要短些；湿热地带的恢复要快于干冷地带；土壤环境的恢复要比生物群落的恢复时间要长得多；森林的恢复速度要比恢复农田和草地的恢复速度要慢一些。

由于退化生态系统的复杂性及动态性使评价生态恢复成功的标准和指标复杂化，许多学者提出各自不同的评价标准。一般将恢复后的生态系统与未受干扰的生态系统进行比较，其内容包括关键种的多度及表现、重要生态过程的重新建立以及诸如水文过程等非生物特征的恢复等。

有关生态恢复成功与否的指标和标准虽尚未建立，但以下问题在评价生态恢复时应重点考虑：

① 新系统是否稳定，并具有可持续性。

② 系统是否具有较高的生产力。

③ 土壤水分和养分条件是否得到改善。

④ 组分之间相互关系是否协调。

⑤ 所建造的群落是否能够抵抗新种的侵入。因为侵入是系统中光照、水分和养分条件不完全利用的表现。

第8章 风景园林研究应用案例

8.1 案例一 山东地区湿地园林植物生态效能综合评价及分级

8.1.1 研究内容

湿地植物是湿地园林景观营建最核心的要素之一，科学合理地选择应用湿地植物是湿地景观的规划设计和建设中的重点和难点。本案例应用德尔菲专家评价法，遵循了科学性、系统性、可操作性、实用性原则，从生态适应性、抗病虫害能力、景观效果、生态效能、安全特性和经济特性六个方面系统地建立了山东地区常见的湿地园林植物生态功能与生态适应性评价应用的综合指标体系，对山东常见的80种湿地园林植物进行综合评判与分级。

8.1.2 技术路线

见图8-1。

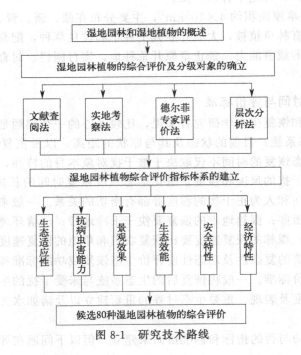

图8-1 研究技术路线

8.1.3 研究方法

8.1.3.1 具体方法

①文献查阅法；②实地考察法；③德尔菲专家评价法；④层次分析法。

8.1.3.2 方法的运用

(1) 湿地园林植物的综合评价及分级对象的初步确定

本研究查阅相关资料，并经实地考察和向相关专家咨询后，确定了80种适合在山东地区湿地园林营建中使用的常见湿地园林植物材料，以这 80 种湿地园林植物作为本次综合评价与分级的对象。

（2）湿地园林植物综合评价指标体系的建立

评价指标体系的建立是湿地园林植物评价和分级的关键。同样，通过文献查阅借鉴前人的相关研究成果和研究经验，同时结合实地考察了解情况，本研究评价指标体系的建立遵循了如下四项原则：

① 科学性原则　指标体系要建立在科学的基础上，要能够充分反映指标体系的内在机制，指标名称规范，含义明确，测算方法标准，统计计算方法规范。

② 系统性原则　是指评价分级指标体系的系统完整性和结构层次性。

③ 可操作性原则　选取的指标要具有可操作性，要考虑指标基础数据获取的难易程度和可靠性。指标并不是越多越好，而是要选择主要的、基本的、有代表性的。

④ 实用性原则　指标体系应反映该研究的主要用途与目的。

本研究从生态适应性、抗病虫害能力、景观效果、生态效能、安全特性和经济特性六个方面出发，选取了相关的指标因子（表 8-1），随后运用德尔菲专家评价法请专家对各因子赋予权重，进行第一轮专家综合评价。

表 8-1　山东地区湿地园林植物评价指标评分表

指标体系项目层		指标体系因子层			备注
项目	项目层权重	因子序号	因子	因子层权重	
生态适应性		X_1	耐水湿		
		X_2	耐暂时干旱		
		X_3	耐寒性		
		X_4	耐盐碱		
		X_5	耐瘠薄		
		X_6	耐水体污染		
		X_7	耐荫性		
		X_8	易粗放管理		
抗病虫害能力		X_9	抗病虫害能力		
景观效果		X_{10}	观赏特性		
		X_{11}	绿期长短		
		X_{12}	冬季观赏效果		
生态效能		X_{13}	净化水体污染物能力		
		X_{14}	减轻水体富营养化能力		
		X_{15}	杀菌能力		
		X_{16}	降温增湿作用		
		X_{17}	吸碳放氧能力		
		X_{18}	减噪作用		
		X_{19}	滞尘能力		
安全特性		X_{20}	幼株易繁殖		
		X_{21}	繁殖易控制		
		X_{22}	无毒无污染		
		X_{23}	对其他生物无危害		
经济特性		X_{24}	经济成本		
		X_{25}	经济产出价值		
专家推荐		X_{26}			
其他指标		X_{27}			
总权重	1.00			1.00	

根据第一轮专家综合评价的结果，权重值小于 0.02 的指标因子予以舍弃，然后根据权

重加权平均法结合层次分析，确定各因子的权重值，建立了湿地园林植物综合评价分级指标体系（图8-2）。

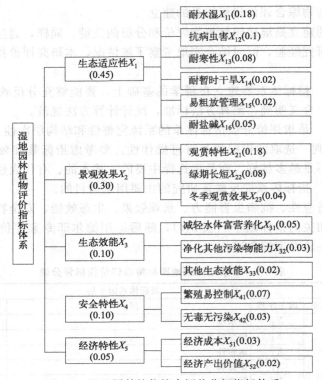

图8-2 湿地园林植物综合评价分级指标体系

（3）湿地园林植物的综合评价及分级

① 根据第一轮专家综合评价建立的湿地园林植物综合评价分级体系，经过第二轮专家综合评价，从上述评价指标体系中确定了湿地园林植物综合评价分级的七个指标及其相对权重：耐水湿 X_1（0.2）、观赏特性 X_2（0.2）、抗病虫害能力 X_3（0.12）、净化水体污染能力 X_4（0.1）、绿期长短 X_5（0.1）、耐寒性 X_6（0.1）、耐盐碱 X_7（0.05）、无毒无污染 X_8（0.05）、繁殖易控制 X_9（0.08）。

② 根据公式 $X_{ij}=X_{ij}/X_j$（max）对原始得分数据标准化（表8-2）；各因子权重向量 $A_j=（X_1、X_2、X_3、X_4、X_5、X_6、X_7、X_8、X_9）=（0.2、0.2、0.12、0.1、0.1、0.1、0.05、0.05、0.08）$；综合指数 Y 由 $Y=X_{ij}\cdot A_j$ 求得。

表8-2 湿地园林植物综合评价分级标准化数据及分级表

序号	中文名	拉丁名	耐水湿 X_1 (0.2)	观赏特性 X_2 (0.2)	抗病虫害能力 X_3 (0.12)	净化水体污染能力 X_4 (0.1)	绿期长短 X_5 (0.1)	耐寒性 X_6 (0.1)	耐盐碱 X_7 (0.05)	无毒无污染 X_8 (0.05)	繁殖易控制 X_9 (0.08)	综合指数 Y	级别
								评价指标因子					
1	菖蒲	*Acorus calamus* L.	3/1	3/1	2/0.67	3/1	1/0.33	3/1	1/0.33	3/1	2/0.67	0.8335	I
2	泽泻	*Alisma plantago-aquatica* L.	3/1	2/0.67	2/0.67	2/0.67	1/0.33	1/0.33	1/0.33	3/1	2/0.67	0.6675	III

序号	中文名	拉丁名	评价指标因子									综合指数 Y	级别
			耐水湿 X_1 (0.2)	观赏特性 X_2 (0.2)	抗病虫害能力 X_3 (0.12)	净化水体污染能力 X_4 (0.1)	绿期长短 X_5 (0.1)	耐寒性 X_6 (0.1)	耐盐碱 X_7 (0.05)	无毒无污染 X_8 (0.05)	繁殖易控制 X_9 (0.08)		
3	紫穗槐	*Amorpha fruticosa* L.	2/0.67	2/0.67	2/0.67	1/0.33	2/0.67	3/1	3/1	3/1	3/1	0.7272	II
4	耧斗菜	*Aquilegia viridiflora* Pall.	2/0.67	2/0.67	3/1	1/0.33	2/0.67	3/1	1/0.33	3/1	3/1	0.7345	II
5	芦竹	*Arundo donax* L.	3/1	3/1	2/0.67	1/0.33	1/0.33	1/0.33	1/0.33	3/1	1/0.33	0.6723	III
6	满江红	*Azolla imbricata*（Roxb.）Nakai	3/1	1/0.33	2/0.67	3/1	1/0.33	1/0.33	1/0.33	1/0.33	1/0.33	0.5048	IV
7	花蔺	*Butomus umbellatus* L.	3/1	1/0.33	2/0.67	1/0.33	2/0.67	3/1	1/0.33	2/0.67	1/0.33	0.6228	III
8	美人蕉	*Canna indica* L.	3/1	3/1	3/1	3/1	3/1	3/1	1/0.33	3/1	2/0.67	0.8401	I
9	蒲苇	*Cortaderia selloana*（Schult. & Schult. f.）Asch. & Graebn.	3/1	2/0.67	2/0.67	1/0.33	1/0.33	2/0.67	1/0.33	3/1	2/0.67	0.7015	II
10	狗牙根	*Cynodon dactylon*（L.）Persoon	2/0.67	2/0.67	1/0.33	2/0.67	1/0.33	2/0.67	3/1	3/1	2/0.67	0.5947	IV
11	伞草	*Cyperus alternifolius*	3/1	2/0.67	2/0.67	3/1	1/0.33	2/0.67	1/0.33	1/0.33	2/0.67	0.6335	III
12	风车草	*Cyperus involucratus* Rottb.	3/1	2/0.67	2/0.67	3/1	1/0.33	2/0.67	1/0.33	3/1	1/0.33	0.7073	II
13	凤眼莲	*Eichhornia crassipes*（Mart.）Solms	3/1	2/0.67	3/1	3/1	1/0.33	2/0.67	1/0.33	1/0.33	1/0.33	0.7134	II
14	杜仲	*Eucommia ulmoides* Oliv.	2/0.67	2/0.67	2/0.67	1/0.33	2/0.67	2/0.67	1/0.33	3/1	3/1	0.6599	IV
15	芡实	*Euryale ferox* Salisb. ex K. D. Koenig & Sims	3/1	3/1	2/0.67	1/0.33	1/0.33	1/0.33	1/0.33	3/1	2/0.67	0.6995	III
16	白蜡	*Fraxinus chinensis* Roxb.	2/0.67	2/0.67	3/1	1/0.33	2/0.67	3/1	3/1	3/1	3/1	0.768	II
17	木槿	*Hibiscus syriacus* L.	2/0.67	2/0.67	2/0.67	1/0.33	2/0.67	3/1	1/0.33	3/1	3/1	0.6949	III
18	黑藻	*Hydrilla verticillata*（L. f.）Royle	3/1	1/0.33	2/0.67	2/0.67	2/0.67	1/0.33	1/0.33	1/0.33	1/0.33	0.5388	IV
19	水鳖	*Hydrocharis dubia*（Blume）Backer	3/1	2/0.67	3/1	3/1	2/0.67	2/0.67	1/0.33	2/0.67	1/0.33	0.7644	II
20	白茅	*Imperata cylindrica*（L.）P. Beauv.	2/0.67	1/0.33	3/1.0	1/0.33	2/0.67	3/1.0	2/0.67	1/0.33	1/0.33	0.5964	IV
21	燕子花	*Iris laevigata* Fisch.	3/1	3/1	2/0.67	2/0.67	2/0.67	3/1	1/0.33	3/1	2/0.67	0.8015	I
22	德国鸢尾	*Iris germanica* L.	3/1	3/1	2/0.67	2/0.67	2/0.67	3/1	1/0.33	3/1	2/0.67	0.8345	I
23	黄菖蒲	*Iris pseudacorus* L.	3/1	3/1	2/0.67	3/1	2/0.67	3/1	3/1	3/1	2/0.67	0.8675	I
24	花菖蒲	*Iris ensata var.* hortensis Makino et Nemoto	3/1	3/1	2/0.67	2/0.67	2/0.67	3/1	1/0.33	3/1	2/0.67	0.8015	I
25	灯心草	*Juncus effusus* L.	3/1	1/0.33	3/1	3/1	2/0.67	3/1	1/0.33	3/1	1/0.33	0.7459	II
26	浮萍	*Lemna minor* L.	3/1	1/0.33	2/0.67	3/1	1/0.33	2/0.67	1/0.33	3/1	1/0.33	0.6058	III
27	黑麦草	*Lolium perenne* L.	2/0.67	2/0.67	1/0.33	3/1	1/0.33	2/0.67	1/0.33	3/1	2/0.67	0.6277	III

序号	中文名	拉丁名	评价指标因子									综合指数 Y	级别
			耐水湿 X_1 (0.2)	观赏特性 X_2 (0.2)	抗病虫害能力 X_3 (0.12)	净化水体污染能力 X_4 (0.1)	绿期长短 X_5 (0.1)	耐寒性 X_6 (0.1)	耐盐碱 X_7 (0.05)	无毒无污染 X_8 (0.05)	繁殖易控制 X_9 (0.08)		
28	千屈菜	*Lythrum salicaria* L.	3/1	3/1	2/0.67	1/0.33	3/1	3/1	2/0.67	3/1	1/0.33	0.8233	I
29	苦楝	*Melia azedarach* L.	2/0.67	3/1	2/0.67	1/0.33	2/0.67	3/1	3/1	3/1	3/1	0.7944	II
30	薄荷	*Mentha canadensis* L.	3/1	1/0.33	3/1	1/0.33	3/1	3/1	2/0.67	2/0.67	1/0.33	0.7142	II
31	水杉	*Metasequoia glyptostroboides* Hu & W. C. Cheng	3/1	3/1	2/0.67	1/0.33	2/0.67	3/1	1/0.33	3/1	3/1	0.8269	I
32	雨久花	*Pontederia korsakowii* (Regel & Maack) M. Pell. & C. N. Horn	3/1	1/0.33	2/0.67	1/0.33	2/0.67	2/0.67	1/0.33	3/1	1/0.33	0.6063	III
33	鸭舌草	*Pontederia vaginalis* Burm. f.	3/1	1/0.33	2/0.67	1/0.33	2/0.67	2/0.67	1/0.33	2/0.67	1/0.33	0.5898	IV
34	狐尾藻	*Myriophyllum verticillatum* L.	3/1	1/0.33	2/0.67	1/0.33	1/0.33	1/0.33	1/0.33	2/0.67	1/0.33	0.5218	IV
35	荷花	*Nelumbo nucifera* Gaertn.	3/1	3/1	3/1	1/0.33	2/0.67	3/1	1/0.33	3/1	2/0.67	0.8401	I
36	萍蓬草	*Nuphar pumila* (Timm) DC.	3/1	1/0.33	2/0.67	3/1	2/0.67	2/0.67	1/0.33	3/1	1/0.33	0.6733	III
37	睡莲	*Nymphaea tetragona* Georgi	3/1	3/1	3/1	1/0.33	2/0.67	3/1	1/0.33	3/1	2/0.67	0.8071	I
38	荇菜	*Nymphoides peltata* (S. G. Gmel.) Kuntze	3/1	2/0.67	2/0.67	1/0.33	1/0.33	3/1	1/0.33	2/0.67	1/0.33	0.6548	IV
39	水芹	*Oenanthe javanica* (Blume) DC.	3/1	1/0.33	3/1	1/0.33	1/0.33	3/1	1/0.33	1/0.33	1/0.33	0.6114	III
40	水稻	*Oryza sativa* L.	3/1	2/0.67	1/0.33	3/1	1/0.33	2/0.67	1/0.33	3/1	2/0.67	0.7741	II
41	水车前	*Ottelia alismoides* (L.) Pers.	3/1	1/0.33	2/0.67	1/0.33	1/0.33	1/0.33	1/0.33	1/0.33	1/0.33	0.5723	IV
42	芦苇	*Phragmites australis* (Cav.) Trin. ex Steud.	3/1	3/1	3/1	3/1	3/1	3/1	1/0.33	3/1	2/0.67	0.9335	I
43	半夏	*Pinellia ternata* (Thunb.) Ten. ex Breitenb.	2/0.67	1/0.33	2/0.67	1/0.33	2/0.67	1/0.33	1/0.33	2/0.67	2/0.67	0.5170	IV
44	湿地松	*Pinus elliottii* Engelm.	3/1	3/1	2/0.67	1/0.33	3/1	1/0.33	2/0.67	3/1	3/1	0.7649	II
45	大漂	*Pistia stratiotes* L.	3/1	1/0.33	2/0.67	2/0.67	1/0.33	1/0.33	1/0.33	2/0.67	1/0.33	0.5558	IV
46	侧柏	*Platycladus orientalis* (L.) Franco	3/1	2/0.67	2/0.67	1/0.33	3/1	3/1	2/0.67	1/0.33	3/1	0.7774	II
47	水蓼	*Persicaria hydropiper* (L.) Spach	3/1	2/0.67	2/0.67	1/0.33	2/0.67	3/1	3/1	3/1	1/0.33	0.7408	II
48	红蓼	*Persicaria orientalis* (L.) Spach	3/1	3/1	2/0.67	1/0.33	2/0.67	3/1	3/1	3/1	1/0.33	0.8068	I

序号	中文名	拉丁名	评价指标因子									综合指数 Y	级别
			耐水湿 X_1 (0.2)	观赏特性 X_2 (0.2)	抗病虫害能力 X_3 (0.12)	净化水体污染能力 X_4 (0.1)	绿期长短 X_5 (0.1)	耐寒性 X_6 (0.1)	耐盐碱 X_7 (0.05)	无毒无污染 X_8 (0.05)	繁殖易控制 X_9 (0.08)		
49	毛白杨	*Populus tomentosa* Carrière	3/1	3/1	1/0.33	1/0.33	3/1	3/1	2/0.67	1/0.33	3/1	0.8026	I
50	小叶杨	*Populus simonii* Carrière	3/1	2/0.67	1/0.33	1/0.33	3/1	3/1	2/0.67	1/0.33	3/1	0.7366	II
51	菹草	*Potamogeton crispus* L.	3/1	1/0.33	2/0.67	1/0.33	1/0.33	1/0.33	1/0.33	1/0.33	1/0.33	0.5048	IV
52	浮叶眼子菜	*Potamogeton natans* L.	3/1	1/0.33	2/0.67	1/0.33	1/0.33	1/0.33	1/0.33	3/1	1/0.33	0.6053	III
53	枫杨	*Pterocarya stenoptera* C. DC.	2/0.67	3/1	2/0.67	1/0.33	2/0.67	3/1	2/0.67	3/1	3/1	0.7779	II
54	毛茛	*Ranunculus japonicus* Thunb.	3/1	1/0.33	1/0.33	1/0.33	1/0.33	1/0.33	1/0.33	2/0.67	2/0.67	0.5490	IV
55	圆柏	*Juniperus chinensis* Roxb.	2/0.67	2/0.67	2/0.67	1/0.33	3/1	3/1	2/0.67	3/1	3/1	0.7449	II
56	浮叶慈姑	*Sagittaria natans* Pall.	3/1	1/0.33	2/0.67	1/0.33	1/0.33	1/0.33	2/0.67	2/0.67	1/0.33	0.5218	IV
57	垂柳	*Salix babylonica* L.	3/1	3/1	2/0.67	1/0.33	3/1	3/1	2/0.67	1/0.33	2/0.67	0.7500	II
58	绦柳	*Salix matsudana* cv. 'Pendula'	3/1	3/1	2/0.67	1/0.33	3/1	3/1	2/0.67	1/0.33	2/0.67	0.8170	I
59	槐叶蘋	*Salvinia natans* (L.)All.	3/1	1/0.33	2/0.67	2/0.67	1/0.33	2/0.67	3/1	3/1	1/0.33	0.5898	IV
60	乌桕	*Triadica sebifera* (L.)Small	2/0.67	3/1	2/0.67	2/0.67	2/0.67	2/0.67	1/0.33	3/1	3/1	0.7279	II
61	藨草	*Schoenoplectus triqueter* (L.)Palla	3/1	1/0.33	2/0.67	1/0.33	2/0.67	2/0.67	2/0.67	3/1	2/0.67	0.6165	III
62	水葱	*Schoenoplectus tabernaemontani* (C. C. Gmel.)Palla	3/1	3/1	2/0.67	1/0.33	1/0.33	3/1	1/0.33	3/1	1/0.33	0.7393	II
63	泽芹	*Sium suave* Walter	3/1	1/0.33	2/0.67	1/0.33	2/0.67	2/0.67	1/0.33	2/0.67	1/0.33	0.5898	IV
64	紫萍	*Spirodela polyrhiza* (L.)Schleid.	3/1	1/0.33	2/0.67	3/1	2/0.67	2/0.67	1/0.33	3/1	1/0.33	0.6398	III
65	毛水苏	*Stachys baicalensis* Fisch. ex Benth. ar. chinensis(Bunge ex Benth.)Kom.	2/0.67	2/0.67	2/0.67	1/0.33	2/0.67	2/0.67	2/0.67	1/0.33	2/0.67	0.6190	III
66	盐地碱蓬	*Suaeda salsa* (L.)Pall.	3/1	1/0.33	3/1	1/0.33	2/0.67	2/0.67	3/1	3/1	1/0.33	0.6802	II
67	柽柳	*Tamarix chinensis* Lour.	3/1	2/0.67	3/1	1/0.33	2/0.67	3/1	3/1	3/1	3/1	0.8340	I
68	落羽杉	*Taxodium distichum* (L.)Rich.	3/1	3/1	2/0.67	1/0.33	3/1	1/0.33	1/0.33	3/1	3/1	0.7929	II

序号	中文名	拉丁名	耐水湿 X_1 (0.2)	观赏特性 X_2 (0.2)	抗病虫害能力 X_3 (0.12)	净化水体污染能力 X_4 (0.1)	绿期长短 X_5 (0.1)	耐寒性 X_6 (0.1)	耐盐碱 X_7 (0.05)	无毒无污染 X_8 (0.05)	繁殖易控制 X_9 (0.08)	综合指数 Y	级别
69	池杉	*Taxodium distichum var. imbricarium* (Nutt.)Croom	3/1	3/1	2/0.67	1/0.33	3/1	1/0.33	1/0.33	3/1	3/1	0.7929	Ⅱ
70	水竹芋	*Thalia dealbata* Fraser	3/1	3/1	2/0.67	1/0.33	1/0.33	1/0.33	1/0.33	3/1	2/0.67	0.6995	Ⅲ
71	菱	*Trapa natans* L.	3/1	1/0.33	2/0.67	3/1	1/0.33	1/0.33	1/0.33	3/1	1/0.33	0.5383	Ⅳ
72	茶菱	*Trapella sinensis* Oliv.	3/1	1/0.33	2/0.67	3/1	2/0.67	2/0.67	1/0.33	3/1	1/0.33	0.5388	Ⅳ
73	荻	*Triarrhena sacchariflora* (Maxim.)Nakai	2/0.67	2/0.67	3/1	1/0.33	3/1	3/1	2/0.67	2/0.67	1/0.33	0.6474	Ⅲ
74	水烛	*Typha angustifolia* L.	3/1	2/0.67	2/0.67	3/1	3/1	2/0.67	2/0.67	3/1	2/0.67	0.7685	Ⅱ
75	香蒲	*Typha orientalis* C. Presl	3/1	3/1	2/0.67	3/1	3/1	3/1	3/1	3/1	2/0.67	0.8675	Ⅰ
76	榆	*Ulmus pumila* L.	2/0.67	3/1	1/0.33	1/0.33	3/1	3/1	2/0.67	3/1	2/0.67	0.6282	Ⅲ
77	苦草	*Vallisneria natans* (Lour.)H. Hara	3/1	1/0.33	2/0.67	3/1	2/0.67	1/0.33	2/0.67	3/1	1/0.33	0.5723	Ⅳ
78	马蹄莲	*Zantedeschia aethiopica* (L.)Spreng.	3/1	3/1	1/0.33	1/0.33	1/0.33	1/0.33	1/0.33	3/1	3/1	0.6851	Ⅲ
79	菰	*Zizania latifolia* (Griseb.) Turcz. ex Stapf	3/1	2/0.67	3/1	2/0.67	1/0.33	3/1	1/0.33	3/1	2/0.67	0.7741	Ⅱ
80	茭白	*Zizania latifolia*	3/1	2/0.67	2/0.67	3/1	2/0.67	2/0.67	1/0.33	3/1	2/0.67	0.8345	Ⅰ

（4）根据综合指数 Y 确定等级。

根据综合评分结果进行评价排序分级，按其综合指数 Y 的高低划分四个等级：级别Ⅰ（0.8000，1.0）；级别Ⅱ（0.7000，0.8000）；级别Ⅲ（0.6000，0.7000）；级别Ⅳ（0.0，0.600）。综合评价分级表见表8-3。

表8-3　80种湿地园林植物综合评价分级表（按权重值大小排序）

级别	植物名称
Ⅰ级（17种）	芦苇、黄菖蒲、香蒲、美人蕉、荷花、德国鸢尾、茭白、柽柳、菖蒲、水杉、千屈菜、绦柳、睡莲、红蓼、毛白杨、燕子花、花菖蒲
Ⅱ级（24种）	苦楝、落羽杉、池杉、枫杨、侧柏、水稻、菰、水烛、白蜡、湿地松、水鳖、垂柳、灯心草、圆柏、水蓼、水葱、小叶杨、耧斗菜、乌桕、紫穗槐、薄荷、凤眼莲、风车草、蒲苇
Ⅲ级（22种）	芡实、水竹芋、木槿、马蹄莲、盐地碱蓬、萍蓬草、芦竹、泽泻、杜仲、荇菜、荻、紫萍、伞草、榆、黑麦草、花蔺、毛水苏、蕙草、水芹、雨久花、浮萍、浮叶眼子菜
Ⅳ级（17种）	白茅、狗牙根、鸭舌草、槐叶萍、泽芹、水车前、苦草、大漂、毛茛、黑藻、茶菱、菱、狐尾藻、浮叶慈姑、半夏、满江红、菹草

8.1.4　研究结论

结果表明：综合效能为Ⅰ级湿地园林植物有17种；Ⅱ级湿地园林植物24种；Ⅲ级湿地园林植物22种；Ⅳ级湿地园林植物17种。

8.2 案例二 污水生态处理人工湿地植物净化功能的研究

8.2.1 研究内容

本案例采取了最接近自然湿地的表面流的人工湿地系统，通过三次重复的随机区组田间实验设计，采用方差分析、多重比较和差异显著性检验的统计分析方法，研究了污水不同停留时间和不同人工湿地植物及其协同作用对生活污水中 COD、TP、NH_4^+-N、DO 和浊度的净化效果。

（1）污水生态处理人工湿地植物净化功能的研究

分析测定部分人工湿地植物（主要为挺水植物）对污水中各种污染物的净化吸收能力，筛选出对污水吸收净化能力强的人工湿地可适性植物种类。

（2）人工湿地植物对污水生态处理的协同作用研究

通过筛选多种类植物并进行优化组合，分析测定部分人工湿地植物组合对污水中各种污染物的净化吸收能力及协同作用，从而筛选出最优湿地植物组合模式和优势种群，供进一步研究和实际工程应用。

8.2.2 技术路线

研究技术路线如图 8-3 所示。

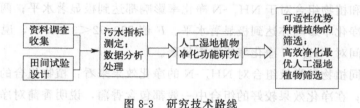

图 8-3 研究技术路线

8.2.3 研究方法

（1）实验设计

实验所用污水具体指标见表 8-4。

实验采用三次重复随机区组田间实验设计，采取表面流人工湿地污水处理方式，将湿地植物设计为 9 种植物组合（表 8-5），无植物作为对照。秋季于植物生长成熟期，将污水通入每个种植池中，设计污水停留时间分别为 1 天、3 天和 5 天。停留相应时间后，上午 8 点开始取样，这个时间水质稳定。每个种植池分别于 3 点采样，抽取水面下 5cm 水样，分别装满三个 600ml 聚氯乙烯瓶，取样后尽快进行水质分析。

（2）测定及分析方法

采样前现场测水质指标：pH 值、溶解氧 DO 及水温 T。其中 pH 值采用 pH501 便携式 pH 计；DO 和 T 采用 HI9145 便携式溶解氧测量仪。另外，COD_{cr}：重铬酸钾法；TP：氯化亚锡还原光度法；NH_4^+-N：纳氏试剂光度法；DO：碘量法；浊度：分光光度法。以上指标的测试方法均按国家环保局编制的《水和废水监测分析方法》进行。

对实验所得数据采用 Origin 软件进行随机区组双因素平衡方差分析，采用 Minitab 软件进行多重比较分析和差异显著性检验。

表 8-4　实验用生活污水各指标

指标	COD	NH$_4^+$-N	TP	DO	浊度
数值/(mg·L^{-1})	302.78	23.75	3.55	1.22	94.9

表 8-5　植物组合方式编号

编号	植物组合方式
Ⅰ	芦苇
Ⅱ	芦竹
Ⅲ	香蒲
Ⅳ	芦苇+香蒲
Ⅴ	芦苇+芦竹
Ⅵ	芦竹+香蒲
Ⅶ	芦竹+香蒲+美人蕉
Ⅷ	芦苇+芦竹+美人蕉
Ⅸ	芦苇+香蒲+美人蕉
Ⅹ	对照(无植物)

8.2.4　结果与分析

（1）人工湿地对 NH$_4^+$-N 的净化效果

实验测得不同植物组合、不同停留时间下对 NH$_4^+$-N 的净化效果，见表 8-6。将植物组合和停留时间看作两个因素，对 NH$_4^+$-N 净化率进行双因子方差分析，见表 8-7。从表 8-7 看出，停留时间和植物组合对于 NH$_4^+$-N 净化率影响都达到极显著水平；两个因素之间的交互作用 NH$_4^+$-N 净化率影响亦达到极显著水平。F 值 730.92<3241.61，说明两种因素相比较而言，停留时间对 NH$_4^+$-N 净化率影响更显著。

另外，从不同植物种类及组合对 NH$_4^+$-N 的净化效果来看：植物组合的净化能力一般高于单一植物种类；在净化效果较好的组合中一般都包含香蒲，说明香蒲对净化 NH$_4^+$-N 的能力相对较强。

表 8-6　不同植物组合、不同停留时间下对 NH$_4^+$-N 的净化效果

植物种类及组合	NH$_4^+$-N 浓度/(mg·L^{-1})				NH$_4^+$-N 净化率/%		
	1d	3d	5d	进水	1d	3d	5d
Ⅰ	18.22	14.84	11.91	23.75	23.30	37.50	49.87
Ⅱ	14.66	15.16	11.39	23.75	38.27	36.17	52.06
Ⅲ	12.97	11.95	10.67	23.75	45.38	49.68	55.06
Ⅳ	15.02	14.01	9.96	23.75	36.76	41.00	58.05
Ⅴ	18.38	15.23	11.68	23.75	22.60	35.87	50.84
Ⅵ	12.75	10.92	10.23	23.75	46.33	54.01	56.94
Ⅶ	11.26	10.23	9.50	23.75	52.59	56.91	60.01
Ⅷ	14.63	11.51	9.74	23.75	38.39	51.54	58.99
Ⅸ	12.82	11.29	9.72	23.75	46.02	52.45	59.07
Ⅹ	18.78	15.41	12.34	23.75	20.94	35.13	48.03

表 8-7　NH$_4^+$-N 净化率方差分析

来源	自由度	SS(离差平方和)	MS(均方)	F(均方比)
植物组合	9	0.485919	0.053991	730.92**
停留时间	2	0.478896	0.239448	3241.61**
植物组合×停留时间	18	0.10928	0.006071	82.19**
误差	60	0.004432	0.000074	—

来源	自由度	SS（离差平方和）	MS（均方）	F（均方比）
合计	89	1.078527	—	
$S=0.00859459$　$R-S_q$（99.59%）		$R-S_q$（调整）=99.39%	$F_{0.05}(9,60)=2.72$	$F_{0.01}(2,60)=4.98$

注：＊＊表示两两间具有极显著差异。

（2）人工湿地对浊度的净化效果

实验测得不同植物组合、不同停留时间下对浊度的净化效果，见表 8-8。将植物组合和停留时间看作两个因素，对浊度净化率进行双因子方差分析，见表 8-9。从表 8-9 看出，停留时间和植物组合对于浊度净化率影响都达到极显著水平，两个因素之间的交互作用对浊度净化率影响亦达到极显著水平。F 值 3991.24＜7466.80，说明两种因素相比较而言，停留时间对浊度净化率影响更显著。

表 8-8　不同植物组合、不同停留时间下对浊度的净化效果

植物种类及组合	浊度/(mg·L⁻¹)				浊度净化率/%		
	1d	3d	5d	进水	1d	3d	5d
Ⅰ	32.01	31.69	11.56	66.27	66.61	87.82	32.01
Ⅱ	31.53	30.68	13.24	66.77	67.67	86.05	31.53
Ⅲ	24.71	18.29	22.34	73.97	80.73	76.46	24.71
Ⅳ	19.16	30.28	19.90	79.81	68.09	79.03	19.16
Ⅴ	30.89	27.24	15.66	67.45	71.30	83.50	30.89
Ⅵ	27.34	30.18	11.55	71.19	68.20	87.83	27.34
Ⅶ	13.23	9.35	10.18	86.06	90.15	89.28	13.23
Ⅷ	15.14	10.08	13.69	84.05	89.37	85.57	15.14
Ⅸ	14.75	10.37	9.95	84.46	89.08	89.51	14.75
Ⅹ	54.64	48.29	16.77	42.43	49.12	82.33	54.64

表 8-9　浊度净化率方差分析

来源	自由度	SS（离差平方和）	MS（均方）	F（均方比）
植物组合	9	0.658670	0.073186	3991.24＊＊
停留时间	2	0.273831	0.136915	7466.80＊＊
植物组合×停留时间	18	14.9386	0.017587	959.14＊＊
误差	60	0.001100	0.000018	—
合计	89	1.250171	—	—
$S=0.00428212$　$R-S_q$（99.91%）		$R-S_q$（调整）=99.87%	$F_{0.05}(9,60)=2.72$	$F_{0.01}(2,60)=4.98$

注：＊＊表示两两间具有极显著差异。

另外，从不同植物种类及组合对浊度的净化效果来看：植物组合的净化能力一般高于单一植物种类；净化效果较好的组合中一般都包含香蒲，说明香蒲对净化浊度的能力相对较强。

8.2.5　研究结论

（1）停留时间和植物种类与组合对于 COD、TP、NH_4^+-N、DO 和浊度净化率的影响都达到极显著水平，两种因素之间的交互作用对其净化率影响亦达到极显著水平；就两种因素相比较而言，停留时间对 COD、NH_4^+-N、DO 和浊度净化率影响更显著，植物种类与组合对 TP 净化率影响更显著。

（2）不同植物种类及组合对 COD、NH_4^+-N、DO 和浊度的净化效果之间差异都达极显著水平。从综合净化效果来看，芦苇＋香蒲＋美人蕉组合净化 COD 效果最好；芦竹＋香蒲＋美人蕉组合净化 NH_4^+-N 效果最好；芦竹＋香蒲＋美人蕉组合净化 TP 效果最好；芦苇＋

香蒲组合净化 DO 效果最好；芦竹＋香蒲＋美人蕉组合净化浊度效果最好。

（3）从不同植物种类及组合对污水中 COD、NH_4^+-N、TP、DO 和浊度的净化效果来看：净化效果较好的种类中一般都包含香蒲，说明香蒲对各种污染物的净化能力都相对较强；植物组合对 COD、NH_4^+-N、TP 的净化能力一般高于单一植物种类，对 DO 的净化效果未出现明显规律性的变化。

（4）综合净化 COD 效果最好的植物组合即可适性优势种群为"芦苇＋香蒲＋美人蕉"；综合净化 NH_4^+-N、TP、浊度效果最好的植物组合即可适性优势种群皆为"芦竹＋香蒲＋美人蕉"；综合净化 DO 效果最好的植物组合即可适性优势种群皆为"芦竹＋香蒲"

（5）对照中 COD、NH_4^+-N、TP、浊度等含量随着时间的变化逐渐降低，说明了除植物外，湿地系统中的基质、微生物等在污水净化过程中也起着一定的作用。

8.3 案例三 毛白杨受大气 SO_2-Pb 复合污染胁迫的抗性机理机制研究

8.3.1 研究内容

本案例研究选择抗污、吸污能力强的山东地区乡土绿化树种——毛白杨在大气复合污染条件下进行污染区现场取样，对毛白杨叶片的相关生理生化指标细胞内保护酶、活性氧等的变化进行检验、相关性分析、回归分析和主成分分析，探究毛白杨抗、吸大气复合污染能力较强的原因，从细胞水平揭示毛白杨响应大气复合污染的抗性机制。为提高超量积累植物对污染的生态修复功能积累试验参数，为优化培育富集能力强的植物及生态修复技术提供基础理论依据。

（1）毛白杨对大气 SO_2-Pb 复合污染胁迫抗逆生理生化响应研究

叶绿素含量的变化；细胞膜透性变化，主要是丙二醛（MDA）的变化；游离氨基酸、可溶性蛋白和可溶性糖含量的变化；保护酶活性（POD、APX）等的变化。

（2）毛白杨对大气 SO_2-Pb 复合污染胁迫抗逆响应机制

抗逆生理指标 T 检验；抗逆生理指标相关性分析；抗逆生理指标回归分析；抗逆生理指标主成分分析。

8.3.2 技术路线

此案例的研究技术路线见图 8-4。

8.3.3 研究方法

8.3.3.1 生理生化指标及测定方法

（1）叶绿素含量的测定。

① 除去待测毛白杨样品的叶中脉，只取叶脉间的叶片部分。

② 称取 2g 叶片样品置于研钵中，并加入 2～3mL 95％乙醇和少量石英砂，研磨成匀浆，过程中加入 10mL 95％乙醇，待研磨的组织变白时，将研磨液静置 3～5min。

③ 取滤纸放于漏斗中并用 95％的乙醇润湿，将提取液沿玻璃棒倒入漏斗中，滤液滴到 25mL 的棕色容量瓶中，用 95％乙醇清洗研棒和研钵，并将残渣一同倒入漏斗中过滤。

④ 用滴管吸取 95％乙醇冲洗滤纸上的残渣，尽量将全部叶绿体色素冲洗到容量瓶中，当滤液颜色不再显示绿色为止，然后用 95％乙醇定容至 25mL 并摇匀。

⑤ 将容量瓶中的叶绿体色素提取液倒入小烧杯少量，用胶头滴管吸取提取液放入比色皿中，另吸取等量的乙醇于比色皿中为空白对照组，分别在波长 665nm、649nm、470nm

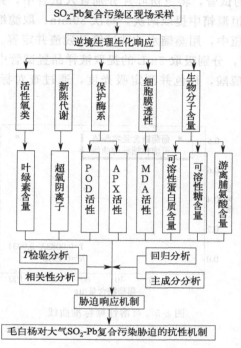

图 8-4　研究技术路线

下测定吸光度。

⑥ 由于叶绿体色素在不同溶液中的吸收光谱有差异，因此，在使用其他溶剂提取色素时，计算公式也有所不同。叶绿素 a、叶绿素 b 在体积分数为 95% 的乙醇中最大吸收峰的波长为 665nm 和 649nm，类胡萝卜素为 470nm，据此列出关系式为：

$$C_a = 13.95A665 - 6.88A649$$
$$C_b = 24.96A649 - 7.32A665$$
$$C_c = (1000A470 - 2.05C_a - 114.8C_b) / 245$$

式中，C_a 为叶绿素 a 的质量浓度，mg/L；C_b 为叶绿素 b 的质量浓度，mg/L；C_c 为类胡萝卜素的质量浓度，mg/L；A 为吸光度。

（2）可溶性糖含量。

① 标准曲线的制定：取 6 支 10mL 试管编号 0~6，按表 8-10 加入溶液和水，分别向试管中加入 1mL 90% 苯酚溶液，摇匀后沿着试管壁以 5~20s 加入 5mL 浓硫酸，摇匀。

② 在室温条件下静置 30min 后显色，以装有蒸馏水的试管为空白对照组，在 485nm 波长处测定吸光度（A）值。可溶性糖标准曲线的制作见表 8-10，以葡萄糖含量为横坐标，吸光度值作纵坐标，绘制标准曲线（见图 8-5）。

表 8-10　可溶性糖标准曲线制作

项目	1	2	3	4	5	6
100μg/mL 葡萄糖溶液体积/mL	0	0.2	0.4	0.6	0.8	1.0
蒸馏水体积/mL	1.0	0.8	0.6	0.4	0.2	0
蒽酮试剂体积/mL	5.0	5.0	5.0	5.0	5.0	5.0
葡萄糖含量/μg	0	20	40	60	80	100

③ 可溶性糖的提取：用蒸馏水清洗叶片并擦干，除去叶中脉并剪碎，称取三份叶片均

为 0.10g，取 3 支 10mL 的试管，将三份叶片分别置入试管中，并加入 10mL 蒸馏水，用塑料薄膜将管口封住，放在恒温箱中提取两次，每次 30min，取滤纸于漏斗中，将提取液通过滤纸过滤到 25mL 的容量瓶中，用蒸馏水冲洗试管及残渣并定容。

④ 测定：取两支试管，分别吸取 2mL 的提取液样品置试管中，同制作标准曲线的步骤一样，先后加入苯酚和浓硫酸，显色并测定吸光度，通过查对标准曲线（图 8-5），得出可溶性糖的含量。

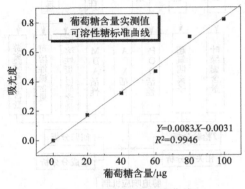

图 8-5 可溶性糖标准曲线

（3）可溶性蛋白含量。

① 用蒸馏水清洗叶片并擦干，除去叶中脉并剪碎，称取 0.5g 鲜叶样品，置于研钵中研磨，过程中用胶头滴管加入 2～5 滴的磷酸缓冲液，研磨至匀浆后，在 3000r/min 的离心机中离心 10min，得上清液备用。

② 可溶性蛋白标准曲线的制作见表 8-11，以蛋白质含量为横坐标，吸光度值作纵坐标，绘制标准曲线见图 8-6。

③ 取两支 10mL 试管，分别吸取 1mL 的样品提取液于试管中，并各自加入 5mL 的考马斯亮蓝试剂，摇匀静置 2min，取 3mL 试管中溶液于比色皿中，在 595nm 条件下测定吸光度，按照标准曲线，可查出该提取液的蛋白质含量。

表 8-11 可溶性蛋白标准曲线制作

项目	1	2	3	4	5	6
标准蛋白质体积/mL	0	0.2	0.4	0.6	0.8	1.0
蒸馏水体积/mL	1.0	0.8	0.6	0.4	0.2	0
考马斯亮蓝试剂体积/mL	5.0	5.0	5.0	5.0	5.0	5.0
蛋白质含量/μg	0	20	40	60	80	100

（4）游离氨基酸含量。

① 用蒸馏水清洗叶片并擦干，除去叶中脉并剪碎，称取 0.5g 鲜叶样品，置于研钵中研磨，过程中用胶头滴管加入 5mL 10％乙酸，研磨匀浆后，用蒸馏水稀释到 100mL。混匀，并用干滤纸过滤到三角瓶中备用。

② 加完试剂后混匀，盖上大小合适的玻璃球，置沸水中加热 15min，取出后用冷水迅速冷却并不断摇动，使加热时形成的红色被空气逐渐氧化而褪去，当呈现蓝紫色时，用 60％乙醇定容至 20mL。混匀后用于 1cm 光程比色皿在 570nm 波长下测定吸光度。以氨基态含氮量为横坐标，吸光度值作纵坐标，绘制标准曲线（图 8-7），游离氨基酸标准曲线的制作见表 8-12。

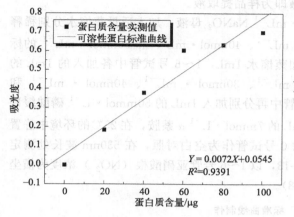
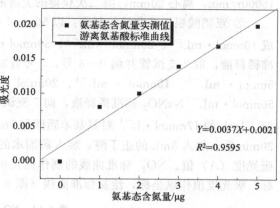

图 8-6　可溶性蛋白标准曲线　　　　图 8-7　游离氨基酸标准曲线

表 8-12　游离氨基酸标准曲线制作

项目	1	2	3	4	5	6
标准氨基酸体积/mL	0	0.2	0.4	0.6	0.8	1.0
无氨蒸馏水体积/mL	2.0	1.8	1.6	1.4	1.2	1.0
水合茚三酮体积/mL	3.0	3.0	3.0	3.0	3.0	3.0
抗坏血酸体积/mL	0.1	0.1	0.1	0.1	0.1	0.1
每管含氮量/μg	0.0	1.0	2.0	3.0	4.0	5.0

③ 取两支 10mL 试管，分别吸取 1mL 的样品提取液于试管中，并各自加入 5mL 的考马斯亮蓝试剂，摇匀静置 2min，取 3mL 试管中溶液于比色皿中，在 595nm 条件下测定吸光度，按照标准曲线，可查出该提取液的氨基酸含量。

（5）过氧化物酶活性（POD）。

① 配置 0.1mol/L 的醋酸缓冲液：8.8mL A＋41.2mL B 得 100mL pH＝5.4 醋酸缓冲液；0.2mmol/L 的醋酸溶液：6mL 冰醋酸溶到 494mL 蒸馏水中；0.2mmol/L 的 NaAc 溶液：13.6g NaAc·$3H_2O$。

② 配置 0.25％愈创木酚溶液：125um 愈创木酚溶于 50mL 50％乙醇中（临用前配制）；0.75％H_2O_2 溶液：1.25mL 30％H_2O_2 定容至 50ml（临用前配制）。

③ 方法：比色杯中依次加入 2mL 0.1mol/L 的醋酸缓冲液，1mL 0.25％愈创木酚溶液，xmL 酶液（5min 值为 500～800 即可），0.1ml 0.75％H_2O_2 溶液迅速混匀，把 A460 调零并开始计时，1 次/30s，连续读取 3min。

（6）抗坏血酸过氧化物酶活性（APX）。

① 用蒸馏水清洗叶片并擦干，除去叶中脉并剪碎，称取 1.0g 鲜叶样品，置于研钵中研磨，过程中用胶头滴管预冷的 50mmol/L K_2HPO_4-KH_2PO_4 缓冲液，研磨至匀浆后，用两层纱布过滤，将滤液在 4000r/min 的离心机中离心 10min，得上清液为酶粗液备用。

② 酶活性测定：取 3mL 反应混合液于试管中，在 20℃的环境下，加入过氧化氢并迅速测定溶液在 10～30s 内 A290 的变化，得出数据后，计算单位时间内 AsA 减少量及酶活性。

（7）超氧阴离子产生速率。

① 提取液制备：用蒸馏水清洗叶片并擦干，除去叶中脉并剪碎，称取 1.0g 鲜叶样品，置于冰浴的研钵中研磨，过程中用胶头滴管加入 2～5 滴的 50mmol·L^{-1} 磷酸缓冲液（pH＝7.8），研磨至匀浆后，4℃在 1000r/min 的离心机中离心 10min，得上清液后，在 4℃下以

15000r/min，离心 20min，第二次获得的上清液即为样品提取液。

②亚硝酸根标准曲线的制作：以 50nmol·mL^{-1} NaNO$_2$ 母液，加入适量蒸馏水分别稀释成 10nmol·mL^{-1}、20nmol·mL^{-1}、30nmol·mL^{-1}、40nmol·mL^{-1} 和 50nmol·mL^{-1} 的标准稀释液，取 7 支试管并编 0～6 号，0 号管加蒸馏水 1mL，1～6 号试管中各加入的 1mL 的 5nmol·mL^{-1}、10nmol·mL^{-1}、20nmol·mL^{-1}、30nmol·mL^{-1}、40nmol·mL^{-1} 和 50nmol·mL^{-1} NaNO$_2$ 标准稀释液，向 7 支试管中再分别加入 1mL 的 50mmol·L^{-1} 磷酸缓冲液、1mL 的 17mmol·L^{-1} 对氨基苯磺酸和 1mL 的 7mmol·L^{-1} α-萘胺，在 25℃的环境中静置 20min 后，加入 3mL 的正丁醇，装入蒸馏水的 0 号试管作为空白对照，在 530nm 波长处测定吸光度（A）值。NO$_2^-$ 标准曲线的制作见表 8-13，以 1～6 号管亚硝酸根（NO$_2^-$）浓度为横坐标，吸光度值作纵坐标，绘制标准曲线（图 8-8）。

表 8-13　NO$_2^-$ 标准曲线制作

项目	1	2	3	4	5	6
标准 NaNO$_2$ 含量/10^{-3} μmol	0	5	10	20	30	40
对氨基苯磺酸体积/mL	1	1	1	1	1	1
α-萘胺体积/mL	1	1	1	1	1	1
正丁醇体积/mL	3	3	3	3	3	3

③ O^{2-} 含量测定：取 10mL 试管 4 支并编号 0～3，向 0 号试管中加入 0.5mL 的蒸馏水作为空白对照组，向 1～3 号试管中分别加入 0.5ml 的样品提取液，然后向四支试管中均加入 1mL 的 1mol·L^{-1} 盐酸羟胺和 0.5ml 的 50mmol·L^{-1} 磷酸缓冲液，摇匀并于 25℃的环境中静置 20min 后显色，在 530nm 波长处测定吸光度（A）值。

（8）丙二醛含量。

① 5%TCA：称取 5g 的 TCA 于烧杯中，加入少量蒸馏水搅拌至全部溶解，将溶液沿着玻璃棒倒入 100mL 的容量瓶中，用蒸馏水清洗烧杯和玻璃棒 2～3 次，清洗液倒入容量瓶中，最后定容至 500mL，溶液备用。

② 0.6%TBA：称取 2.5g 的 TBA 于烧杯中，加入少量 TCA 溶液搅拌至全部溶解，将溶液沿着玻璃棒倒入 500mL 的容量瓶中，用 TCA 清洗烧杯和玻璃棒 2～3 次，清洗液倒入容量瓶中，最后定容至 500mL，溶液备用。5%TCA：5g 用蒸馏水定容至 500mL；0.5% TBA：2.5g 用 TCA 定容至 500mL。

③取 1mL 的粗酶液于 10mL 的试管中，加入 3mL 的 0.5%TBA 和 5%TCA，将其混合摇匀后，在 100℃的恒温水浴中煮沸 15min，并迅速冷却，然后放置在 10000r/min 离心机中离心 10min，取上清液于比色皿中，分别测定上清液在 532nm、600nm 处的吸光度（A）值。

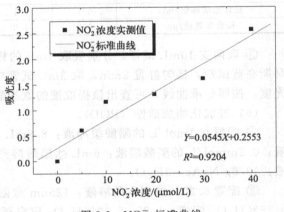

图 8-8　NO$_2^-$ 标准曲线

$Y=0.0545X+0.2553$
$R^2=0.9204$

8.3.3.2　数据处理

利用 OriginPro 7.5 和 SPSS 19 统计分析软件对毛白杨生理生化指标测定的实验数据进行 T 检验、相关性分析、回归分析和主成分分析。

8.3.4 结果与分析

8.3.4.1 相关生理指标的测定

实验测得不同污染地区毛白杨叶片生理生化指标的含量（表 8-14），其中所得数据均为测量平均值。

表 8-14 毛白杨在污染区和非污染区中生理指标的测定值

生理指标	测值	对照
叶绿素含量/(mg/g·FW)	2.6327	3.7372
MDA 含量/(μmol/g·FW)	0.0213	0.0193
可溶性蛋白含量/(mg/g·FW)	2.1197	1.8336
可溶性糖含量/(%·FW)	0.0036	0.0065
超氧阴离子产生速率/(μmol/min·g·FW)	0.0076	0.0069
APX 活性/(u/g·FW)	288.3333	650.7333
POD 活性/(ΔA470/min·g·FW)	0.6185	0.4302
游离氨基酸含量/(μg/100g·FW)	7207.2072	17873.8739

8.3.4.2 毛白杨受大气 SO_2-Pb 复合污染胁迫抗逆生理指标的 T 检验

T 检验即差异的假设检验或称差异显著性检验，在实际工作中应用很广。为比较不同立地条件下植物生长的差异，比较不同环境影响因子对植物生长的影响都可以使用数理统计学中的差异显著性检验的方法。其实质是解决两个或多个总体的同一特征之间是否有显著差异的问题。

（1）叶绿素含量的 T 检验。

叶绿素作为绿色植物的主要光合色素，是植物在光合作用过程中固定生物能源的重要物质。研究发现，植物叶内叶绿素的含量与光合作用的速率紧密相关。植物体内的叶绿素一直处于合成与分解的过程中，叶绿素含量受到很多因素的影响。相关研究表明，叶绿素可以作为评价植物耐逆境胁迫强弱的生理指标。

将污染区和非污染区毛白杨叶绿素含量作为两个随机变量，对其进行检验分析。检验结果表明（表 8-15），毛白杨在污染区和非污染区中叶片中叶绿素含量差异显著（$P<0.05$）。

表 8-15 毛白杨叶绿素含量的 T 检验

条件	方差方程的 Levene 检验		均值方程的 T 检验				
	F	P	t	df	P（双侧）	均值差值	标准误差值
假设方差相等	0.938	0.404	−7.008	3	0.006	−1.105	0.158
假设方差不相等	—	—	−8.357	2.836	0.004	−1.105	0.132

（2）MDA 含量的 T 检验。

自由基在细胞内产生的同时，过多的自由基也在被清除，其含量应该处于动态平衡的状态，但遇到逆境时，自由基数量急剧增加，使细胞内平衡遭到破坏，从而使细胞遭到损伤。自由基首先氧化膜上的不饱和脂肪酸，并产生大量的破坏细胞膜系统，大量在植物各组织中任意窜动，损伤膜结构。

MDA 在体内自由移动，扩散到其他部位，破坏膜结构使膜流动性降低、透性增加以及细胞代谢失调，使其功能受损，导致体内的多种反应无法正常进行，使膜的物质运输、信息传递、代谢调节和选择透性等正常功能受损，严重时导致细胞死亡。MDA 的含量可以表示膜脂过氧化程度以及在逆境环境下植物对其反应的强弱，所以 MDA 含量可以作为膜脂过氧化指标。将污染区和非污染区毛白杨 MDA 含量（表 8-16）作为两个随机变量，对其进行 T

检验分析。T 检验结果表明：P 值 $0.484>0.05$，说明污染区和非污染区毛白杨体内的 MDA 含量差异不显著。

表 8-16　毛白杨 MDA 含量的 T 检验

条件	方差方程的 Levene 检验		均值方程的 T 检验				
	F	P	t	df	P（双侧）	均值差值	标准误差值
假设方差相等	0.742	0.438	0.770	4	0.484	0.002	0.003
假设方差不相等	—	—	0.770	3.670	0.488	0.002	0.003

（3）可溶性糖含量的 T 检验。

可溶性糖可以提高细胞内溶质的浓度，降低外界环境对细胞的损害程度，是植物细胞内重要的渗透调节物质。逆境环境胁迫下，多数植物通过增加植物体内的可溶性糖含量以抵御不良环境，因此，可溶性糖含量亦可作为评价植物抗逆性的指标，将污染区和非污染区毛白杨可溶性糖含量（表 8-17）作为两个随机变量，对其进行 T 检验分析。

表 8-17　毛白杨可溶性糖含量的 T 检验

条件	方差方程的 Levene 检验		均值方程的 T 检验				
	F	P	t	df	P（双侧）	均值差值	标准误差值
假设方差相等	0.339	0.592	−1.106	4	0.331	−0.00298	0.00270
假设方差不相等	—	—	−1.106	3.757	0.334	−0.00298	0.00270

T 检验结果表明：P 值 $0.331>0.05$，毛白杨在污染区和非污染区可溶性糖含量差异不显著。

（4）可溶性蛋白含量的 T 检验。

逆境胁迫下，植物的细胞膜发生膜相变，引起细胞膜上的蛋白某些部位不能处于平衡状态，不能与膜上磷脂融洽地结合，从而处于游离状态，成为游离蛋白质，使可溶性蛋白质含量增加，高水平的可溶性蛋白质含量可以使植物细胞渗透势处于较低水平，降低逆境损伤细胞的程度。由此可知，逆境下植物抗逆性与可溶性蛋白含量密切相关，可溶性蛋白含量衡量植物抗逆性的强弱。将污染区和非污染区毛白杨可溶性蛋白含量（表 8-18）作为两个随机变量，对其进行 T 检验分析。T 检验结果表明：P 值 $0.265>0.05$，毛白杨在污染区和非污染区叶片内可溶性蛋白差异不显著。

表 8-18　毛白杨可溶性蛋白含量的 T 检验

条件	方差方程的 Levene 检验		均值方程的 T 检验				
	F	P	t	df	P（双侧）	均值差值	标准误差值
假设方差相等	5.406	0.081	1.294	4	0.265	0.286	0.221
假设方差不相等	—	—	1.294	2.456	0.304	0.286	0.221

（5）超氧阴离子产生速率的 T 检验。

在植物处于正常生理状况下，细胞内活性氧的产生和清除处于动态平衡，此时活性氧在细胞内的水平很低，对细胞不会造成伤害。超氧阴离子作为植物体内电子的受体，具有活性强和氧化性强的特点，过量的超氧阴离子具有毒性，导致膜脂过氧化，产生一系列的膜脂过氧化产物，破坏膜的完整性，使一些保护酶的活性降低。

当植物受到逆境胁迫时，超氧阴离子的平衡状态被破坏，产生的活性氧不能被及时地清除，导致积累过多，使细胞膜脂发生脱脂化，磷脂游离导致膜结构被破坏。膜系统对机体有很强的保护作用，它的损伤会导致机体的部分生理生化紊乱，另外，部分生物功能分子也遭受活性氧自由基的破坏，从而使植物受到严重损伤，长时间、高强度的逆境胁迫会导致植物死亡。将污染区和非污染区毛白杨超氧阴离子产生速率（表 8-19）作为两个随机变量，对其进行 T 检验分析。

T 检验结果表明（表 8-19）：P 值 $0.453 > 0.05$，污染区和非污染区的毛白杨体内超氧阴离子产生速率差异不显著。

表 8-19　毛白杨超氧阴离子产生速率的 T 检验

条件	方差方程的 Levene 检验		均值方程的 T 检验				
	F	P	t	df	P（双侧）	均值差值	标准误差值
假设方差相等	5.500	0.079	0.831	4	0.453	0.00065	0.00078
假设方差不相等	—	—	0.831	2.350	0.482	0.00065	0.00078

（6）APX 活性的 T 检验。

APX 在植物叶片内主要用于清除体内自由基，催化 H_2O_2 生成 H_2O 和 O_2，由于酶促反应的专一性较强，清除活性氧的种类因酶的种类而异。将污染区和非污染区毛白杨 APX 活性变化（表 8-20）作为两个随机变量，对其进行 T 检验分析。T 检验结果表明：污染物区与非污染区毛白杨体内的 APX 活性差异显著（P 值 < 0.05）。

表 8-20　毛白杨 APX 活性的 T 检验

条件	方差方程的 Levene 检验		均值方程的 T 检验				
	F	P	t	df	P（双侧）	均值差值	标准误差值
假设方差相等	0.542	0.503	-2.813	4	0.048	-362.400	128.845
假设方差不相等			-2.813	3.492	0.056	-362.400	128.845

（7）POD 活性的 T 检验。

植物受逆境胁迫，产生活性氧的同时，在 POD 以及其他酶类的相互作用下，能有效地清除部分活性氧，使体内活性氧数量降低，处于一个机体所能承受水平，不会引起膜脂过氧化以及其他伤害。将污染区和非污染区毛白杨 POD 活性变化（表 8-21）作为两个随机变量，对其进行 T 检验分析。T 检验结果表明：P 值 $0.293 > 0.05$，污染区和非污染区毛白杨叶片体内的 POD 活性差异不显著。

表 8-21　毛白杨 POD 活性的 T 检验

条件	方差方程的 Levene 检验		均值方程的 T 检验				
	F	P	t	df	P（双侧）	均值差值	标准误差值
假设方差相等	1.120	0.350	1.208	4	0.293	0.188	0.156
假设方差不相等	—	—	1.208	3.338	0.306	0.188	0.156

（8）游离氨基酸含量的 T 检验。

游离氨基酸等小分子物质在植物逆境生理的研究中逐渐受到人们的重视，由于其具有表征植物细胞逆境响应的功能，是良好的胁迫应答因子。将污染区和非污染区毛白杨游离氨基酸含量（表 8-22）作为两个随机变量，对其进行 T 检验分析。T 检验结果表明：P 值 $0.037 < 0.05$，说明污染区和非污染区的游离氨基酸含量差异显著。

表 8-22　毛白杨游离氨基酸含量的 T 检验

条件	方差方程的 Levene 检验		均值方程的 T 检验				
	F	P	t	df	P（双侧）	均值差值	标准误差值
假设方差相等	1.151	0.344	-3.066	4	0.037	-10666.667	3479.344
假设方差不相等			-3.066	3.474	0.045	-10666.667	3479.344

8.3.4.3 毛白杨受大气 SO_2-Pb 复合污染胁迫抗逆生理指标相关性分析

相关性分析是对相关的两个或两个以上变量进行分析，以度量变量因素中两元素之间的相关程度。具有相关概率和联系的元素之间是对其进行相关性分析的必要条件。相关性不是个性化，也不是简单的因果关系，所包含的范围几乎囊括了我们所看到的各个方面，在不同领域和学科内的定义也有明显的区别。本研究涉及生理指标的相关性分析见表 8-23。

表 8-23　毛白杨受大气 SO_2-Pb 复合污染胁迫抗逆生理生化指标相关性分析

指标	叶绿素	MDA	蛋白质	可溶性糖	超氧阴离子	APX	POD	氨基酸
叶绿素	1	—	—	—	—	—	—	—
MDA	−0.475	1	—	—	—	—	—	—
蛋白质	−0.124	−0.518	1	—	—	—	—	—
可溶性糖	0.284	−0.854*	0.28	1	—	—	—	—
超氧阴离子	−0.067	−0.393	0.855*	0.245	1	—	—	—
APX	0.603	−0.196	−0.634	0.297	−0.755	1	—	—
POD	−0.341	0.258	0.322	−0.431	0.811*	−0.847*	1	—
氨基酸	0.436	−0.1	−0.53	0.307	−0.105	0.358	0.024	1

注：* 指在 0.05 水平（双侧）上显著相关。

8.3.4.4 毛白杨受大气 SO_2-Pb 复合污染胁迫抗逆生理指标的回归分析

目前回归分析运用比较普遍，它是用来分析两种或两种以上交互作用的变数之间的定量关系的统计方法。回归分析根据变量的数量来进行分类，有一元回归分析和多元回归分析两种类型；根据变量（自变量和因变量）关系进行分类，有线性回归分析和非线性回归分析两种类型。一元线性回归分析是指回归分析中只有单一的自变量和因变量，并且两者的关系图线可用直线来大致展现的回归分析类型。

相关具体结果此处略。

8.3.4.5 毛白杨受大气 SO_2-Pb 复合污染胁迫抗逆生理指标主成分分析

在研究多个变量中，尝试通过将多个原始变量重组形成几个独立的新组合变量，根据实际需要，选取少数几个新组合变量尽最大可能地反映原始变量的信息的统计分析方法称为主成分分析。主成分分析方法具有以下特点：①通过分析，可以客观地确定各个指标的权数比重；②可以将高维变量系统进行恰当的简化与综合；③避免主观随意性，客观性较强。因此该方法已经被各个研究领域所应用。

相关具体结果此处略。

8.3.5 研究结论

① 大气复合污染 SO_2-Pb 胁迫条件下，经检验与对照相比，毛白杨叶绿素含量、活性及游离氨基酸含量差异显著（P 值 <0.05）。

② MDA 含量与可溶性蛋白含量呈显著负相关，蛋白质含量与超氧阴离子产生速率呈显著正相关（P 值 <0.05），POD 活性与活性呈显著负相关，与超氧阴离子产生速率呈显著正相关（P 值 <0.05）。

③ MDA 与可溶性糖回归采用增指数模式，APX 与超氧阴离子、POD 与超氧阴离子、POD 与 APX 回归采用 S 模式时，预测的效果最佳，相关性均达到显著水平。

④ 第一主成分中蛋白质含量和 POD 活性的荷载最高；第二主成分中可溶性糖含量和超氧阴离子荷载最高；第三主成分中游离氨基酸含量荷载最高。

⑤ 针对细胞的直接伤害与间接伤害，毛白杨主要通过激活抗氧化物酶系统（POD、APX），利用生物小分子（可溶性糖、蛋白、游离氨基酸）来修复和稳定受损的细胞质膜系统。

⑥ 通过对毛白杨各生理指标的主成分分析，得到各个生理指标主成分得分（FAC）计算公式，建立了大气 SO_2-Pb 复合污染地区的抗性植物筛选标准。

8.4 案例四 济南城市森林景观生态格局研究

8.4.1 研究内容

城市森林景观生态格局研究不仅是城市森林系统规划与城市生态建设的基础和前提，而且是优化城市空间结构、充分发挥城市森林生态功能以及创建生态宜居环境的重要途径和手段。本案例以 RS 和 GIS 技术为支撑，通过总体景观生态格局定量分析和梯度分析等研究方法，采用景观指数从斑块水平和景观水平两方面，对济南市建成区城市森林景观生态格局进行定量分析，并提出优化对策，进而为生态网络的构建与效用评估提供参考依据。

8.4.2 研究方法

8.4.2.1 城市森林分类

结合以往研究和济南市城市森林建设现状，将在城市范围内对城市环境保护和改善起到直接作用的空间范围内，达到一定面积（$>0.2hm^2$）和郁闭度（>0.2），以乔木为主体，包含周围所有植物的植物群落定义为城市森林。城市森林与城市密切相关，是服务城市的森林类型，在结构及功能上均不同于传统意义上的森林，主要表现在具有功能化特征突出、对城市环境问题的抗压能力强、结构单一、生物多样性减少、维护费用较高、梯度变化明显等特点。参照何兴元等对城市森林的分类方式，将济南市建成区城市森林分为道路林、生态公益林、附属林、生产经营林、风景游憩林 5 种类型（图 8-9）。

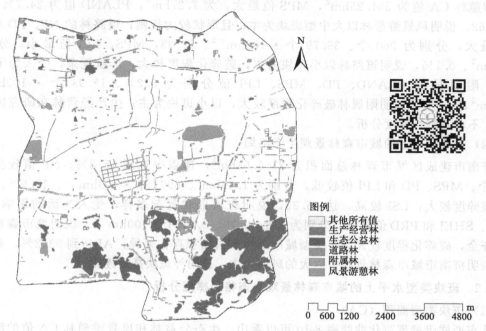

图 8-9 研究区城市森林分类示意图

8.4.2.2　数据来源及处理

使用 Erdas 软件对 2016 年济南市建成区 SPOT 高分辨率遥感影像进行处理，提取城市森林相关信息。基于栅格运算的区域生态安全评价的最大优势是评价值可落实到空间任一点（栅格）上，易于找出研究区域中任一点上的生态安全程度，将栅格数据导入 Fragstats 中进行计算、在 ArcGIS 中将矢量图转化为 5m×5m 的栅格图，计算各景观指数，最终完成济南市城市森林信息的量化。

8.4.2.3　梯度样带的设立

依据济南市城市发展轴线设立东西向（12km）梯度样带，按照济南市城市特色风貌轴设立南北向（13km）梯度样带。采用移动窗口法选取 4m×4m 窗口、1km 为移动步长分别沿东西、南北向两条样带滑动。

8.4.2.4　景观指数的选取及生态学意义

景观指数变化反映景观生态格局结构组成成分及空间配置状况。从 Fragstats 软件中选取斑块类型面积（CA）、斑块密度（PD）、斑块平均面积（MPS）、斑块类型占景观面积百分比（PLAND）、最大斑块指数（LPI）、景观形状指数（LSI）、景观丰富度密度（PRD）、Shannon 均匀度指数（SHEI）、Shannon 多样性指数（SHDI）、聚集度指数（AI）、斑块数指数（NP）11 个景观指数对济南市城市森林景观生态格局进行分析。

8.4.3　结果与分析

8.4.3.1　济南市城市森林总体景观生态格局

（1）斑块类型水平上的城市森林景观生态格局

研究结果标明：生态公益林的 CA、PLAND 和 LPI 值均最大，分别为 1320.51hm^2、56.0%、17.9%，说明生态公益林在研究区城市森林景观中占有优势地位，以大斑块为主；风景游憩林 CA 值为 581.25hm^2，MPS 值最大，为 7.27hm^2，PLAND 值为 24.7%，LSI 值为 862，说明风景游憩林以大中型斑块为主，且形状较为规则；道路林的 NP、PD 和 LSI 值均最大，分别为 960 个、39.79 个·100hm^{-2}、52.93，MPS、LPI 值最小，分别为 0.27hm^2、0.1%，说明道路林以小斑块为主，破碎化程度较大，形状复杂，受人为干扰程度大；附属林的 PLAND、PD、MPS、LPI 值分别为 8.2%、13.93 个·100hm^{-2}、0.54hm^2、0.9%，说明附属林破碎化程度较大，以小斑块为主；生产经营林在研究区仅有一处，不对其进行梯度分析。

（2）景观水平上的城市森林景观生态格局

济南市建成区城市森林总面积为 2356.64hm^2，覆盖率达到 15.8%；NP 值较少，为 1627 个；MPS、PD 和 LPI 值较低，分别为 1.45hm^2、6901 个·100hm^{-2}、17.9%，说明景观破碎度较大；LSI 较高，达 45.32，说明斑块形状复杂多样，受人为活动影响较大；SHDI、SHEI 和 PRD 值较低，分别为 113、0.70、0.21 个·100hm^{-2}，说明城市森林斑块类型齐全，破碎化程度较大，各类型城市森林所占面积存在差异；AI 达到 93.2%，数值较高，表明济南市城市森林景观中以大的斑块为主，且同种斑块高度连接。

8.4.3.2　斑块类型水平上的城市森林景观生态格局梯度分析

（1）斑块类型面积（CA）

从东西样带梯度变化曲线表 8-10 可以看出，生态公益林和风景游憩林 CA 值的波动较大，表现出明显的特征；道路林和附属林 CA 值变化不大，随梯度变化不明显；生态公益林

CA 值自西向东呈阶梯状递增的趋势[图 8-10（a）]，与样带上自西向东有大面积山体分布且逐渐增多相关。风景游憩林 CA 值在中心以西 1km 处向东直线上升，在中心以东 3km 处达最高值，是因该区分布千佛山风景名胜区等较多面积较大的城市公园及风景名胜区。道路林 CA 值的梯度变化不明显，在中心样方达到高峰。该样方内老城区原有的道路绿化水平较高，且道路密度较大。附属林 CA 值在中心以东 3km 的样方内较高，与样方内分布的学校、医院等单位较多且城市森林建设状况良好有关。从南北样带梯度变化曲线可以看出，生态公益林和风景游憩林 CA 值的波动较大[图 8-10（b）]。生态公益林 CA 曲线表现为两头高、中间低，南部样带的 CA 值高于北部，原因在于样方内主要分布多处山体，城市森林面积大，北部样方以小清河、东泺河等滨河绿地为主，面积较小；风景游憩林 CA 值大都较高，中心处达最高值，因该区内分布大明湖公园等大型风景游憩林斑块。道路林和附属林 CA 值变化不大：道路林 CA 值在中心处达最高值，这与样方处于路网密度大、绿化状况良好的城市中心有关；附属林中心以南的 CA 值高于中心以北，中心以南样方主要分布学校、医院等单位绿地。

（2）斑块类型面积占景观面积的百分比（PLAND）

由图 8-10（a）可以看出，在东西样带上，生态公益林 PLAND 值在中心以西 1km 处出现最高值，样方内有金鸡岭、七里山等斑块面积较大的山体；风景游憩林 PLAND 值在中心以西 1km 至中心以东 3km 样方内呈直线上升趋势，在以东 3km 处最高，原因在于样方内分布有千佛山公园等大型风景游憩林斑块；道路林 PLAND 值在中心以西 2km 样方内达最高值，源于该样方内为老城区的中心、道路密度大、道路林保存较好；附属林 PLAND 值变化不明显，中心以西 3km 处达最高值，说明东西样带以西的城市森林建设状况较差。

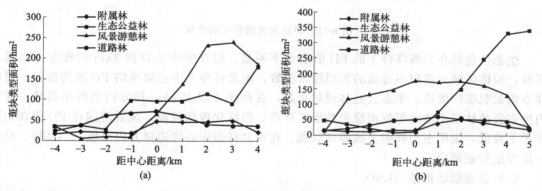

图 8-10　斑块类型面积随梯度的变化

由图 8-10（b）可以看出，在南北样带上，风景游憩林与生态公益林在南北样带上的 PLAND 高、低峰值交相呈现，可以看出两者在南北样带中的重要地位。风景游憩林高峰值主要在中心至中心以西 3km 样方内，因此区集中分布大明湖、趵突泉等大型城市中心公园绿地；生态公益林主要集中在中心以北 4km，主要分布小清河等以滨河绿带为主的样方及南部山区样方内。道路林 PLAND 最高值在中心以北 1km 样方内出现，与样方内城市景观中心道路绿化良好有关；附属林曲线变化不大且较低，说明附属林斑块缺乏。

（3）斑块密度（PD）

由图 8-11、图 8-12 可以看出，两条样带上，道路林的 PD 值最大，远高于其他 3 种城市森林。道路林 PD 值在城市中心区较高，距离中心越远越低，在东西样带上距中心以西 2km 达到最高值，该区为济南市老城区的中心，路网密集，道路林建设较好。

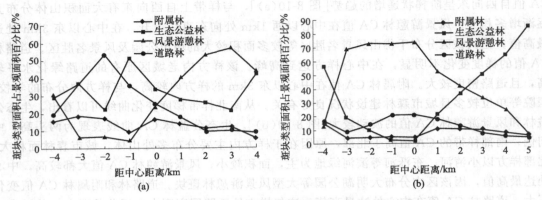

图 8-11　斑块类型面积占景观面积百分比随梯度的变化

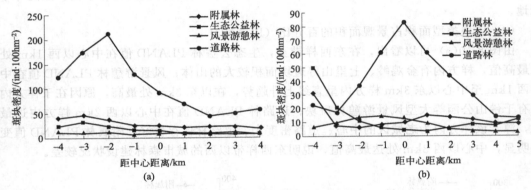

图 8-12　斑块密度随梯度的变化

生态公益林在东西样带上的 PD 值变化不明显，但在距中心以西 3km 的样方内出现小高峰，因该区域兴济河不连续的滨河绿带所致；南北样带上中心以南的 PD 值均较低，说明样方内景观破碎度低、生态公益林现状良好；在距中心以北 4km 样方内出现小高峰，样方内生态公益林以小清河等滨河绿带的形式存在，但绿化现状较差。风景游憩林 PD 值在东西样带上较低，说明东西样带上破碎度较低；在南北样带中心周边样方内出现一小高峰，呈现一定程度的破碎化。

（4）景观形状指数（LSI）

由图 8-13 可以看出，道路林的 LSI 值在两条样带上均较大，尤其在东西样带上维持了较高数值，且随样方的滑动而产生波动，是由于东西样带处在城市发展轴上，受城市化影响大，斑块形状复杂，在中心以西 2km 处达到最大值，是由于此样方位于纬二路至纬十二路之间，人为干扰强烈，路网密度大。生态公益林的 LSI 值在两条样带上都变化较大，主要是由于生态公益林所依附载体的形状及城市森林建设状况所决定的。风景游憩林的 LSI 值变化较小，是由于风景游憩林由人工划定，城市发展影响较小。附属林的 LSI 值在两条样带上的变化曲线基本相同，这与附属林的分布形式（单位绿地）有关，单位绿地的建筑布局及人为规划等影响较大，导致林地形状复杂多样且不规则。

8.4.3.3　景观水平上的城市森林景观生态格局梯度分析

（1）斑块密度（PD）

景观水平上的梯度分析如图 8-14 所示。

由图 8-13 可以看出，在此测度水平上，FD 在东部和西地变化比，中心区以西 2km 处出现最大值，表明中心城区边缘景观破碎化较重。因此，城市内建成区在此处率并与山分部的连接林；随距离增加城市内部景观破碎化严重，所以区域内分部的值相对较低，反映城市景观受人为干扰严重；边缘区景观破碎化程度较低，所以南北样带的 FD 值变化小，表明南北样带在此测度上由城市中心向城市边缘景观破碎化差异较东西样带小。城市绿地景观整体破碎化较为严重。结合区域绿地城市景观程度，可见东西样带城市林地破碎化较南北样带更为严重。

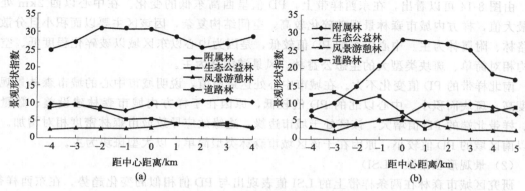

图 8-13　景观形状指数随梯度的变化

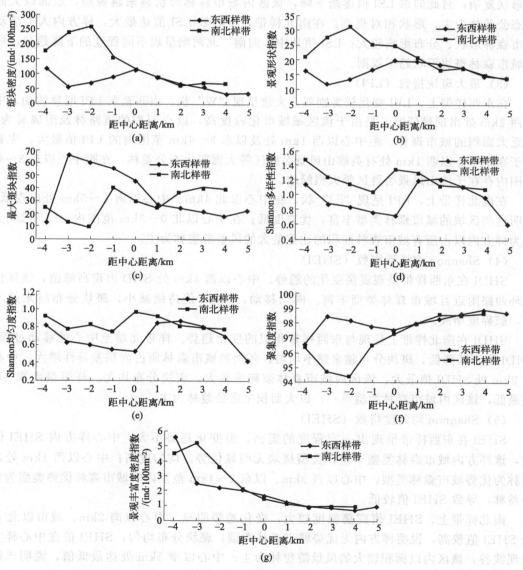

图 8-14　景观水平上的梯度分析

由图 8-14 可以看出，在东西样带上，PD 值呈西高东低的变化。在中心以西 2km 处出现最大值，样方内城市森林景观破碎化较高，空间结构复杂，因该区主要以面积小且分散的道路林、附属林为主。中心以东的 PD 值较低，是因为中心以东区域以破碎化程度低、空间结构相对简单、斑块类型大的生态公益林、风景游憩林为主。

南北样带的 PD 值变化不大。在城市中心处达最高值，说明城市中心的城市森林景观破碎度高，斑块面积小。中心以北的 PD 值较低，原因在于样方内城市森林建设差、数量较少。样带北端的 PD 值增大，该区处于城市边缘，边缘效应导致城市森林密度相对增加。中心以南区域的 PD 值较小，原因在于该区城市森林类型简单，以大型斑块为主。

（2）景观形状指数（LSI）

研究区城市森林在两条样带上的 LSI 值表现出与 PD 值相似的变化趋势。在东西样带，中心以西 2km 处的 LSI 值最高，因为该样方内以附属林及道路林为主，人为干扰强烈、斑块形状复杂；自此向东 LSI 值逐渐下降，该区内城市森林形状越来越规则，东部以大面积生态公益林为主，形状相对规则。在南北样带，中心处 LSI 值达最大，样方内人类活动对城市森林形状、分布影响较大；LSI 值从中心向南、北两端呈现不同程度的下降趋势，样方内城市森林斑块形状趋于规则。

（3）最大斑块指数（LPI）

在东西样带上，LPI 变化较为剧烈，大致呈现"W"状，由西至东 LPI 明显波动，中心以西 2km 处出现最低值，是由于该区域城市化程度高，以小面积的道路林及附属林为主，缺乏大面积的城市森林；距中心以西 1km 处及以东 3～4km 范围内的 LPI 值最大，主要是由于在距中心以西 1km 处有英雄山风景名胜区等大面积生态公益林，在距中心以东 3～4km 范围内存在千佛山风景名胜区等大型绿地。

在南北样带上，LPI 呈现"□"状，在中心以北 4km、中心以南 1～5km 处出现低值，说明这些区域的城市森林类型丰富，优势度低；在中心以北 0～3km 范围内 LPI 明显上升，因为样方内以占所有城市森林面积的比重最大的风景游憩林为主。

（4）Shannon 多样性指数（SHDI）

SHDI 在东西样带呈现震荡变化的趋势。中心以西 4km 处 SHD 出现高峰值，该区位于二环西路附近且城市森林类型丰富。向东移动，SHDI 值持续减小，斑块分布越来越不均匀，破碎度增高。

SHDI 在南北样带上呈现与东西样带相似的变化趋势。样带北端至中心处移动过程中，SHDI 值不断降低，斑块分布越来越不均匀，各类型城市森林所占面积差异性增大。中心以南 2km 处 SHDI 值最大，该区内城市森林破碎度较大，斑块分布均匀。样带最南端 SHDI 值最低，该区内城市森林类型单一，以大面积生态公益林为主。

（5）Shannon 均匀度指数（SHEI）

SHEI 在东西样带呈现出一定程度的震荡，但变化趋势不大。中心样方内 SHEI 值最大，该样方内城市森林类型丰富，类型斑块无明显优势，均匀度高；中心以西 1km 处，道路林为优势城市森林类型；中心以西 3km、以东 2～4km 范围内的城市森林优势类型为生态公益林，导致 SHEI 值较低。

南北样带上，SHEI 值震荡幅度较大，变化趋势明显。中心以南 2km、城市以北 4km 处 SHEI 值较高，说明样方内无优势城市森林类型，斑块分布均匀；SHEI 值在中心样方内出现波谷，该区内以面积较大的风景游憩林为主；中心以南 5km 处达最低值，说明该区景观多样性程度低，斑块类型优势度高，因该区以面积较大的生态公益林为主要类型。

（6）聚集度指数（AI）

东西样带上 AI 变化趋势较大，与 PD 变化走势相反。最东端 A 值最大，该区以连接度较高的大面积斑块为主。中心以西 2km 处的 AI 值最低，该区以小斑块为主，离散度高。

南北样带上 AI 值变化较小，与 PD 变化走势相反。样带最南端的 AI 值最大，说明该区内斑块面积大且聚集度高。最北端的 AI 值最低，说明该区内破碎度高，以离散的小面积斑块为主。

（7）景观丰富度密度指数（PRD）

RD 在两条样带上的变化大体相同，中心以西 3km、中心以北 4km 处 PRD 值最大，说明两处内城市森林类型丰富、空间异质性高。自西向东、自南向北 PRD 降低，样带上的城市森林类型逐渐单一、空间异质性减小。

8.4.3.4 济南市城市森林景观生态格局存在的问题

在斑块类型水平上，研究区受建设用地的影响，景观斑块数量增加，导致部分区域景观格局破碎化程度加剧。其中，风景游憩林分布不合理，其主要分布于城市中东部，城市西北部缺少大面积的林地建设，空间规模及服务半径不能满足居民需求，存在服务盲区；道路林规划建设欠佳，破碎化程度及受人为干扰程度大，复层植物群落建设缺乏，生态功能效益低；附属林分布杂乱，结构不合理，以小斑块为主，破碎化程度较高；生态公益林分布集中，主要分布于城市南部，建设力度小，其他地区建设现状差；生产经营林较少。

在景观水平上，城市森林虽然景观类型较为齐全，但空间分布不均衡，以大中型斑块为主，整体破碎化程度较高；城区东南部丰富度低，聚集度大；其他区域破碎化程度大，空间异质性高。风景游憩林主要分布于城市中部，生态公益林主要分布于城市南部，附属林和道路林相对分散。

8.4.3.5 济南市建成区城市森林景观生态格局优化方案

城市森林规划在很大程度上是城市森林空间结构重组的过程，也就是城市森林景观格局及元素优化的过程。通过对城市森林景观格局的研究，可以得到其景观格局的现状、动态变化、空间梯度特征等资料，从中发现城市森林景观格局存在的问题，而解决这些问题的途径即城市森林景观格局优化的方案。

① 构建城市森林生态网络体系 将生态公益林、风景游憩林、道路林、附属林、生产经营林有机地联系在一起，将小面积城市斑块及大面积城市斑块通过廊道有机结合，扩大斑块连接度，用以城市涵养水源、保护生物多样性，形成最大限度发挥城市森林生态功能的生态网络体系。

② 改变目前风景游憩林和生态公益林的不合理布局 在科学合理的位置新建或改建一些城市森林斑块，尽量使风景游憩林和生态公益林的服务半径与空间规模相适应，在植物选择上要遵循适地适树原则，使斑块和廊道的植物组成上具有相似性。

③ 加强城市西北部大中型城市森林斑块的建设力度 加强各斑块之间的物质交换与能量流动，提高绿地生态系统的连续性，形成网格化的廊道体系。整合现有城市森林斑块，降低景观破碎度，构建更加合理的景观空间结构。依据城市森林生态网络以及景观生态格局优化理论，构建"一环二网、三片四轴、多点棋布"的济南市城市森林生态网络（图8-15），造林水一体化的城市森林生态系统，从而加强各类型城市森林连接度，最大尺度地发挥生态系统的整体生态效益。

"一环"指济南市环城绿带，是济南市的外生态环，即指二环路林带。根据具体环境，

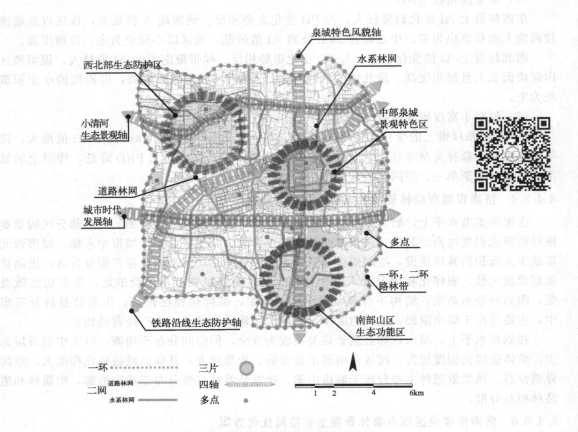

图 8-15　济南市城市森林生态网络体系规划图

在二环路两侧建设 15～30m 宽的道路林带，并在重点地段建设小型绿地广场、小游园等绿化景点。"二网"指道路林网和水系林网。二网的建设构成了城市森林生态网络的骨架。通过二网的建设可以将城市内各类型的城市森林有机地结合在一起，全面整合林地、林网、散生树木等多种形式，有效增加城市林木数量，恢复城市水体，使城市森林与各级别的河流、沟渠、湖泊等连为一体。"三片"指南部山区生态培育区、中部泉城景观特色区以及西北部生态防护区。"四轴"指泉城特色风貌轴、城市时代发展轴、小清河生态景观轴及铁路沿线生态防护轴。通过四大主要轴线的建设，加强了与周围环境的沟通，将南部生态区及北部黄河防护林带的生态效能引入二环路以内的区域，为城市环境服务。"多点棋布"指遍布整个城市二环路以内区域的各类风景游憩林、生态防护林、道路林及附属林等。结合二网的建设，在围合交叉而划分出的各城区块中，对生物群体较为敏感的地段和地点建立多个绿点，将生物由天然栖息地引入城市森林当中，在科学合理的距离范围内布置各类型城市森林，缓冲内部环境质量压力，形成完整的城市森林生态网络系统。

④ 加强附属林和道路林建设，提高其在城市森林景观中的比重。

⑤ 加强水系生态防护林建设，利用其带状廊道连通性串联周围斑块，提高景观连接度，降低景观破碎化程度。

8.4.4　研究结论

本案例研究采用 10 个景观指数，分别从斑块水平和景观水平两方面进行定量分析，得出济南市城市森林景观生态格局存在的问题，并提出相应的优化方案，依据城市森林生态网络以及景观生态格局优化理论，构建出"一环二网、三片四轴、点棋布"的济南市城市森林生态网络。通过对济南市建成区城市森林总体景观生态格局分析及梯度分析，结果表明：济南建成区城市森林覆盖率为 15.8%。

斑块类型水平上，生态公益林占据优势地位，主要分布于南部，以大斑块为主；风景游憩林面积比例最大，且位于城市中心，为主导类型，以大中型斑块为主；道路林及附属林以小斑块为主，破碎化程度较大，形状较复杂，受人为干扰程度大；生产经营林较为缺乏。

景观水平上，城市森林景观斑块类型较齐全，但空间分布不均衡，以大中型斑块为主，整体破碎化程度较高；城市中心景观受人为干扰程度大，景观形状复杂；城市东南部城市森林以大斑块为主，连接度高。该城市森林景观格局能有效改善栖息地的生境质量，增强景观整体连续性，并降低总体生境破碎化程度，但其景观结构和空间格局对景观连接度的影响并不强烈。

8.5 案例五 基于 GIS 技术的济南市公园绿地空间可达性研究

8.5.1 研究内容

公园绿地的服务效率是评价城市影响力和衡量市民生活水平的重要指标，空间可达性是公园绿地服务效率指标的核心内容。以往的公园绿地可达性研究只是考虑距离公园的直线距离，没有涉及市民到公园的实际路线，或没有考虑到公园绿地周围的实际情况，存在一定局限性。本文以 GIS 技术为支撑，采用成本加权距离方法对济南市公园绿地的空间可达性进行分析，并提出了相应的绿地建设方案。

8.5.2 研究方法

8.5.2.1 数据库的建立

通过对济南市 SPOT 影像图解译得到研究所需数据。利用 ERDAS 8.7 对图像进行几何校正等处理并创建墨卡托投影坐标系统；在 ArcGIS 中，参考地形图结合实地探查提取济南市公园和道路信息以及用地性质分类，建立济南中心城区土地利用数据库。用地性质按照国家标准可分为：居住用地（R）、公共设施用地（C）、工业用地（M）、对外交通用地（T）、道路广场用地（S）、市政公用设施用地（U）、绿地（G）、仓储用地（W）、特殊用地（D）、水域和其他用地（E）这十大类，结合实际的相对阻力将其细分，不同用地性质有不同的相对阻力如表 8-24 所示。

表 8-24 不同土地利用类型的空间阻力相对值

土地类型	空间相对阻力值	土地类型	空间相对阻力值
居住用地	3	公共设施用地	200
工业用地	300	道路广场用地	8
仓储用地	100	市政公用设施用地	8
铁路	100	特殊用地	100
主干道	8	生产防护绿地	15
次干道	3	水域	999
支路	2	弃置地	200
村镇建设用地	50	耕地、园地	100

8.5.2.2 分析方法

本书对于公园绿地的可达性计算采用的是基于栅格的成本加权距离方法。

基于栅格的成本加权距离方法计算时，首先需要得到研究区域的成本栅格图，每个栅格的属性值表示他们不同的成本，即表示通过它所需要的时间或费用的消耗程度。由于栅格图像的特殊性，每个非边缘网格的周围有8个其他的网格与之相邻，以图中每个网格的中心作为节点，将相邻的8个网格抽象为8条边如图8-16所示。

各个网格的相邻情况有两种。

① 垂直或水平相邻：将两个网格值加起来再得到的平均值表示该边的长度，图8-16中，中间结点到其上边节点的边的长度为：$(2+4)/2=3$；

② 斜相邻：两个网格值的平均值乘以表示该边的长度，图8-16中，中间结点到右下节点的边的长度为：$\sqrt{2}\times(4+1)/2\approx3.535$。

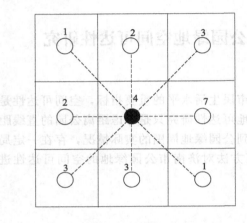

图8-16　成本栅格图

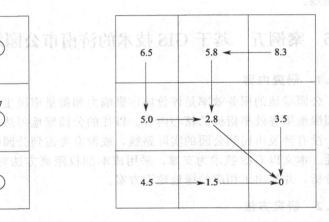

图8-17　成本加权和最短路径选择

将每个"源"设定为一个单独的节点，在计算的时候，节点栅格的成本值定为0，每个源周围的若干个栅格与该"源"形成若干条边。以图8-17为例，假定右下角网格作为一个"源"，通过成本加权距离的计算可以得到：其他每个不同的节点到该源的累积总成本值和每个节点到最短路径上前一个节点的路径方向。

本研究案例以公园绿地为"源"，成本计算值为到达公园绿地的空间阻力值，然后将其转化为时间成本进行分级量化，得出公园绿地的可达性的空间分布。

8.5.3　结果与分析

8.5.3.1　计算过程分析

按照成本加权距离方法，结合建立的土地利用数据库，在ArcMap 9.3中对研究区域进行30m×30m的栅格，并根据不同的土地利用类型对各个栅格赋予不同的属性值，即空间相对阻力值（表8-24）。使用空间分析模块中的成本加权距离工具，计算研究区域内各栅格的成本加权距离和选择到达"源"的最优路径，以公园绿地分布栅格图像作为源，仅以不同用地的相对阻力值（即步行穿越不同用地类型的阻力值）为权重，对土地利用类型的栅格图像做成本距离加权分析，计算出最优路径的距离。

利用Raster Calculator工具，以在道路上步行80m/min为计算系数，用距离除以速度，将计算结果转化为时间等级，得到时间分级图（图8-18）分为小于5min、5～15min、15～

30min、30～60min、大于60min五级，分别计算出公园绿地各时间等级的面积占总面积的百分比，得到基于相对阻力的可达性级别分布比率（表8-25）。综合土地利用类型将人口密度作为属性值添加到土地利用类型图中，并以人口密度属性值作为矢转栅的依据值，形成人口分布密度的栅格图像，提取出人口分布数据。

表 8-25　基于相对阻力的可达性级别分布比率

级别	<5min	5～15min	15～30min	30～60min	>60min
分布比率/%	34.44	25.99	23.78	12.91	2.88

图 8-18　时间分级图

对人口分布数据和步行阻力值（基于不同用地的相对阻力）按各占50%的权重做叠加计算，得到综合阻力值。在ArcGIS 9.3中，利用空间分析模块的成本距离加权的方法，以绿地分布栅格图像作为源，对带有综合阻力值的栅格图像做权重距离计算，从而形成公园绿地可达性分布图（图8-19），并计算得到基于综合阻力值的可达性级别分布比率（表8-26）。

表 8-26　基于综合阻力值的可达性级别分布比率

级别	Ⅰ级	Ⅱ级	Ⅲ级	Ⅳ级	Ⅴ级
分布比率/%	15.59	35.84	37.31	10.61	0.65

公园绿地可达性分布图

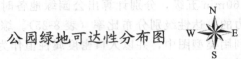

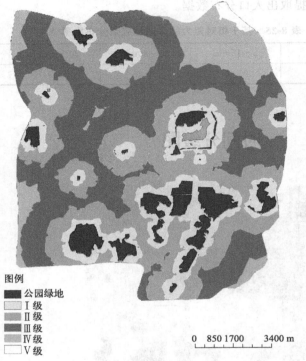

图例
■ 公园绿地
□ Ⅰ级
▨ Ⅱ级
▤ Ⅲ级
▨ Ⅳ级
□ Ⅴ级

0 850 1700   3400 m

图 8-19　可达性分级图

8.5.3.2　结果分析

通过基于相对阻力的可达性级别分布比率（表 8-25）可以看出：84.21％的区域到达最近公园绿地的步行时间不超过 30min，通过与土地利用类型图进行比较可以发现 30min 以内区域涵盖绝大部分居住区，步行超过 60min 的区域主要为市区内的空地、工业用地、风景林地以及靠近近郊的相关区域。因此在单纯考虑出行时间的情况下，济南市中心城区的公园绿地可达性较为合理。

综合人口分布因素，公园绿地空间可达性发生了以下变化：①人口密度较高的居住区可达性的级别明显提高；②部分人口密度较低的非居住区的可达性级别下降。通过基于综合阻力值的可达性级别分布比率（表 8-26）可以发现：Ⅰ、Ⅱ、Ⅲ级区域面积达到 88.74％，但是Ⅰ、Ⅱ级区域仅有 51.43％，说明济南市中心城区公园绿地可达性不合理。可达性不够理想的区域主要集中在人口密度较大的城区中心地段和出行不太方便的非居住区域，从可达性分布图上可以看出中心城区西部、北部地区缺少综合性公园，不能满足市民需求，可达性不足或不合理的地带，一般都在综合公园数量及面积上欠缺的区域。

8.5.4　研究结论

对济南市公园绿地的空间可达性进行分析研究表明。

（1）只考虑步行阻力，基于相对阻力的可达性级别分布比率表明：84.21％的区域到达最近公园绿地的步行时间不超过 30min，按出行时间来计算，济南市中心城区的公园绿地可公园绿地，让绿地均衡。药山公园与动物园约3hm²；历城全北部缺少的区域发展......

（2）综合人口分布因素，基于综合阻力值的可达性级别分布比率表明：济南市公园绿地虽然Ⅰ、Ⅱ、Ⅲ级区域面积达到88.74%，但是Ⅰ、Ⅱ级区域仅有51.43%，说明济南市中心城区公园绿地的可达性不合理。

（3）可达性不足或不合理的地带，一般都在综合公园数量及面积上欠缺的区域；中心城区西部、北部地区缺少综合性公园，可达性不合理。

8.5.5 基于可达性的济南市公园绿地规划建设方案

济南市公园绿地规划建设方案见图8-20。具体建设方案为：

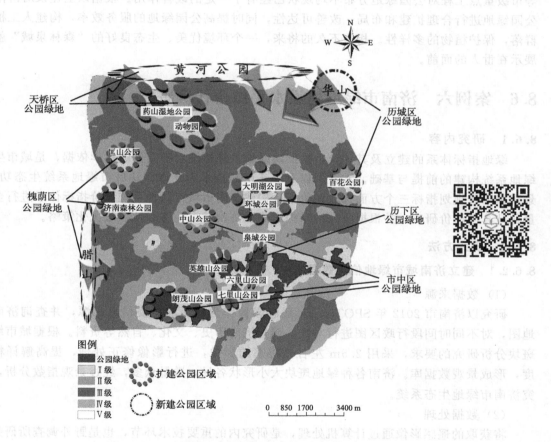

图8-20 基于可达性的公园绿地建设方案图

① 历城区范围内的百花公园已扩建完成，针对中心城区的东北方向范围内的可达性欠缺区域，应新建一个全市性综合公园，为周边及二环东路以东的居民提供服务，如华山建设一个综合公园约300hm²，既可以弥补东北部公园面积的不足，又能充分利用现有山体资源发挥一定的保护生态环境的作用。

② 市中区以及历下区范围内的公园分布基本均衡，只需要对现有公园稍加扩建。大明湖公园、环城公园、泉城公园、英雄山公园扩建约30hm²；中山公园、七里山公园、六里山公园、郎茂山公园需改扩建约40hm²。

③ 天桥区范围内的公园可达性大部分为Ⅲ级区域，要提高其Ⅱ级的比例同样要对现有

公园进行扩建，动物园、药山公园扩建 $3hm^2$，并结合北部的黄河区域发挥黄河森林公园的作用，使其为更多的北部居民提供服务。

④ 槐荫区范围内已有济南森林公园、匡山公园，森林公园的扩建工作正在进行，二环以北建立腊山公园约 $70hm^2$，再结合二环以北的其他区域性公园的扩建提高了西部城区居民的生活质量。各区建设方案再结合小清河周边以及南部山体林地的开发，使济南的公园绿地分布更加均衡，使可达性在Ⅲ级的区域更多地提高到Ⅱ级区域，在提高整体游憩可达性的同时也提高人们生活的质量，为绿地系统规划提供科学的理论依据。

目前济南市通过西部的森林公园建设工程、东部百花公园提升工程、东护城河通航工程等市级重点工程对公园绿地分布不均现状已经有了一定的改善作用。根据以上建议对济南市公园绿地进行合理扩建和布局，改善可达性，同时提高公园绿地的服务效率，构建人工植物群落，保护植物的多样性。相信不久的将来，一个环境优美、生态良好的"森林泉城"就会展示在世人的面前。

8.6 案例六 济南市绿地建设水平综合评价研究

8.6.1 研究内容

绿地指标体系的建立及其评价，是反映绿地系统建设水平高低的科学依据，是城市生态绿地系统构建的前提与基础。本案例以 RS 与 GIS 技术为支撑，从城市绿地系统生态功能、景观格局及规划指标三个方面选取评价指标构建济南市城市绿地系统评价指标体系进行全面量化计算与评价研究，并根据研究结果提出建设济南城市生态绿地系统优化策略。

8.6.2 研究方法

8.6.2.1 建立济南城市绿地信息数据库

（1）数据来源

研究以济南市 2012 年 SPOT5 卫星遥感影像作为解译的主要信息来源，并查询济南市地图，对不同时间段行政区图进行对比，调查济南历史、文化、自然等资料。根据城市绿地斑块分析研究的要求，采用 2.5m 左右分辨率的影像，进行影像修正处理，提高解译精确度，形成景观数据库。济南各种绿地斑块大小形状各异，数量众多，经过景观指数分析，研究济南市绿地生态系统。

（2）数据处理

将获取的遥感影像通过计算机处理，是研究内的重要技术环节，也是野外调查所研究区域的基础。在对数据进行处理之前，利用 ERDAS 8.7、PCI 软件对所获取的影像进行校正、拼接处理并创建墨卡托投影坐标体系，形成数字正射影像图。

（3）数据提取

根据济南市卫星遥感影像处理所得到的数据，将其数据进行进一步量化，包括图形数据和属性数据的输入、编辑与输出。解译工作者为了确保图像解译出的质量，对济南市建成区进行野外调研，将所获得的目测判读标志输进系统，以此获取相应图像。获取济南地形图及相关资料，提取当前济南市用地性质信息，以此为依据对城市用地现状进行现场调研；以野外调研所获取的不同地形类别所体现的各种特性，设立目视判读标志，并对其在遥感影像上进行地类识别，以此为判别其相互关系的前提。最终通过已获取的济南市用地性质信息资料和野外调研结果，对通过遥感分析所获取数据纠正，量化形成矢量土地利用类型图，再将其分层输出 shp 格式文件进行处理。

通过 ArcGIS 9.3 软件划分出济南市建成区，将矢量数据输入到库中来对遥感影像进行辨认分析，辨认的主要标志有颗粒、形状、大小、阴影及色调等，水面、乔木、灌木、草本植物等各类绿地类型，将乔木、灌木等植被的色调调为绿色，但所呈影像边缘极不规则，呈颗粒状；将水体的色调调整为蓝色；树木在影像上可以看出明显的阴影；草地在图像上为绿色，但其纹理相对树木区域更为细腻，外轮廓呈自然曲线；建筑类呈现灰色，长方形，阴影更为明显。以此为辨认前提，结合前期现场调研，参考地形图对济南市城市绿地信息及性质进行提取，并对济南市绿地进行综合信息提取，信息中还包括绿地名称、面积、周边交通等相关要素。

（4）城市绿地信息分类提取

研究采用人工交互式目视解译法对济南市绿地信息进行分类处理、统计，以特定的数据值为基础，将相同类型相元纳入同种种类，一个相元满足特定种类的标准，此相元就被赋予特定属性，划入此种类。通过影像所呈现的光谱辨识特征和济南市建成区绿地分布现状及其结构特性，根据国家用地性质分类标准，将所研究区域划分为公园绿地、生产绿地、防护绿地、附属绿地、其他绿地五大绿地类型。

（5）城市绿地信息数据库建立

通过对属性数据和图形数据输入，进行相应的编辑工作，在此基础上形成图形数据库和属性数据库。

在 ARCGIS 软件的空间分析模块中对属性数据库及与之连接的图形数据进行组合处理，将济南市各类型绿地的信息进行提取处理，绘制出济南市绿地信息数据表（表 8-27、表 8-28）。根据绿地信息数据库编制出济南市绿地系统分类示意图及各类型绿地分布示意图（图 8-21）。

表 8-27　济南市绿地统计数据

类别	城区总面积/hm²	绿地面积/hm²	绿地率/%
总计	15166.7705	2773.4194	18.29

表 8-28　济南市绿地分类信息统计表

绿地类型	绿地斑数量/块	绿地面积/hm²	占总绿地面积比例/%	占总面积比例/%
公园绿地	193	1702.5270	61.39	11.23
生产绿地	19	838.157	3.02	0.55
防护绿地	1485	247.7583	8.93	1.63
附属绿地	2909	474.8833	17.12	3.13
其他绿地	219	264.4349	9.53	1.74

8.6.2.2　济南市城市绿地综合评价

（1）城市绿地综合评价指标体系构建

城市绿地系统具有动态性的特征，因此进行综合评价时需考虑多种影响指标与影响因素，且指标与因素之间存在相互的关联性。在提出综合评价指标体系过程中首先采用频度分析法，收集评价指标。其次，所确定的评价指标可以为济南市生态绿地系统构建提供研究依据。最后，通过专家咨询的方法对已选取的指标进行修改与补充，建立综合评价指标体系。

研究最终选取了绿地生态效益指标、绿地景观效益指标、绿地规划定量指标三个因子层共 13 个评价指标（表 8-29）。

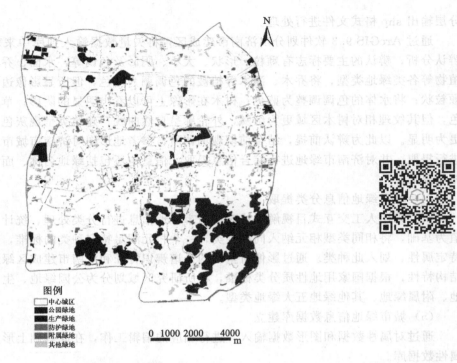

图例
□ 中心城区
■ 公园绿地
■ 生产绿地
■ 防护绿地
■ 附属绿地
■ 其他绿地

0 1000 2000   4000
                    m

图 8-21　绿地信息分类示意图

（2）评价指标权重确定

研究运用层次分析法，将复杂的评价指标分为许多有序的层次，并通过层层比较来确定其重要程度，根据判断进行计算确定下一层对于上一层指标重要性的权重值。运用1—9标度法，对指标进行对比分析，比较两者功能的重要性，赋予数值，形成判断矩阵。通过两个指标相互比较得到的 D-E、E-F 的判断矩阵，利用求积法来确定各指标权重系数（表 8-29）。

表 8-29　评价指标权重值

目标层	准则层	准则层权重	评价层	评价层权重
济南市绿地系统综合评价	绿地生态效益指标	0.2970	固碳释氧量 F1	0.6335
			吸收有害气体量 F2	0.1715
			滞尘量 F3	0.1950
	绿地景观效益指标	0.1634	绿地景观多样性 F4	0.4911
			绿地景观均匀度 F5	0.2455
			绿地景观优势度 F6	0.1235
			绿地景观破碎度 F7	0.0698
			绿地景观分离度 F8	0.0701
	绿地规划定量指标	0.5396	绿地率 F9	0.4777
			人均绿地面积 F10	0.2388
			人均公园绿地面积 F11	0.1210
			公园服务面积比率 F12	0.0943
			生产绿地面积比率 F13	0.0683

8.6.3　结果与分析

8.6.3.1　绿地生态效益分析

（1）固碳释氧量

依据济南市五大公共绿地的面积值（表 8-27）与各绿地类型的平均值进行计算，将各绿地面积与单位面积吸收 CO_2 和生成 O_2 量相乘得到固碳释氧量，得出济南市的固碳量 4075.657t，释氧量 2953.06t。而固碳量的标准值为 8206.5498t，释氧量的标准值为 5946.21t（乔灌草复层结构的年环境效益为标准值）。经计算得出固碳释氧量指标值为 0.4966，绿地系统固碳释氧能力较低。

（2）吸收有害气体量

各种绿地结构吸收 SO_2 量（表 8-30）与对应绿地面积的乘积为吸收有害气体量。根据乔灌草复层结构的年环境效益对 SO_2 的吸收作为标准值计算，得到绿地吸收 SO_2 标准值的数值为 6.6562t，通过表格 8-29 得出济南市绿地系统对 SO_2 的吸收量为 3.3499t。经计算得出吸收有害气体量指标值为 0.5032，绿地系统吸收有害气体能力较低。

（3）滞尘量

为各种绿地结构滞尘量（表 8-30）与相应绿地面积的乘积为滞尘量。根据乔灌草复层结构的年环境滞尘量作为标准值计算，得到绿地滞尘量标准值的数值为 2412.88t，通过表 8-29 得出济南市绿地系统滞尘量为 1197.76t。经计算得出滞尘量指标值为 0.4964，绿地系统滞尘能力低。

表 8-30 各类绿地年环境生态效益

绿地结构	年环境效益/(t/年)			
	产 O_2	吸收 CO_2	吸收 SO_2	滞尘
乔灌草多复层草本	214.40	295.90	0.24	87.00
草灌木林	31.10	42.90	0.03	12.60
混交乔木林	196.10	70.60	0.22	79.60
地被	5.40	7.50	0.006	2.20
苗圃	9.60	13.30	0.011	3.90
公园式绿地	141.00	194.6	0.16	57.20
道路绿地	13.40	18.50	0.015	5.40

8.6.3.2 绿地景观效益分析

（1）绿地景观多样性

景观多样性反应的是景观类型的丰富和复杂程度。多样性指数增大一方面源于城市绿地景观类型斑块数量增多使该类型出现概率增大；另一方面源于城市各种景观类型的斑块数量较为接近，使绿地结构均匀分布。绿地景观多样性 H 的计算式为

$$H = -\sum_{i=1}^{m} [P_i \ln(P_i)] \tag{8-1}$$

式中，P_i 为 i 种绿地景观类型占总面积的比值；m 为绿地景观类型总数。

最大景观多样性为标准值计算得：$H_{max} = \ln 5 = 1.6094$。通过数据整理计算得济南市绿地景观多样性为 1.1471，绿地景观多样性指标值为 0.7127。

（2）绿地景观均匀度

绿地景观均匀度是指不同的景观类型分布均匀的程度，绿地景观的均匀度越大，绿地景观类型分配就越均匀。绿地景观均匀度 E 的计算式为：

$$E = \frac{H}{H_{max}} = \frac{-\sum_{i=1}^{m} [P_i \ln P_i]}{\ln(n)} \tag{8-2}$$

式中，H_{max} 为景观拥有的最大的多样性指数（研究地域各类型景观比例相等的情况

下），当它的数值越接近 1，景观斑块分布越均匀；P_i 为 i 种景观类型的面积与景观总面积的比值，即斑块类型 i 在城市景观中出现的概率。把 1 作为均匀度的标准值，计算得出均匀度指数为 0.7128。

（3）绿地景观优势度

绿地景观优势度指数表示绿地景观的多样性相对于绿地景观最大多样性的偏离程度，表明了景观组成中少数几个主要的景观类型控制的程度。绿地景观优势度 D 的计算式为：

$$D = H_{\max} + \sum_{i=1}^{m} [P_i \ln(P_i)] \tag{8-3}$$

式中，优势度指数与景观类型所占比例差成正比关系，当 $H = H_{\max}$ 时，表明优势度为 0。以济南市景观类型中优势度最大的种类即生产防护绿地的优势度作为标准值为 1.5037。通过计算得出景观优势度指数为 0.4623，景观优势度指标值为 0.3074，绿地系统景观优势度不明显。

（4）绿地景观破碎度

绿地景观破碎度为城市绿地景观分散的破碎程度。其判别常用研究区域单位面积内所包含的各种城市绿地类型总数量，城市绿地斑块的单位面积越小，其景观破碎度就越高，功能也相对越单一。绿地景观破碎度 C 的计算式为

$$C = \frac{\sum_{i=1}^{n} N_i}{A} \tag{8-4}$$

式中，N_i 为城市绿地斑块类型的总个数；A 为城市绿地总面积，hm^2。

济南市景观类型中破碎度最小的可作为标准值即生产防护绿地的破碎度最小数值为 0.685。通过计算得出景观破碎度指数为 7.896，景观破碎度指标值为 0.0867，绿地系统景观破碎度较高。

（5）绿地景观分离度

绿地景观单元在空间的分散程度用绿地景观分离度表示，斑块空间分布越离散即斑块间距越大，分离度越大。绿地景观分离度的计算式为

$$F_i = \frac{A_i}{A} \sqrt{\frac{S}{N_i}} \tag{8-5}$$

式中，S 为区域总面积，hm^2；A 为各种绿地景观面积，hm^2；A_i 为 i 种景观绿地面积，hm^2；N_i 为 i 种景观绿地的斑块个数。

利用标准差法可以将各种绿地景观类型的分离度来归一，得出归一化分离度。其计算式为

$$F_i = \frac{F_i}{q_i} \tag{8-6}$$

区域的分离度 F 的计算式为

$$F = \sum_{i=1}^{N_i} F_i \tag{8-7}$$

式中，N_i 为景观类型斑块总数。

济南市景观类型中分离度最小的可作为标准值即生产防护绿地的分离度最小数值为 1.05。通过计算得出景观分离度指数的数值为 6.875，景观分离度指标值为 0.1527，绿地系统景观分离度较高。

8.6.3.3　绿地规划定量指标分析

（1）绿地率

绿地率的计算式为

$$绿地率＝（城市绿地总面积/城市的用地面积）\times 100\% \tag{8-8}$$

《城市绿化规划建设指标的规定》中要求城市绿地率应不少于30%。通过表8-27得出的数据计算出济南市绿地率为18.29%，绿地率指标值为0.6097，远远低于规定中要求的标准值，因此济南市的绿地率还有待增加。

（2）人均绿地面积

人均绿地面积的计算式为

$$人均绿地面积＝城市绿地总面积/城市人口总量 \tag{8-9}$$

《2012年济南市统计年鉴》调查统计的济南市区人口约350万人，由此根据表8-26总的绿地面积计算得出济南市人均绿地面积为7.92m²/人，以20世纪70年代联合国生物圈生态与环境组织提出的人均绿地面积接近30m²/人为标准值，计算的人均绿地面积指标值为0.2640。

（3）人均公园绿地面积

人均公园面积的计算式为

$$人均公园绿地面积＝公园绿地面积/城市人口总量 \tag{8-10}$$

由《2012年济南市统计年鉴》中济南市人口数并根据表8-27计算得出济南市人均公园面积为4.8644，以《国家生态园林城市标准》里所规定的城市人均公园绿地面积≥12m²当作标准值计算，得出人均公园绿地面积指标值为0.4054，人均公园面积远未达要求。

（4）公园服务面积比率

公园服务面积比率的计算式为

$$服务面积比率＝公园的服务面积/（城市用地面积－公园面积－水域面积） \tag{8-11}$$

采用GIS中简单缓冲工具，以研究区域内公园绿地作为"源"，通过基于面要素多边形边界的缓冲区计算分析以500m为服务半径的公园服务面积以及服务面积比率。以1作为标准值，计算得出服务区的面积为42.49hm²，所占比率为0.3216，公园服务面积比率小。

（5）生产绿地面积比率

生产绿地面积比率的计算式为

$$生产绿地面积比率＝生产绿地面积/城市用地面积 \tag{8-12}$$

为加强城市的生产绿地建设，我国要求每个城市需要拥有2%～3%的生产绿地的占有面积，以2%作为标准。根据表8-26及表8-27得出济南市生产绿地的面积所占的比率为0.552，生产绿地面积比率指标值为0.2760，生产绿地匮乏。

8.6.3.4　综合评价及分析

综合评价法，指运用不同评价系统进行多指标评价的计算方法，称为多变量评价法，简称综合评价法。其数值结果为各个准则层指标的加权评价值相加之和。其中 i 代表一级评价指标，j 代表二级评价指标。指标的相对重要程度被称为权重，在同一级评价指标中，1为权重的和。V 为一级评价指标的权重，W 为二级评价指标的权重。评价指标的优劣程度由评价值来表示。1代表最优评价值，其他指标数值则在0～1之间。B_i 代表一级评价指标评价值，C_j 代表二级评价指标评价值。其结果经过加权计算之后得出相应的加权评价值，其 B_i 计算式为

$$B_i = \sum\nolimits_{j=1}^{n} B_i \cdot V_i \qquad (8\text{-}13)$$

式中，C_j 为二级指标评价值；W_j 为二级指标权重；n 为该一级指标所属二级指标的项数。综合评价指标值的计算式为

$$A = \sum\nolimits_{i=1}^{n} B_i \cdot V_i \qquad (8\text{-}14)$$

式中，V_i 为级指标权重；n 为综合评价指标所属一级指标的项数，个。

二级指标评价值的计算方法为正向指标的评价值＝评价值/准则值，现状值与评价值成正比即该指标的现状值越大其评价值越大，则评价越好。而负向指标评价值＝准则值/评价值，现状值与评价值成反比即该指标的现状值越小其评价值越大，则评价越好。

通过对遥感解译数据分析以及对文献资料的查阅统计，计算后可得出济南市城市绿地综合评价各指标值（表 8-31）。依照国内外业内的各种综合指数的分级方法，可以将评价指标分为四级标准：Ⅰ 0.8～1，城市绿地系统建设水平较高；Ⅱ 0.6～0.8，城市绿地系统建设水平一般；Ⅲ 0.4～0.6，城市绿地系统建设水平低；Ⅳ 0～0.4，城市绿地系统建设水平很低。

依据表 8-31 对济南市绿地系统进行综合分析，结合绿地生态效益指标、绿地景观效益指标及绿地规划定量指标三方面的评价结果及各指标的权重，计算出济南市城市绿地系统的综合评价值为 0.4867，对照评价标准，得出济南市绿地系统建设处于Ⅲ级，城市绿地系统建设水平低。

表 8-31　济南市绿地综合评价各指标值

目标	准则层	权重	评价层	权重	评价值	准则值	评价层指标值	准则层指标值
济南市绿地综合评价	绿地生态效益指标	0.2970	固碳释氧量/(t/y)	0.6335	2953.06	5946.21	0.4966	0.4977
			吸收 SO_2 量/(t/y)	0.1715	3.3499	6.6562	0.5032	
			滞尘量/(t/y)	0.1950	1197.76	2412.88	0.4964	
	绿地景观效益指标	0.1634	绿地景观多样性	0.4911	1.1471	1.6094	0.7127	0.5798
			绿地景观均匀度	0.2455	0.7128	1	0.7128	
			绿地景观优势度	0.1235	0.4623	1.5037	0.3074	
			绿地景观破碎度	0.0698	7.896	0.685	0.0867	
			绿地景观分离度	0.0701	6.875	1.05	0.1527	
	绿地规划定量指标	0.5396	绿地率/%	0.4777	18.29	30	0.6097	0.4525
			人均绿地面积/m²	0.2388	7.92	30	0.2640	
			人均公园绿地面积/m²	0.1210	4.8644	12	0.4054	
			公园服务面积比率/%	0.0943	0.3216	1	0.3216	
			生产绿地面积比率/%	0.0683	0.552	2	0.2760	

8.6.4　研究结论

通过对济南市建成区绿地系统综合评价的研究与分析，结果表明：

① 济南市建成区的城市绿地系统斑块类型齐全，其中防护绿地和附属绿地斑块数分别为 1485 个和 2909 个，绿地面积仅占城市总面积 1.63% 和 3.13%，斑块数较多但总面积比例较小，破碎化程度较大；公园绿地面斑块数 193 个，绿地面积占总绿地面积的 61.39%，在城市绿地类型中占主导地位；生产绿地缺乏，斑块数 19 个，绿地面积仅占城市总用地面积的 0.55%。

② 运用所建立的综合评价体系进行计算，得出济南市建成区城市绿地系统的综合评价值为 0.4867，城市绿地系统建设水平低。其中：

济南市建成区绿地生态效益指标值为 0.4977，其中固碳释氧量指标值为 0.4966；吸收 SO_2 量指标值为 0.5032；滞尘量指标值为 0.4964。说明济南市城市绿地系统的固碳释氧能力及滞尘能力较低，植物不能有效地发挥其生态功能。

济南市建成区绿地景观效益指标值为 0.5798，其中景观多样性指标值为 0.7127；景观均匀度指标值为 0.7128；景观优势度指标值为 0.3074；景观破碎度指标值为 0.0867；景观分离度指标值为 0.1527。说明表明济南市绿地系统的景观破碎程度及分离程度较高，景观优势度不明显，城市绿地对各景观的控制程度较低。

济南市建成区绿地规划数量指标值为 0.4525，其中绿地率指标值为 0.6097；人均绿地面积指标值为 0.2640；人均公园绿地面积指标值为 0.4054；公园服务面积比率指标值为 0.3216；生产绿地面积比率指标值为 0.2760。说明济南市建成区绿化总量不足，人均公园绿地面积及人均公共绿地面积未达到要求。

8.6.5 济南城市生态绿地系统优化策略

为了改善济南市城市绿地现状，优化济南市生态城市绿地系统，本书基于研究结果提出以下优化策略。

① 改变目前公共绿地分布不均，尤其是公园绿地分布相对集中的局面。根据科学依据，选择合理的地理位置，利用周边自然资源，积极创造条件，新建或改建一些城市绿地，合理安排公共绿地，使其与城市空间规模相适应，并满足绿地周围居民的需求。

② 完善城市廊道建设，降低城市绿地破碎度。强化城市景观格局的连续性，使周围景观空间连为一体，同时廊道的建设还可以增加城市绿地面积，提高城市生态效益。

③ 提高城市生产绿地及防护绿地在城市绿地系统中的比例分布，加强绿地建设。适度增加城市苗圃面积，使城市苗木绿化逐渐达到本地自给自足的要求。道路扩建时，建议保留具有较好生态功能的防护隔离带，没有防护带的地段要预留足够宽的绿带，对于防护绿地建设达不到要求的地段，可以建设服务半径为 500m 的小游园、节点绿地进行补充。

④ 依据济南市的环境现状，以修复与改善城市环境为目的，将环境与经济、文化相结合，使之既符合社会发展又能体现文化历史脉络，以此建立济南市城市绿地系统生态功能圈，来引导和规范城市建设，实现人与自然协调与和谐，形成以生态绿地系统主体、"山、泉、湖、河、城"景观为特色的生态城市。

8.7 案例七 室内植物对苯污染的耐胁迫能力及吸收净化效果研究

8.7.1 研究内容

本案例研究采用三次重复的随机区组实验设计，利用人工熏气对 9 种常见室内耐阴观叶植物进行不同浓度的苯污染胁迫实验，通过方差分析、多重比较、差异显著性检验分析及隶属函数值法，研究了室内植物对苯污染胁迫的抗性能力和吸收净化能力，构建了室内苯污染的植物生态修复配置模式。

（1）室内植物在苯污染胁迫下的抗性能力研究

室内植物受苯污染胁迫后，体内会产生一系列不同程度的生理适应反应和生理过程。通过对植物在不同浓度苯胁迫下的生理生化指标变化进行测定，判断不同植物在苯胁迫下的抗性能力。研究指标的测定主要有：①叶绿素含量的测定；②MDA（丙二醛）含量的测定；③POD（过氧化物酶）活性的测定

（2）室内植物对苯污染的吸收净化能力研究

研究常用室内耐阴观叶植物对不同浓度梯度苯的吸收净化能力。采用密封仓熏气法对实验植物进行熏气处理，通过测定密闭熏气箱内苯浓度变化，计算苯净化率和单位面积苯净化量来判定植物对苯的净化效果。

8.7.2 技术路线

研究技术路线如图 8-22 所示。

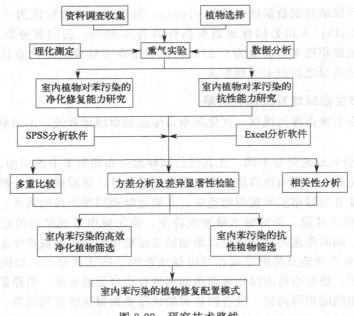

图 8-22　研究技术路线

8.7.3 研究方法

（1）室内植物在苯污染胁迫下的抗性能力研究的实验设计

设置 15.00mg·m^{-3}、30.00mg·m^{-3}、60.00mg·m^{-3} 3 个浓度梯度，将 9 种实验植物随机区组，依次放入熏气箱内进行苯胁迫处理，24h 后取出，采集生长良好、位置一致的叶片测定植物各项生理指标（叶绿素、丙二醛 MDA、过氧化物酶 POD），实验进行 3 次重复。

（2）室内植物对苯污染旳吸收净化能力研究的实验设计

采用密闭仓熏气法，设立 15.00mg·m^{-3}、30.00mg·m^{-3}、60.00mg·m^{-3} 3 个浓度梯度，采用 3 次重复随机区组实验设计，将 9 种室内植物依次放入 3 个熏气仓中，分别注入不同浓度的苯；同时设立空白对照，即只注入苯而不放植物。在注入苯溶液后分别用璃针筒抽取各个熏气仓中 200mL 气体到气体采样袋中。用 Agilent 689N 气相色谱仪测定苯浓度。记录数据及相关参数。去除熏气箱对苯的吸收量，计算植物对苯的净化率和单位面积净化量。

$$清除率(\%)=\frac{苯初始浓度-苯最终浓度}{苯初始浓度}\times100\%$$

$$净化率(\%)=\frac{苯初始浓度-苯最终浓度}{苯初始浓度}\times100\%-熏气舱的苯清除率$$

$$植物单位面积苯净化量(mg·m^{-2}·h^{-1})=\frac{苯初始含量-苯最终含量-熏气舱清除量}{植物叶面积\times12h}$$

8.7.4 结果与分析

（1）不同浓度苯胁迫下室内植物叶绿素含量变化

对 9 种实验植物受不同浓度苯胁迫 24h 后的叶绿素含量变化进行统计与分析，结果见表 8-32。同时，以植物种类、苯浓度作为两个控制因素，对植物的叶绿素含量变化率进行双因素方差分析，结果见表 8-33。

从表 8-33 可以看出，不同植物种类、苯浓度及两因素之间的交互效应，对 9 种实验植物叶绿素含量变化率的影响差异均达到极显著水平；F 值 2599.470＞170.313，即植物种类、苯浓度两因素相比较，苯浓度对植物叶绿素含量变化的影响更为显著。

表 8-32　不同浓度苯胁迫下实验植物的叶绿素含量变化

植物	苯浓度								
	15mg·m^{-3}			30mg·m^{-3}			60mg·m^{-3}		
	对照/(mg·g^{-1}·FW)	处理/(mg·g^{-1}·FW)	变化率/%	对照/(mg·g^{-1}·FW)	处理/(mg·g^{-1}·FW)	变化率/%	对照/(mg·g^{-1}·FW)	处理/(mg·g^{-1}·FW)	变化率/%
X1 吊兰	0.4983	0.4518	9.33	0.4981	0.4167	16.34	0.4986	0.3703	25.74
X2 金边吊兰	0.4072	0.3688	9.42	0.4068	0.3374	17.07	0.4076	0.2720	33.26
X3 银心吊兰	0.3250	0.2894	10.94	0.3250	0.2676	17.67	0.3250	0.2149	33.88
X4 吊竹梅	0.2287	0.2014	11.93	0.2284	0.1864	18.4	0.2287	0.1504	34.22
X5 绿萝	1.7234	1.6141	6.34	1.7234	1.5454	10.33	1.7233	1.3811	19.86
X6 皱叶薄荷	1.3602	1.1860	12.81	1.3607	1.0950	19.53	1.3601	0.8816	35.18
X7 金边虎尾兰	0.8229	0.7782	5.43	0.8233	0.7402	10.09	0.8219	0.6630	19.33
X8 白鹤芋	3.5094	3.2781	6.59	3.5093	3.0377	13.44	3.5102	2.4814	29.31
X9 鸟巢蕨	2.7425	2.5801	5.92	2.7425	2.4268	11.51	2.7423	2.1851	20.32

表 8-33　不同浓度苯胁迫下实验植物的叶绿素含量变化率方差分析结果

差异源	df（自由度）	SS（离差平方和）	MS（均方）	F（均方比）	F_{α}
苯浓度	2	0.516	0.258	2599.470**	$F_{0.01}(2,54)=5.01$
植物种类	8	0.135	0.017	170.313**	$F_{0.01}(8,54)=2.85$
植物*浓度	16	0.023	0.001	14.398**	$F_{0.01}(16,54)=2.34$
误差	54	0.005	9.93E-005		
合计	80	0.679			

$R-S_q=99.2\%$　$R-S_q$（调整）=98.8%

（2）不同浓度苯胁迫下室内植物 MDA 含量变化

对 9 种实验植物受不同浓度苯胁迫 24h 后的 MDA 含量变化进行统计与分析，结果见表 8-34。

表 8-34　不同浓度苯胁迫下植物 MDA 含量变化

植物	苯浓度								
	15mg·m^{-3}			30mg·m^{-3}			60mg·m^{-3}		
	对照/(mg·g^{-1}·FW)	处理/(mg·g^{-1}·FW)	变化率/%	对照/(mg·g^{-1}·FW)	处理/(mg·g^{-1}·FW)	变化率/%	对照/(mg·g^{-1}·FW)	处理/(mg·g^{-1}·FW)	变化率/%
X1 吊兰	7.8874	8.6012	9.05	7.8877	8.9186	13.07	7.8875	10.7175	35.88
X2 金边吊兰	8.5532	9.3418	9.22	8.553	9.9403	16.22	8.5533	12.4579	45.65
X3 银心吊兰	7.5385	8.3022	10.13	7.5384	8.8448	17.33	7.5383	11.2034	48.62
X4 吊竹梅	8.6422	9.5790	10.84	8.6423	10.1763	17.75	8.6425	12.9793	50.18
X5 绿萝	4.4267	4.6622	5.32	4.4266	4.9631	12.12	4.4264	6.1642	39.26

植物	苯浓度								
	15mg·m⁻³			30mg·m⁻³			60mg·m⁻³		
	对照/ (mg·g⁻¹ ·FW)	处理/ (mg·g⁻¹ ·FW)	变化率/%	对照/ (mg·g⁻¹ ·FW)	处理/ (mg·g⁻¹ ·FW)	变化率/%	对照/ (mg·g⁻¹ ·FW)	处理/ (mg·g⁻¹ ·FW)	变化率/%
X6 皱叶薄荷	6.5755	7.3238	11.38	6.5754	7.7872	18.43	6.5759	9.9480	51.28
X7 金边虎尾兰	5.1204	5.3703	4.88	5.1174	5.7279	11.93	5.1205	6.9163	35.07
X8 白鹤芋	5.5481	5.9276	6.84	5.5483	6.4466	16.19	5.5484	8.0025	44.23
X9 鸟巢蕨	6.2012	6.5243	5.21	6.2011	6.9930	12.77	6.2009	8.3793	35.13

同时，将植物种类、苯浓度作为两个控制因素，对植物的 MDA 含量变化率进行双因素方差分析，结果见表 8-35。

表 8-35 不同浓度苯胁迫下植物 MDA 含量变化率方差分析结果

差异源	df（自由度）	SS（离差平方和）	MS（均方）	F（均方比）	F_a
苯浓度	2	1.820	0.910	9605.598**	$F_{0.01}(2,54)=5.01$
植物种类	8	0.110	0.014	145.750**	$F_{0.01}(8,54)=2.85$
植物*浓度	16	0.026	0.002	17.401**	$F_{0.01}(16,54)=2.34$
误差	54	0.005	9.48E-005	—	—
合计	80	1.961			

$R-S_q=99.7\%$　$R-S_q$（调整）$=99.6\%$

从表 8-35 可以看出，不同植物种类、苯浓度及两因素之间的交互效应，对 9 种实验植物 MDA 含量变化率的影响差异均达到极显著水平；F 值 9605.598＞145.750，即植物种类、苯浓度两因素相比较，苯浓度对植物 MDA 含量变化的影响更为显著。

（3）不同浓度苯胁迫下室内植物 POD 活性变化

对 9 种实验植物受不同浓度苯胁迫 24h 后的 POD 活性变化进行统计与分析，结果见表 8-36。同时，将植物种类、苯浓度作为两个控制因素，对植物的 POD 活性变化率进行双因素方差分析，结果见表 8-37。

从表 8-37 可以看出，不同植物种类、苯浓度及两因素之间的交互效应，对 9 种实验植物 POD 活性变化率的影响差异均能达到极显著水平。F 值 196.555＜6850.207，即植物种类、苯浓度两因素相比较，苯浓度对 POD 活性变化的影响更显著。

表 8-36 不同浓度苯胁迫下植物 POD 活性变化

植物	苯浓度								
	15mg·m⁻³			30mg·m⁻³			60mg·m⁻³		
	对照/ (mg·g⁻¹ ·FW)	处理/ (mg·g⁻¹ ·FW)	变化率/%	对照/ (mg·g⁻¹ ·FW)	处理/ (mg·g⁻¹ ·FW)	变化率/%	对照/ (mg·g⁻¹ ·FW)	处理/ (mg·g⁻¹ ·FW)	变化率/%
X1 吊兰	754.6233	829.6329	9.94	754.6433	923.4570	22.37	754.6467	1084.7292	43.74
X2 金边吊兰	665.4867	755.3940	13.51	665.4967	820.0916	23.23	665.4933	967.4276	45.37
X3 银心吊兰	678.2700	774.7200	14.22	678.2933	848.8841	25.15	678.2800	1009.5520	48.84
X4 吊竹梅	245.8233	283.1639	15.19	245.8333	310.7825	26.42	245.8733	367.9002	49.63
X5 绿萝	822.5767	924.4117	12.38	822.5933	977.8167	18.87	822.5667	1116.7166	35.76
X6 皱叶薄荷	231.4967	271.8003	17.41	231.4967	300.6679	29.88	231.4900	347.8832	50.28
X7 金边虎尾兰	548.9333	597.3492	8.82	548.9367	636.1078	15.88	548.9633	744.9432	35.70
X8 白鹤芋	796.5833	877.5958	10.17	796.5767	936.0573	17.51	796.5800	1119.7525	40.57
X9 鸟巢蕨	523.3400	571.7490	9.25	523.3467	608.7045	16.31	523.3600	714.7528	36.57

表 8-37　不同浓度苯胁迫下植物 POD 活性变化率方差分析结果

差异源	df（自由度）	SS（离差平方和）	MS（均方）	F（均方比）	F_α
苯浓度	2	1.328	0.664	6850.207 **	$F_{0.01}(2,54)=5.01$
植物种类	8	0.152	0.019	196.555 **	$F_{0.01}(8,54)=2.85$
植物*浓度	16	0.014	0.001	8.802 **	$F_{0.01}(16,54)=2.34$
误差	54	0.005	$9.69E{-}005$	—	—
合计	80	1.499			

$R-S_q=99.7\%$　　$R-S_q$（调整）$=99.5\%$

（4）室内植物在苯污染胁迫下的抗性能力综合评定

① 隶属函数值法　基于模糊数学的隶属函数值法，采用多个指标综合评定植物的抗逆能力，计算出各个指标在各种植物的隶属函数值并累加求平均值，数值越大，表示植物的抗性越强。

当指标与抗苯能力呈正相关时由公式下列计算：

$$U(X_{ab})=(X_{ab}-X_{amin})/(X_{amax}-X_{amin})$$

当指标与抗苯能力呈负相关时用公式下列计算：

$$U(X_{ab})=1-(X_{ab}-X_{amin})/(X_{amax}-X_{amin})$$

式中，$U(X_{ab})$ 为 a 树种 b 指标的隶属函数值；X_{ab} 为 a 树种 b 指标的测定值；X_{amin} 和 X_{amax} 分别为 b 指标的最小值和最大值。

② 植物对苯污染的抗性能力的综合评定　由上述公式，对不同浓度下的叶绿素含量、MDA 含量和 POD 活性变化运用隶属函数值法计算，得出 9 种植物各项生理指标隶属函数值的平均值见表 8-38。

表 8-38　9 种植物对苯污染的抗性能力综合评定

指标	植物								
	X1	X2	X3	X4	X5	X6	X7	X8	X9
叶绿素隶属函数值	0.4683	0.2803	0.1774	0.0998	0.9392	0.0000	1.0000	0.6194	0.9069
MDA 隶属函数值	0.7110	0.3398	0.1752	0.0851	0.8815	0.0000	1.0000	0.4926	0.9387
POD 隶属函数值	0.6182	0.4219	0.2693	0.1833	0.7892	0.0000	1.0000	0.7974	0.9531
平均隶属函数值	0.5991	0.3473	0.2073	0.1228	0.8700	0.0000	1.0000	0.6365	0.9329
抗性排序	5	6	7	8	3	9	1	4	2

根据平均隶属函数值综合评定 9 种植物的抗性能力大小排序为：金边虎尾兰（X7）＞鸟巢蕨（X9）＞绿萝（X5）＞白鹤芋（X8）＞吊兰（X1）＞金边吊兰（X2）＞银心吊兰（X3）＞吊竹梅（X4）＞皱叶薄荷（X6）。

（5）室内植物对空气苯污染净化率的研究

按研究方法中清除率和净化率的计算公式，得出 24h 内 9 种实验植物对 3 种浓度梯度苯的清除率和净化率见表 8-39。将植物种类和苯浓度作为两个控制因素，对 3 种苯浓度条件下 9 种实验植物对苯的净化率进行双因素方差分析，结果见表 8-40。

表 8-39　植物对不同浓度苯的净化效果

植物	苯浓度					
	15mg·m^{-3}		30mg·m^{-3}		60mg·m^{-3}	
	清除率/%	净化率/%	清除率/%	净化率/%	清除率/%	净化率/%
无（对照）	12.35	12.35	13.27	13.27	14.47	14.47
X1 吊兰	48.48	36.12	41.19	27.92	30.56	16.09
X2 金边吊兰	42.24	29.88	35.71	22.44	26.57	12.11
X3 银心吊兰	37.42	25.06	29.84	16.57	21.51	7.04

植物	苯浓度					
	15mg·m⁻³		30mg·m⁻³		60mg·m⁻³	
	清除率/%	净化率/%	清除率/%	净化率/%	清除率/%	净化率/%
X4 吊竹梅	69.61	57.25	56.31	43.04	38.30	23.84
X5 绿萝	64.46	52.11	58.42	45.15	43.65	29.19
X6 皱叶薄荷	56.28	43.93	42.89	29.62	29.13	14.66
X7 金边虎尾兰	76.47	64.12	64.03	50.76	51.14	36.68
X8 白鹤芋	78.34	65.98	68.43	55.16	52.87	38.41
X9 鸟巢蕨	70.43	58.08	65.37	52.10	48.26	33.79

表 8-40　植物在不同苯浓度下净化率方差分析结果

差异源	df(自由度)	SS(离差平方和)	MS(均方)	F(均方比)	F_α
苯浓度	2	0.818	0.409	3287.022**	$F_{0.01}(2,54)=5.01$
植物种类	8	1.299	0.162	1305.613**	$F_{0.01}(8,54)=2.85$
植物*浓度	16	0.040	0.002	19.873**	$F_{0.01}(16,54)=2.34$
误差	54	0.007	0.000	—	—
合计	80	2.164	—	—	—

$R-S_q=99.7\%$　$R-S_q$(调整)$=99.5\%$

由表 8-40 可以看出，不同植物种类、苯浓度及两因素之间的交互效应，对 9 种实验植物苯净化率的影响差异都达到极显著水平。F 值 3287.022＞1305.613，说明两因素相比较而言，苯浓度对植物苯净化率的影响更显著。

（6）室内植物对苯污染单位面积净化量的研究

由研究方法中植物单位面积苯净化量的公式计算，得出 24h 内 3 种浓度苯污染下 9 种实验植物对苯的单位面积净化量见表 8-41。将植物种类和苯浓度作为两个控制因素，对 3 种苯浓度条件下 9 种实验植物对苯的单位面积净化量进行双因素方差分析，结果见表 8-42。

表 8-41　植物对不同浓度苯的单位面积净化量

植物	苯浓度					
	15mg·m⁻³		30mg·m⁻³		60mg·m⁻³	
	对照/	处理/	对照/	处理/	对照/	处理/
	(mg·m⁻²·h⁻¹)	(mg·m⁻²·h⁻¹)	(mg·m⁻²·h⁻¹)	(mg·m⁻²·h⁻¹)	(mg·m⁻²·h⁻¹)	(mg·m⁻²·h⁻¹)
X1 吊兰	0	1.0924	0	1.6822	0	1.8136
X2 金边吊兰	0	0.6429	0	1.1171	0	1.4426
X3 银心吊兰	0	0.6225	0	1.1146	0	1.2272
X4 吊竹梅	0	2.2815	0	3.4319	0	4.0640
X5 绿萝	0	1.2104	0	1.4441	0	2.8070
X6 皱叶薄荷	0	1.7794	0	2.8108	0	1.4502
X7 金边虎尾兰	0	3.9243	0	5.2936	0	5.3596
X8 白鹤芋	0	2.9907	0	4.6538	0	5.2414
X9 鸟巢蕨	0	1.1212	0	2.0201	0	3.8044

表 8-42　植物在不同苯浓度下单位面积净化量方差分析结果

差异源	df(自由度)	SS(离差平方和)	MS(均方)	F(均方比)	F_α
苯浓度	2	23.222	11.611	60.938**	$F_{0.01}(2,54)=5.01$
植物种类	8	138.273	17.284	40.938**	$F_{0.01}(8,54)=2.85$
植物*浓度	16	14.947	0.934	0.294**	$F_{0.01}(16,54)=2.34$
误差	54	15.316	0.284	—	—
合计	80	191.758	—	—	—

$R-S_q=92.0\%$　$R-S_q$(调整)$=88.2\%$

从表 8-41 可以看出，不同植物种类、苯浓度以及两因素之间的交互效应。对 9 种实验植物单位面积净化量的影响均达到极显著水平。F 值 60.938＞40.938，说明两种因素相比较而言，植物种类对苯污染的单位面积净化量的影响更显著。

（7）室内植物对苯污染的净化能力综合评定

采用隶属函数值法综合评定植物的净化能力，净化率和单位面积净化量与植物的净化能力呈正相关，计算公式同前文。

对不同浓度下的植物净化率和单位面积净化量运用隶属函数值法计算，得出 9 种植物净化率和单位面积净化量隶属函数值的平均值见表 8-43。

表 8-43　9 种植物对苯污染的净化能力综合评定

指标	植物								
	X1	X2	X3	X4	X5	X6	X7	X8	X9
净化率隶属函数值	0.2842	0.1438	0.0000	0.6693	0.7025	0.3474	0.9284	1.0000	0.8601
单位面积净化量隶属函数值	0.1400	0.0196	0.0000	0.5811	0.2130	0.2700	1.0000	0.8451	0.3304
平均隶属函数值	0.2121	0.0817	0.0000	0.6252	0.4578	0.3087	0.9642	0.9225	0.5952
净化能力排序	7	8	9	3	5	6	1	2	4

根据平均隶属函数值综合评定 9 种植物的净化能力大小排序为：金边虎尾兰（X7）＞白鹤芋（X8）＞吊竹梅（X4）＞鸟巢蕨（X9）＞绿萝（X5）＞皱叶薄荷（X6）＞吊兰（X1）＞金边吊兰（X2）＞银心吊兰（X3）。

8.7.5　研究结论

（1）室内植物在苯污染胁迫下的抗性能力研究

① 不同植物种类。苯浓度及两因素间的交互效应，对植物的叶绿素含量、丙二醛含量、POD 活性变化的影响差异均达到极显著水平；苯浓度对植物生理指标变化的影响更显著。

② 在不同苯浓度下，植物种类对叶绿素含量、MDA 含量、POD 活性变化的影响差异均达到极显著水平。

③ 受苯污染胁迫后，植物叶绿素含量均出现不同程度的下降，MDA 含量均出现不同程度的增加，POD 活性均出现不同程度的上升，其中金边虎尾兰的生理指标变化最小，对苯污染胁迫抗性能力最强。

（2）室内植物对苯污染的吸收净化能力研究

① 不同植物种类、苯浓度及两因素之间的交互效应，对植物苯净化率、单位面积净化量的影响差异均达到极显著水平；苯浓度对净化率影响更显著，植物种类对苯污染的单位面积净化量的影响更显著。

② 不同苯浓度下，植物种类对苯净化率和单位面积净化量的影响均达极显著水平。

③ 植物对苯的净化率随着苯浓度的升高均呈下降趋势，对苯的单位面积净化量随着苯浓度的升高均呈上升趋势。不同浓度下，白鹤芋对苯的净化率最高，金边虎尾兰对苯的单位面积净化量最高，综合评定植物的净化能力，白鹤芋对苯污染的净化能力最强。

综合抗性能力和吸收净化能力即抗污吸污能力，金边虎尾兰最强，是生态修复室内苯污染的最佳选择植物。提出了苯污染的植物生态修复配置原则，构建了 3 种室内苯污染植物生态配置模式：生态治理模式、生态保健模式和生态景观模式。

文献检索与论文写作

第9章 文献检索

9.1 文献检索概述

9.1.1 文献检索的基本概念

9.1.1.1 信息

（1）信息的概念

信息普遍存在于自然界、人类社会和人的思维之中，同时，信息所传达的内容可以增加人们对客观事物认识的确定性。广义上讲，信息是指客观世界中各种事物的存在方式和它们的运动状态的反应；狭义上讲，信息是指能反映事物存在和运动差异的、能为某种目的带来有用的、可以被理解或被接受的消息、情况等。

中国的《信息与文献　术语》（GB/T 4894—2009）中针对信息的定义是"信息是物质存在的一种方式、形态或运动状态，也是事物的一种普遍属性，一般指数据、信息中所包含的意义，可以使信息中所描述事件的不确定性减少"。

（2）信息的基本特征

信息的特征是指信息区别于其他事物的本质属性的外部表现和标志。信息具有以下基本特征。

① 普遍性　信息既不是物质，也不是能量，而是依附于自然界客观事物而存在；信息广泛存在于自然界、人类社会乃至人类的思维活动领域中，只要有事物存在，就有表征其属性的信息，信息是客观事物普遍性的表征。

② 客观性　信息不是虚无缥缈的事物，它的存在可以被人们感知、获取、传递和利用，信息是事物运动的状态和方式，是客观事物运动时所表现出来的特征和信号；与物质一样都是客观存在的，不以人的意志为转移。客观、真实是信息最重要的本质特征。

③ 共享性　同一内容的信息通过传递和扩散，在同一时间能够反复为众多不同的人使用、共享，信息从一方传递到另一方，信息量不会因传播或者因他人分享而减少。共享是信息不同于物质和能量的最重要特征。信息的共享性可以提高信息的利用率，人们可以利用他人的研究成果做进一步创造，避免重复研究，从而节约资源。

④ 可识别性　信息是可以识别的，不同的信息源有不同的识别方法。信息的识别分为

直接识别和间接识别。直接识别是通过感官来进行识别；间接识别则是通过各种测试手段来识别。

⑤ 时效性　信息的时效性是指从发出信息、接收信息到利用信息的时间间隔及其效率，其价值的大小与提供信息的时间密切相关。时效性是信息的重要特征，信息的时效性与其价值性是紧密联系的。实践证明，信息从生成到接收，时间越短，传递速度越快，其效用越大，反之会失去其应有的价值。任何有价值的信息都是在特定的条件下起作用的，离开这些条件，信息将会失去其价值。

⑥ 可传递性　信息可以通过信道在信源和信宿之间进行传递，这种传递包括时间上和空间上的传递。信息具有可传递性，是因为它可以脱离原物质而独立存在。

⑦ 依附性　信息是抽象的，必须依附于物质载体而存在。其传递必须借助一定的载体或媒介才能实现，信息的载体是多种多样的，如语言、文字、图像、声波、光波、电磁波、纸张、磁盘等。正是借助于这些载体，信息才能被人们感知、接收、加工和存储。

⑧ 可加工性　信息是可以加工的，包括：扩充、压缩和转换，信息可以由一种形态转换成另一种形态。

9.1.1.2　知识与情报

（1）知识

知识是人类在改造客观世界的实践过程中的科学总结，是人们对客观事物的理性认识，是人的主观世界对客观世界的概括和如实反映。知识来源于人们在实践活动中获得的大量信息，是人脑对客观事物所产生的信息加工物；信息被人脑感受，经理性加工后，成为系统化的信息，这种信息就是知识。在生活、生产和科研等活动中，人类凭借特有的大脑思维功能，对新捕捉到的外界信息进行分析、提炼和综合，重新组合使其系统化，形成新的知识单元。由此可见，知识是信息的一部分，是有序化了的信息。

（2）情报

情报是指被传递的知识或事实，是知识的激活，是运用一定的媒体（载体），越过空间和时间传递给特定用户，解决科研、生产中的具体问题所需要的特定的知识和信息。换种说法，情报就是知识通过传递并发生作用的部分，或者说是传递中有用的知识。情报是人类社会特有的现象。

9.1.1.3　文献

文献是通过一定的方法和手段、运用一定的意义表达和记录体系记录在一定载体上的有历史价值和研究价值的知识。

构成文献的四要素是知识内容、信息符号、载体材料和记录方式。

知识信息性是文献的本质属性，任何文献都记录或传递有一定的知识信息。离开知识信息，文献便不复存在，传递信息、记录知识是文献的基本功能。文献所表达的知识信息内容必须借助一定的信息符号、依附一定的物质载体，才能长时间保存和传递。

信息符号有语言文字、图形、音频、视频、编码等。

文献的载体材料主要有固态和动态两种：可见的物质，如纸、布、磁片等为固态载体；不可见的物质，如光波、声波、电磁波等则为动态载体。

文献所蕴含的知识信息是人们通过用各种方式将其记录在载体上的，而不是天然依附于物质实体上的。记录方式经历了刻画、手写、机械印刷、拍摄、磁录、计算机自动输入的存储方式等阶段。

9.1.1.4 信息、知识、情报和文献的相互关系

上述可以看出，信息、知识、情报和文献之间存在着一种必然的内在联系，是同一系统的不同层次。信息、知识、文献之间的关系如下。

事物发出信息，信息经过人的大脑加工而形成知识。只有将自然现象和社会现象的信息进行加工，上升为对自然和社会发展规律的认识，才能构成知识，也即知识是能够正确反映客观事物的有用信息。

知识信息被记录在一定的物质资料上，形成文献。这个过程可以表示为：自然现象（社会现象）—信息—知识—文献。信息是起源与基础，它包含知识和情报；文献则是信息、知识、情报的存储载体和重要的传播工具。信息是知识的重要组成部分，但不是全部，只有经过提高、深化、系统化的信息才能称为知识。

在信息或知识的海洋里，变化、流动、最活跃、被激活了的那一部分就是情报。信息、知识、情报的主要部分被包含在文献之中。信息、知识、情报也不全以文献形式记录。可见，它们四者之间虽然有十分密切的联系，但也有明显的区别。

9.1.2 文献检索的分类

9.1.2.1 文献检索的概念

文献检索是对未知知识最有效的获取方法，也是人们根据需要，利用人类有史以来积累的知识的唯一有效方法。它的最大优势在于可以用最少的时间、最快的速度获得尽可能多的信息与知识。

文献信息检索一般简称为文献检索，但实际上是文献检索和信息检索两个概念的统一。文献检索是信息检索的一种类型，是指依据一定的方法、按照一定方式将文献存储在某种载体上，并利用相应的方法或手段从中查找出符合用户特定需要的文献的过程。信息检索是指依据一定的方法，从已经组织好的有关大量信息集合中查出特定的相关信息的过程。

文献信息检索就是指将信息用一定的方式组织和存储起来，并根据用户的需要找出有关信息的过程，即从众多的文献信息源中，迅速而准确地查找出符合特定需要的文献信息或文献线索的过程。

9.1.2.2 文献检索的类型

（1）按检索设备划分

① 手工检索　也称传统检索，是人们习惯使用的一种传统的检索手段。其检索对象主要是书本式和卡片式的检索工具，包括各种书目、索引、文摘、参考工具书及卡片式目录等。这种检索方式的优点是直观、灵活、方便调整检索策略，有利于查准信息；但是缺点是查找速度慢。

② 计算机检索　计算机检索是随着计算机技术的发展而形成的现代化的检索手段，且已经成为现代检索的主要方式。是利用数据库、计算机软件技术、计算机网络及通信系统进行的信息检索，是以图书馆或网上文献数据库为对象，利用计算机进行脱机或网络检索的检索方法，可以进行机检和批处理。其优点是文献信息存储量大、检索速度快、效率高；缺点是追溯时间受到一定限制，检索费用比较昂贵。

计算机检索还可分为：脱机检索、联机检索、光盘检索、网络检索四种类型。

③ 声像文献类检索　如视听型文献、缩微型文献等。

④ 综合检索　在文献信息检索的过程中，同时使用手工检索和计算机检索两种检索方式。

（2）按检索内容划分

① 书目检索　以文献线索为检索内容的文献信息检索，即检索系统存储的是书目、索引、文摘等"二次文献"，它们是文献的外表特征与内容特征的描述。文献信息用户通过检索获得的是与检索课题有关的一系列文献线索，然后再通过阅读决定取舍。

② 数据检索　以数值为检索内容的文献信息检索，即检索系统存储的是大量的数据，包括物质熔点、电话号码、统计数据、财务数据等数字数据，也包括图表、化合物分子式和结构式等非数字数据，并提供一定的运算推导能力。这些数据是经过专家测试、评价、筛选过的，文献信息用户可直接引用。

③ 事实检索　以事项为检索内容的文献信息检索，即检索系统存储的是从原始文献中抽取的事实，并有简单的逻辑判断能力，文献信息用户所获得的是有关某一事物的具体答案。

④ 音像检索　即以声音和图像为检索内容的信息检索。如使用互联网，可以实现超文本和多媒体形式的网络信息检索。

（3）按检索方式划分

① 全文检索　即检索系统存储的是整篇文章乃至整本图书的全部文本。用户根据个人的需求从中获取有关的章、节、段、句等信息，并且可以进行各种频率统计和内容分析。

② 超文本检索　超文本检索就类似于人类的联想记忆结构，它采用了一种非线性的网状结构组织块状信息，没有固定的顺序，也不要求读者必须按照某个顺序来阅读。采用这种网状结构，各信息块很容易按照信息的原始结构或人们的"联想"关系加以组织。

③ 超媒体检索　即对文本、图像、声音等多种媒体信息的检索，是超文本检索的补充。其存储对象超出了文本范畴，融入了静态、动态图像及声音等多种媒体的信息，信息存储结构也从一维发展成多维，存储空间也在不断扩大。

（4）按收录的范围划分

① 综合性检索工具　指收录多学科、多语种、多体裁文献的检索工具。其特点是涉及范围广、历史悠久、具有权威性，同时可以提供多种查找途径，使用率高。

② 专业性检索工具　指收录某一特定专业范围内的各种文献线索或知识的检索工具。其特点是限定某个专业范围，仅供查找该专业文献时参考，揭示文献的深度和广度上有可能比综合性的检索工具强。

③ 单一性检索工具　指专门报道和指示某一特定专题或特定类型文献的检索工具。这种检索工具的特点是往往不按文献的内容来收集资料，而是按特定的出版形式或其他形式收录。

9.1.2.3　文献检索的意义和作用

① 通过文献检索，继承和借鉴前人的文化遗产。文献资料的检索，可以查找到各种历史文献资料，这些前人留下的文化遗产是珍贵的知识宝藏。研究这些文献资料，可以帮助我们更好地深入研究问题。

② 扩充自己的知识领域。通过文献信息检索，可以准确、快速地获取所需文献资料，紧跟国内外科学研究的最新成就、发展动向等，使研究工作效率大幅提升。

③ 提高查找所需文献资料的效率。查找需要的文献会花费大量时间，这就要求人们采用科学有效的方法，迅速、准确、全面找到所需的文献资料，这样才能够避免时间的过度消耗。

④ 帮助管理者做出正确的决策。管理者做出决策之前，都应对决策点拥有足够的相关

背景资料，并根据这些资料进行判断预测，同时只有掌握检索技巧，才能最大限度地得到相关资料，了解事情的整体状况，做出更正确合理的决策。

⑤ 推动智力资源的开发利用。文献资料是知识的载体，知识是智力资源的源泉，因此只有提高知识水平，智力资源的开发才能成为可能。

9.2 文献检索方法与步骤

检索工具是人们用于存储、查找和报道各类信息的系统化文字描述工具，是目录、索引、指南等的统称。检索工具的功能包括存储、浓缩、有序化、检索、报道、控制文献信息等。检索工具的特点包括：①详细描述文献的内容特征，外表特征；②每条文献记录必须有检索标识；③文献条目按一定顺序形成一个有机整体，能够提供多种检索途径。

9.2.1 文献检索的方法

文献检索方法，是为了从浩如烟海的文献中查到所需文献的线索，即为了实现检索目的而采取的具体操作方法或手段的总称。常用的检索方法直接法、工具法和综合法三种。

9.2.1.1 直接法

直接法就是不利用检索系统（工具）直接通过原文或文献指引来获取相关信息的方法。直接法的优点是能明确判断文献所包含的信息是否具有针对性和实用性；缺点是存在着很大的盲目性、分散性和偶然性，查全率无法保证。如果检索课题单一，文献相对集中，又熟悉原始文献，可采用这种检索方法。而对于有多个主题、文献离散较大的课题，则难以获得理想的检索效果。直接法包括浏览法和追溯法。

（1）浏览法

浏览法是指直接通过浏览、查阅文献原文来获取所需信息的方法。该方法的优点是能够直接获取原文，并能够直接判断是否需要文献所包含的信息；缺点是由于受检索人员主观因素的影响，有一定的盲目性和偶然性，难以保证查全率，且费时费力，对检索人员的要求比较高。

（2）追溯法

追溯法又叫扩展法、追踪法，是利用已知文献的某种指引（如文献附的参考文献、注释、辅助索引、附录等）来获取所需信息的方法，这是一种最简捷的扩大信息来源的方法。根据已知文献指引，查找到一批相关文献，再根据相关文献的有关指引扩大并发现新的线索，进一步来查找。在检索工具不全的情况下，可以选用此种方法，但由于这种方法也存在一定的偶然性，因此最好选用质量较高的述评和专著来进行文献追溯。

9.2.1.2 工具法

工具法是一种最常用的方法，即利用各种检索系统（工具）来检索信息。根据具体的检索情况，工具法又可分为以下三种方法：

（1）顺查法

顺查法是根据已确定的检索课题所涉及的起止年代，按照时间顺序由远及近地查找信息的方法。这种方法查全率高，但较费时费力，适用于普查性课题，利于掌握课题的来龙去脉、了解其历史和现状，并有助于预测其发展趋势。

（2）倒查法

倒查法是按照时间顺序，由近及远地逐年查找，直到找到所需信息。利用该方法能够获取较新的信息，把握最新发展动态，因此较适用于检索新课题或有新内容的课题。

（3）抽查法

一般来说，任何一个学科的发展都具有波浪式特点，在学科处于兴旺、快速发展期时，成果和文献较多。抽查法就是根据检索需求的特点和学科发展的实际情况，抽取这一段时间的文献进行检索。抽查法能够获得较多的信息，但要求检索人员必须熟悉该学科的发展情况。

9.2.1.3 综合法

综合法是指综合利用上述各种检索方法来查找信息的方法。利用各种检索方法，使其互相配合、取长补短，进而得到较为理想的检索效果。

9.2.2 文献检索的步骤

文献检索是一项实践性很强的活动，它要求检索人员善于思考，并通过经常性的实践，逐步掌握文献检索的规律，从而迅速、准确地获得所需文献。一般说来，文献信息检索的基本步骤包括以下几步：分析信息需求、选择检索系统（工具）、确定检索途径与方法、编制检索表达式、获取信息线索、获取所需信息。

（1）分析信息需求

在检索前要进行周密的分析，分析信息需求是信息检索成功与否的关键，信息需求分析得越深入细致、越准确，后面的检索效果越好。其目的在于厘清检索的基本思路，明确检索的目的、要求与检索范围，并从检索需求中发掘检索的已知条件。分析信息需求，主要是根据用户的表达，明确本次信息检索的主要内容、所涉及的学科范围及所需信息的文献类型、语种、地区、时间等方面的要求。

（2）选择检索系统（工具）

由于特定的检索工具与信息检索系统往往有着明确的文献收录范围，因此明确检索的学科与主题属性有助于选择适用的数据库。一般来讲，查找比较专业、深度的信息最好选用专业性强的检索系统。另外，在有多种检索系统可选择的情况下，要选择最权威、最全面、最方便的检索系统。

（3）确定检索途径与方法

要根据信息需求分析的结果和已选定的检索系统（工具）的情况，确定适当的检索途径。检索途径的确定在很大程度上受到检索系统（工具）的制约，但如果有多种检索途径可选择的话，一般来讲，如果信息需求的范围较广，最好使用分类途径；如果要求的信息较专业、深度，最好使用主题途径；如果事先已经掌握了信息的责任者、题名等信息，可选用相应的途径。为了提高信息检索效果，还要根据以上分析结果，确定适当的检索方法。

（4）编制检索表达式

在计算机检索系统中，有时需要编制检索表达式，即用布尔逻辑算符、位置算符等计算符将两个或两个以上的检索词进行组配，以式子的形式来确定检索词之间的关系，准确地将信息需求提交给计算机。

（5）获取信息线索

一些检索工具（目录、文摘等）在完成上述步骤后并不能直接提供所需信息，而只能提供信息线索。

（6）获取所需信息

检索的执行一般都由计算机自动完成，也可以由手工完成。所需信息的获取有时需要按照信息线索的指引才能获得，有时可直接从检索系统（工具），如全文数据库、网络搜索引擎等中获得。按照预先制定的检索策略进行实际检索，但仍要根据检索的阶段性成果或碰到的实际问题适当调整策略和进程。灵活运用检索工具、检索途径和检索方法是检索成功的保证。如果检索结果与检索需求存在差距，则要对检索进行再分析，使用多种检索方法对检索策略（包括检索途径与方法、检索表达式等）进行优化处理。

最后获取的检索结果，可采取复印、复制、打印、下载、E-mail 等多种方式收集。对于收集到的文献资料进行认真整理，说明检索结果，按要求给予答复，或提供原始文献。至此，一个完整的文献信息检索过程就完成了。

上述是信息检索的基本步骤，但在实际的检索实践中，在任何步骤都有可能要返回之前的某一步骤。因此在检索过程中，用户应随时调整检索策略，避免漏检、误检，以达到更好的检索效果。

9.2.3　文献检索的程序与途径

9.2.3.1　检索的程序

9.2.3.1.1　分析研究课题，明确检索目的与要求、时间、范围

在进行课题检索前，首先必须对课题进行认真、细致的分析，明确检索目的与要求，以便检索工作的顺利进行和获得较好的检索效果。具体可从以下几个方面着手：

① 分析主题内容。通过主题分析，确定检索的主题，以便确定检索途径。

② 分析课题所涉及的内容及学科范围，以便确定有关检索标识（分类号）及选择合适的检索工具或检索文档。

③ 分析课题所需信息的类型，包括文献媒体、出版类型、所需文献量、年代范围、涉及语种、有关著者、机构等。

④ 确定课题对查新、查准和查全的指标要求。若要了解某学科、理论、课题、工艺过程等最新进展和动态，则要检索最近的文献信息，强调"新"字；若要解决研究中某个具体问题，找出技术方案，则要检索有针对性、能解决实际问题的文献信息，强调"准"字；若要撰写综述、述评或专著等，要了解课题、事件的前因后果、历史和发展，则要检索详尽、全面、系统的文献信息，强调"全"字。

9.2.3.1.2　确定检索策略

（1）选择检索工具或检索系统

选择恰当的检索工具，要根据检索题目的内容、性质来确定。主要从以下几个方面来考虑：

① 从内容上考虑检索工具报道文献的学科专业范围。对此可利用三次文献，如《国外工具书指南》《工具书指南》《数据库目录》等来了解各检索工具（二次文献）的特点、所报道的学科专业范围、所包括的语种及其所收录的文献类型等。因此，在选择检索工具时，应以专业性检索工具为主，综合性检索工具进行配合、补充。

② 在技术和手段上，由于计算机检索系统适应多点检索、多属性检索，检索精度高，应首选机检工具，而且应选择合适的文档（数据库），目前许多检索系统如 DIALOG、OCLC 等都提供从学科范畴选择检索工具的功能。如果只有手工检索工具，应选择专业对口、文种熟悉、收录文献齐全，索引体系完善、报道及时，揭示文献信息准确，有一定深度的手工检索工具；如果一种检索工具同时具有机读数据库和印刷型文献两种形式，应以检索数据库为主，这样不仅可以提高检索效率，而且还能提高查准率和查全率。

③ 为了避免检索工具在编辑出版过程中的滞后性，必要时应补充查找若干主要相关期刊的现刊，以防漏检。

（2）确定检索途径或检索点

检索工具确定后，需要确定检索途径。一般的检索工具是根据文献的内容特征和外部特征提供多种检索途径。检索途径都有各自的特点和长处，选用何种检索途径，应根据课题的要求及所包含的检索标识，检索系统所提供的检索途径来确定。

当检索课题内容涉及面广、文献需求范围宽、泛指性较强时，选用分类途径；当课题内容较窄、文献需求专指性较强时，选用主题途径；当只知道物质分子式时，选用分子式途径；当选用的检索系统提供的检索途径较多时，应综合应用，互相补充，避免单一途径不足造成漏检。

（3）优选检索方法

优选检索方法的目的在于寻求一种快速、准确、全面地获得文献信息的检索效果。

（4）制定、调整检索策略

检索工具、检索途径、检索方法确定后，需要制定一种可执行的方案。计算机检索由于信息提问与文献标志之间的匹配工作是由计算机进行的，必须事先拟订周密的检索策略，即检索式。检索式是检索策略的表述，它能将各检索单元之间的逻辑关系、位置关系等用检索系统规定的组配符连接起来，成为计算机可以识别和执行的命令形式，实施有效检索。但这个检索式不是一成不变的，要把检索结果与检索需求不断地进行判断、比较之后，对检索式进行相应的修改和调整。

9.2.3.1.3 查找文献线索

在明确检索要求、确定检索系统、选定检索方法后，就可以应用检索工具实施检索，所获得的检索结果称为文献线索。对文献线索的整理、分析、识别是检索过程中极其重要的一个环节，需要做好以下几个方面：

① 做好检索记录。做好检索记录的目的在于必要时进行有效核对。包括记录好使用检索工具的名称、年、期、文献号（索引号）、文献题名（书名）、作者姓名及其工作单位、文献出处等。

② 关于文献类型的识别。在检索工具中，文摘、题录所记录的文献来源（文献出处）是索取原始文献的关键部分。在检索工具中，文献出处项对摘录的文献类型不加明显区分，需由检索者自己进行辨别。只有识别出文献类型，才能确定该文献可能收藏在何处，查何种馆藏目录，如何借阅和复制。识别文献类型主要依据各种类型文献在检索工具中的著录特征项。

9.2.3.1.4 索取原始文献信息

信息检索的最终目的是获取原始文献。当检索到文献线索并识别文献类型以后，即可根据不同的文献类型和语种索取原始文献。

传统的原文获取方法是根据检索到的文献线索，再利用馆藏目录查找收藏单位、收藏点，采取借阅或复制等方式索取原始文献。除此之外，原始文献信息的获取还可以通过以下6种方式获取：①向著者索取；②利用馆藏目录、公共查询系统、联合目录获取；③利用网上全文数据库获取；④利用网上全文传递服务检索获取；⑤利用网上出版社、杂志电子期刊的网站获取；⑥利用文摘数据库的原文服务获取。

9.2.3.2 检索途径

文献检索途径，是指从某个角度或某个方向进行文献检索。检索文献信息的途径主要有以下 6 种，见图 9-1。

(1) 题名检索途径

题名检索途径是根据文献的名称（包括书名、刊名、篇名等）进行文献检索的一种途径。检索时使用各种题名目录或索引，输入题名或题名的一部分，即可获得所有题名中包括该字、词的信息。利用题名途径既可以检索出一篇特定的文献，还可以集中一种著作的全部版本、译本等，因此被广泛地应用于图书、期刊、论文的检索，题名索引主要在计算机检索系统中应用较多。这种途径在查找图书初期刊物时较为常用，但由于文献篇名较长，检索者难以记忆，再加上按名称字顺编排，易造成相同内容文献过于分散。

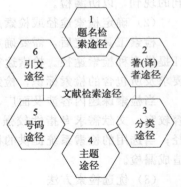

图 9-1　检索文献信息的途径

(2) 著（译）者途径

著者途径是指根据已知文献著者来查找文献的途径，它依据的是著者索引。著者索引采用文献上署名的著者、译者、编者的姓名或团体名称作为查找的依据。因为从事科研的个人或团体都各有专长，因而在同一著者的名下，往往集中一批内容有内在联系的论文，在一定程度上能集中同类文献。但著者途径不能满足全面检索某一课题文献的需求，它只能作为一种辅助途径。

(3) 分类途径

分类是按照文献资料所属学科（专业）类别进行检索的途径，所依据的检索工具是分类索引，如利用《中国图书馆分类法》编制的索引。分类途径以概念体系为中心对文献进行分类排检，体现出学科的系统性及事物的关联性，它能把学科内容性质相同的文献集中于同一类下，便于读者从学科体系的角度来检索文献。在已知所需文献学科属性下，可通过分类途径来检索文献。

(4) 主题途径

主题途径是根据文献主题内容编制主题索引，通过文献资料的主题内容进行检索的途径。主题索引是利用文献资料中抽取的能代表文献内容实质的主题词索引。检索时，只要已知研究课题的主题概念，即可像查字典一样按字顺逐一查找。主题途径是以检索词作为检索标识，最大优点就是直接性，主题法直接用文字作标题，表达概念准确、灵活，易于理解、熟悉和掌握，而且它把同类主题性质的事物集中起来，突破了分类途径的严格框架限制。

(5) 号码途径

号码途径是利用文献的代码、数字编成的索引来查找文献信息的一种途径。有些文献具有独特的代码，如图书有国际标准书号（ISBN），专利有专利号，报告有报告号，标准有标准号等。特别是一些特种文献如科技报告，都有自己的编号。利用代码途径检索信息就是通过已知文献的这些专用代码来查找信息。这种索引一般按缩写字母顺序加号码的次序由大到小排列。检索时，先按缩写字母，后按号码次序进行。在已知信息特定代码的前提下，利用代码途径检索信息非常简便、快捷、准确。

(6) 引文途径

引文途径就是根据引文即文章末尾所附参考文献来查找所需信息的途径。引文途径较特殊，使用引文途径检索信息时可以通过成套的检索工具（美国的《科学引文索引》、中国的《中国引文索引》等），或者直接利用文献结尾所附的参考文献，查找被引用文献。利用引文途径可以追溯查找相关信息，并依据课题情况实现循环检索，同时也可以作为评价信息价值的参考依据。

9.2.4 计算机信息检索

随着科技的进步，产生的计算机技术、通信技术和存储介质为管理文献信息、查找文献信息提供了便利性和强大的技术支持。计算机可以进行信息存储和检索，我们把这个过程称为计算机信息检索。

计算机信息检索主要包括文献的存储和检索两个过程。存储过程是根据系统性质，对收集到的原始文献进行主题分析、标引和著录，并按一定格式输入计算机存储起来，计算机在程序指令的控制下对数据进行处理，形成机读数据库记录和文献特征标识，存储在存储介质（如优盘或移动硬盘）上，建立数据库的过程。检索过程是用户对检索课题加以分析，明确需要检索的主题概念，然后用信息检索语言来表示主题概念，形成检索标识及检索策略，输入到计算机进行检索。计算机按照用户的要求将检索策略转换成一系列的提问，在专门程序的控制下进行高速运算，把检索标识与系统中文献基本特征的标识进行匹配比较，选出符合要求的信息并输出。

面对浩如烟海的网络信息，用户一般可通过以下几种方式来检索互联网信息。

（1）浏览

最简单的互联网信息检索方式是直接输入网站（网页）的 URL 地址去访问网页信息。浏览信息的方式适合一些没有准确信息需求目标的上网用户。

（2）网络资源目录

网络资源目录是网站为了更好地管理互联网上内容丰富的信息而开发的综合性的资源分类目录系统。网络资源目录的检索方式是指开发者将网络资源收集后，以某种分类法对资源进行组织和整理，并和搜索功能集成在一起的信息查询方式。大多数综合性的网络资源目录包括以下典型的一级类目：新闻、财经、教育、体育、社会、娱乐和互联网等。

9.2.4.1 计算机信息检索的步骤

计算机信息检索的一般步骤可分为分析所要检索的课题、选择与课题合适的数据库、确定检索所涉及的检索词、编写检索提问式和分析检索结果。

（1）确定数据库

由于文献信息的数据库种类繁多，覆盖的专业学科内容差别较大，文献的出版类型也不同，文献收录时间和检索方法也有所差异，故而正确选用合适的数据库是非常关键的步骤。先弄清楚课题的检索要求，然后从以下几个方面确定数据库：

① 学科范围，任何一个数据库在收录文献信息时总有一定的学科范围，要有针对性。

② 文献范围，数据库出版商常常以某一种类型文献编制数据库，如标准、专利等。

③ 国家和语种，对所需文献信息的国家和语种加以选择确定。

（2）确定检索词

确定检索词时要考虑满足两个要求：一是课题检索要求，二是数据库输入要求。在数据库中，文献的记录以字段形式存在，确定检索词时，要了解各数据库中可供检索的字段。一般来说，关键词或自由词字段检索，对检索词没有什么特别要求，但误检率较高；主题词字段检索，所用检索词是规范化词语，误检率较低，但检索时主题词确定较难，需要较好地掌握主题词表和对检索要求的理解，以达到检索提问标识与文献特征标识相吻合。由于词表规模的限制、新技术词汇的出现以及信息需求的变化发展，必要时可同时用自由词进行检索。为减少漏检，在尽可能多地使用同义词之外，也可采用多个字段同时进行检索。

（3）编写检索提问式步骤

在信息检索中，用户检索提问所用的逻辑表达式，称作检索提问式。一般来说一个课题需用多个检索词表达，并且将这些检索词组合成一定逻辑关系，以完整表达某个检索要求。在编写检索提问式时，其基本要求是准确、合理地运用逻辑运算的方法。对于一些复杂的检索课题有时还需事先制定好检索策略，合理制定检索词输入顺序与逻辑关系。下面以使用关键词为例，简单介绍编写检索提问式可以通过以下几个步骤完成。

① 切分　切分是指对课题包含的检索词进行最小单元的分割。例如课题"公园绿地的碳汇能力"，进行词的最小单元切割后变为"公园绿地"和"碳汇能力"两个词。注意：有些词若拆分后会失去原来意思，则不要拆分，例如"国家公园"就不要拆分为"国家"和"公园"。

② 删除　对于一些过分宽泛词和没有实质意义的连词、虚词，应该予以删除。例如"生态敏感性的评价"中的"的"和"园林学进展"中的"进展"等都不适合作为检索词。

③ 替换　对于表达不清晰或者容易造成检索误差的词予以替换。例如"绿色资源"中的"绿色"可以替换为"可再生""生态"等表达明确、不容易和其他概念相混淆的词。

④ 补充　这一步是将课题筛选出的词进行同义词、近义词、相关词的补充。这些词加入检索，会避免检索过程中的漏检情况。如计算机、微机、电脑、PC 等。英文数据中的这类情况就更常见了，可以使用各种算符进行补充。补充的检索词有两种类型：一类是规范词，这些词需要查询专门的叙词表，从叙词表中选取；另一类是自由词，这类词可以通过查看其他相关论文的表达形式或查询索引来获得。

⑤ 组合　课题分解成检索词后，把检索词用逻辑算符连接组合成检索式。例如中文检索式（公园绿地＋碳汇）＊碳氧平衡。

英文检索式（plane OR air plane OR aeroplane OR flying machine）AND（flight control）。

组合过程中要注意以下几点：把专指性强的主要检索词放在最前面，并且限制在基本索引字段里，这样可以缩短计算机处理时间，那些不重要的检索词出现在任意字段，能正确使用布尔逻辑算符、截词算符、位置算符等检索技术，例如同义词间用"或"（OR）连接；优先运算符的部分用"（）"括起来；英文检索时正确使用截词符或通配符；各种检索系统使用的位置算符多少及格式不同要区别对待；检索式要简单不应复杂。

当检索式输入计算机后，数据库将根据输入的检索标识检出相应的文献。一般数据库会提供多种显示方式显示结果，选择合适的显示方式，了解所检文献的内容，对文献内容的准确性进行审定，然后可对有效检索结果进行打印或存储，最后退出检索系统即可。

9.2.4.2　计算机信息检索的工具——搜索引擎

搜索引擎是一种查找网络信息的工具。是根据一定的策略、运用特定的计算机程序搜集互联网上的信息，在对信息进行组织和处理后，为用户提供检索服务的系统；是对万维网（WWW）站点资源和其他网络资源进行标引和检索的检索系统的统称。它在互联网上主动搜索 Web 服务器信息并将其自动索引，其索引内容存储于可供查询的大型数据库中。当用户在网站上输入关键字查询时，该网站会列出包含该关键字信息的所有网址，并提供所有网站链接。搜索引擎业已成为现代人们获取信息的最主要途径。

按照信息搜集方法和服务提供方式一般可将搜索引擎分为三大类。

（1）全文搜索引擎

国外具有代表性的全文搜索引擎有 Google，而国内著名的全文搜索引擎则有百度、搜狗等。它们的共同特点是依靠从互联网上合并提取不同网站信息而建立的数据库中，从而检索与用户查询条件匹配的相关记录，然后按一定的排列顺序将结果返回给用户，所以才称它们为真正的搜索引擎。全文搜索引擎按搜索结果来源又可分为两种：一种是具有自己的检索程序，能够自己建立网页数据库，直接从自身的数据库调用搜索结果，如 Google、百度和搜狗；另一种则是租用或者购买其他搜索引擎的数据库，搜索结果按自定的格式进行排列，如 Lycos 引擎。

全文搜索引擎的优点是可以处理大量信息、及时更新信息、无须人工进行干预，但是搜索结果返回的信息过多，用户就必须找到合适的筛选方式进行所需资源的筛选。

（2）目录式搜索引擎

该搜索引擎是互联网早期的搜索引擎形式，现在仍然占有重要地位。目录索引中最具代表性的是 Yahoo!（雅虎），而国内的搜狐、网易也是目录式搜索引擎。目录式搜索引擎，用户完全可以不用进行关键词查询，仅仅是按目录分类的网站链接列表来找到需要的信息。这类搜索引擎以人工或半自动方式从网站上搜集信息，待编辑员查看相关信息之后，人工方式集成信息摘要，并将信息放在之前已经归纳好的分类框架中。对于人工智能，其优点是搜索及查找的信息准确、导航速度快、质量高，而缺点则是需要耗费人力、需要大量维护信息、搜集的信息量少、不能及时更新信息。

目前全文搜索引擎正有和目录式搜索引擎相互融合的趋势，原来简单的全文搜索引擎到现在也包含目录式搜索，例如 Google 搜索，而目录式搜索引擎 Yahoo! 则通过与 Google 等搜索引擎相互合作来扩大自己引擎的搜索范围。

（3）元搜索引擎

元搜索引擎，也称多元搜索引擎，此类搜索引擎没有自己的数据库，依靠集成多个独立搜索引擎运行，著名的元搜索引擎有 I tools、Dog Pile 等。元搜索引擎包括并行处理式和串行处理式。并行处理式元搜索引擎将用户的查询请求同时转达给它调用链接的多个独立型搜索引擎进行查询处理，而串行处理式搜索引擎依次将用户的查询请求转送给它调用链接的每一个独立型搜索引擎进行查询处理。

不同的元搜索引擎采用不同方式向多个独立搜索引擎递交用户的查询请求，并对返回的结果剔除重复内容、重新排序等处理后，把处理结果作为自己的检索结果返回给查找用户。从用户角度来说，利用元搜索引擎的优点是可以同时获得多个独立搜索引擎的结果，因此返回的信息量更大、更全。但由于元搜索引擎在信息来源和技术方面都存在一定的限制，因此元搜索引擎对检索结果的控制能力较低。

9.2.4.3 文献的检索号（收录号）

（1）DOI 检索号

DOI 是 Digital Object Identifier 的简称，即数字化对象识别器。投向某个期刊的文章发表后，期刊会给作者文章检索号或收录号。文献中最常见的检索号就是 DOI 了。这一系统在 1997 年法兰克福图书博览会首次亮相，自此 DOI 正式成为数字化资源命名的一项标准。DOI 的主要功用就是对网络上的内容能做唯一的命名与辨识。DOI 是一组由数字、字母或其他符号组成的字符串，包括前缀（Prefix）和后缀（Suffix）两部分，中间用一道斜线区分。前缀由辨识码管理机构指定，后缀由出版机构自行分配。前缀又由两部分组成，中间用一个圆点分开。第一部分＜DIR＞有两个字符，代表该 DOI 由哪个注册中心分配，目前都是以 1 和 0 两个数字代表。以后可能会有多家注册中心，例如一个国家一个，或一个行业一个（如出版、摄影、音乐、软件等行业）。前缀的第二部分＜REC＞代表被分配使用该 DOI 前缀的出版机构，或在辨识码注册中心进行登记的任何版权所有者。后缀由出版商或版权所有者自行给号，是一组唯一的字符串，用来代表特定的数字化资料。许多出版商选用已有的识别符号作为后缀，如 ISBN、ISSN 等。DOI 标志通常在文献的首页最上面或者最下面，也有在摘要和正文之间的。Springer 出版社的期刊的 DOI 是在首页最上面，Elsevier 出版社的 DOI 是在首页最下面。

（2）SCI 收录号

SCI 的收录号很多人以为是文献记录中的 IDS Number。在 ISI Web of Science 中，IDS Number 是识别期刊和期号的唯一编号，用于订阅 Document Solution 中的文献的全文。每种期刊每一期上发表的文献 IDS Number 都相同，因此 IDS Number 并不是 SCI 的收录号，正确的应该是将 UTISI 作为 SCI 文章的收录号。

在老版的 Web of Science 数据库中正确地获取 SCI 收录号的方法是：进入 Web of Science 数据库，通过检索找到需要的文献后，可以看到包括文献作者、标题、IDS Number 等信息。将文献进行输出，并保存为 HTML 格式。从保存的 HTML 格式网页（一般其文件名为 save drecs. html）中可以找到 UTISI，也即 SCI 对应的收录号。在新版 Web of Science 数据库中获取文章检索号或收录号更为方便。

（3）ISBN

国际标准书号（International Standard Book Number，ISBN）是专门为识别图书等文献而设计的国际编号。ISO 于 1972 年颁布了 ISBN 国际标准，并设立了实施该标准的管理机构国际 ISBN 中心。现在，采用 ISBN 编码系统的出版物包括：图书、小册子、缩微出版物、盲文印刷品等。在联机书目中，ISBN 可以作为一个检索字段，从而为用户增加了一种检索途径。查询文献被引用的总次数我国的论文发表数量位列世界第一，但是单篇文献被引用的次数却不高。单篇文献被引用的次数是衡量该科研文献被认可的标志（或数据），也可以通过被引用频次初步判断科研人员的学术水平。下面简单讲述如何使用百度学术搜索、中国知网 CNKI 数据库及权威的 Web of Science 数据库查询文献被引用的次数。

① 百度学术搜索。

打开百度学术搜索，在输入框中输入文献标题查找文献，经过学术搜索查询文献后，可以看到显示百度找到的相关结果页面，查看文献右侧的"被引量"即可知道该篇文献目前的引用次数是多少。百度学术搜索的被引量以方框形式显示，简洁大方，一目了然。

② 中国知网 CNKI 数据库。

登录中国知网数据库后，在输入检索条件后单击下方的"检索"按钮开始检索。在显示的检索结果页面中，单击文献后面的"被引"（即文献被引用的次数）可以查看到在指定数据库中检索到的引用本文的文献。在中国知网数据库中显示的"被引"并没有排除自引的情况，因此最好排除论文第一作者自引后的被引次数，参考使用"他引次数"。

同时，由于每个数据库的收录内容不同，同样一篇文献在不同的数据库中被查询到的被引用次数也会有差异；再者，因数据库更新，在不同时间点查询同样的数据库也会有差异。例如，文献《基于组件式地理信息系统的开发》（作者为宋扬，李见为等）发表于 2000 年 11 月的《重庆大学学报（自然科学版）》。截至 2015 年 5 月 6 日，在中国知网 CNKI 数据库的被引用次数为 148 次，而百度学术搜索显示的被引用次数为 107 次。

③ Web of Science 数据库。

最权威的查询文章被引用次数是在 Web of Science 数据库查询。现在的 Web of Science 数据库版面布局非常清晰，引用的参考文献、被引频次、影响因子等显示得很清楚。查询的方法前面的章节已经讲述过了，注意查询到文献后，查看文献后面的"被引频次"即可。另外，一般来说，每年 SCI 收录的期刊都有一个汇总表，会以 Excel 的格式提供下载。汇总表中也会显示出每一个 SCI 期刊的英文名称、文章被引频次等信息。文档却可能与检索提问不符。反之，检出的文档与检索提问相符却不一定能满足用户的需求。系统相关不一定意味着用户相关。用户相关性由用户本人来判断，它具有强烈的即时性和明显的个性化特征：用户对于文献相关与否的判断会因条件、时间的不同而有所变化，还会因用户知识背景、知识结构、兴趣爱好不同而有所不同。

9.2.4.4 互联网计算机信息检索特点

互联网信息资源以数字化的形态存在，借助通信网络互联的方式来传递，它与传统的信息媒体和交流渠道相比有很大不同，了解互联网信息资源的特点有利于用户对其的使用。从信息检索的角度讲，其具有以下特点：

① 资源非常丰富　互联网是一个开放性的全球性信息网络，由于各种机构和个人都可以在网上发布信息，因此互联网具有信息资源极其丰富、分布广、多语种和高度共享等特点。互联网信息资源涵盖人类社会的各个领域，种类繁多，几乎无所不含。

② 信息格式多样　信息资源通过超链接技术进行组织，而且集成多种媒体格式。信息资源不仅包括常见的文本信息，而且涵盖图形、图像、声音、动画和视频信息等多种媒体格式。

③ 分布式、跨平台　互联网信息资源以分布式数据库的形式存放在不同国家、地区的各种服务器上。各种信息数据库基于的系统不同、平台不同，形成分布式、跨平台的特点。

④ 非线性　利用超文本链接。按知识单元及其关系建立起知识的立体网络结构，完全打破传统的知识线性组织结构的局限，通过各个知识节点把整个互联网上的相关知识链接起来。

⑤ 信息发布与使用成本低　互联网信息发布所具有的公开性和自由性决定了其是低成本而且非常容易。绝大部分的互联网信息资源可以免费使用，低费用的互联网信息资源有效地刺激了用户的需求，从信息需求的角度也有助于互联网信息资源的有效合理配置。

⑥ 信息传播扩散速度快　互联网可以在第一时间发布和传播新闻消息。数字信息的可复制性，使互联网信息的扩散速度呈爆炸性增长。

⑦ 信息共享程度高　由于信息存储形式及数据结构具有通用性、开放性和标准化的特点，在网络环境下，时空得到最大限度的延伸和扩展。互联网信息资源的一大特点是相同种类的信息可以迅速和准确地提供给用户。

⑧ 信息无序与有序并存　互联网上的信息没有统一的控制规范，信息质量参差不齐，从宏观上看，网上的信息是分散的、无序的和不规范的；而从局部来说，比如某个网站、网页或数据库，信息却是有控制的、相对集中的、有序的和规范化的。

目前，计算机信息检索具有快速的检索速度、高效的检索效率、广泛的检索范围、新颖的检索内容、大量的检索数据、简单的操作方法和较小的限制空间等优点。计算机信息检索的这些优点克服了传统手工检索的缺陷，从而形成了信息检索以计算机信息检索为主，手工检索为辅的局面。

9.3　文献信息检索与利用

9.3.1　国内大型综合检索系统

9.3.1.1　中国知网 CNKI 数据库

9.3.1.1.1　概述

CNKI 即中国知识基础设施工程（China National Knowledge Infrastructure），是由中国

学术期刊（光盘版）电子杂志社、清华同方光盘股份有限公司、光盘国家工程研究中心主办，以实现全社会知识信息资源共享为目标的国家信息化重点工程。它的内容涵盖了我国自然科学、工程技术、人文与社会科学期刊、博硕士论文、报纸、图书、会议论文等公共信息资源。CNKI 主要的数据库有中国期刊全文数据库、中国优秀硕博士学位论文全文数据库、中国重要报纸全文数据库、中国重要会议论文全文数据库、中国医院知识仓库、中国企业知识仓库等。

中国期刊全文数据库（CJFD）是我国第一个连续的、大规模的、集成化的多功能学术期刊全文检索系统，也是目前世界上最大的连续动态更新的中文期刊全文数据库；同时也是 CNKI 中最核心、最常用的一个文献数据库，它是由中国学术期刊（光盘版）电子杂志社及清华同方光盘股份有限公司联合主办。

（1）中国知网全文数据库专辑类型

中国知网 CNKI 全文数据库收录了国内 9100 多种中文期刊，以学术、技术、政策指导、高等科普及教育类为主，同时收录部分基础教育、大众科普、大众文化和文艺作品类刊物，内容覆盖自然科学、工程技术、农业、哲学、医学、人文社会科学等各个领域，全文文献总量 3525 多万篇。全部期刊分为 10 大专辑：基础科学、工程科技Ⅰ辑、工程科技Ⅱ辑、农业科技、医药卫生科技、哲学与人文科学、社会科学Ⅰ辑、社会科学Ⅱ辑、信息科学、经济与管理科学。各个专辑的具体学科内容如表 9-1 所示。

表 9-1　中国知网 CNKI 全文数据库期刊各专辑的具体学科内容

专辑	具体学科
基础科学	自然科学理论与方法、数学、非线性科学与系统科学、力学、物理学、生物学、天文学、自然地理学和测绘学、气象学、海洋学、地质学、地球物理学、资源科学
工程科技Ⅰ辑	化学、无机化工、有机化工、燃料化工、一般化学工业、石油天然气工业、材料科学、矿业工程、金属学及金属工艺、冶金工业、轻工业、手工业、一般服务业、安全科学与灾害防治、环境科学与资源利用
工程科技Ⅱ辑	工业通用技术及设备、机械工业、仪器仪表工业、航空航天科学与工程、武器工业与军事技术、铁路运输、公路与水路运输、汽车工业、船舶工业、水利水电工程、建筑科学与工程、动力工程、核科学技术、新能源、电力工业
农业科技	农业基础科学、农业工程、农艺学、植物保护、农作物、园林、林业、畜牧与动物医学、蚕蜂与野生动物保护、水产和渔业
医疗卫生科技	医药卫生方针政策与法律法规研究、医学教育与医学边缘学科、预防医学与卫生学、中医学、中药学、中西医结合、基础医学、临床医学、感染性疾病及传染病、心血管系统疾病、呼吸系统疾病、消化系统疾病、内分泌腺及全身性疾病、外科学、泌尿科学、妇产科学、儿科学、神经病学、精神病学、肿瘤学、眼科与耳鼻咽喉科、口腔科学、皮肤病与性病、特种医学、急救医学、军事医学与卫生、药学、生物医学工程
哲学与人文科学	文艺理论、世界文学、中国文学、中国语言文字、外国语言文字、音乐舞蹈、戏剧电影与电视艺术、美术书法雕塑与摄影、地理、文化、史学理论、世界历史、中国通史、中国民族与地方志、中国古代史、中国近现代史、考古、人物传记、哲学、逻辑学、伦理学、心理学、美学、宗教
社会科学Ⅰ辑	马克思主义、中国共产党、政治学、中国政治与国际政治、思想政治教育、行政学及国家行政管理、政党及群众组织、军事、公安、法理、法史、宪法、行政法及地方法制、民商法、刑法、经济法、诉讼法与司法制度、国际法
社会科学Ⅱ辑	社会科学理论与方法、社会学及统计学、民族学、人口学与计划生育、人才学与劳动科学、教育理论与教育管理、学前教育、初等教育、中等教育、高等教育、职业教育、成人教育与特殊教育、体育
信息科学	无线电电子学、电信技术、计算机硬件技术、计算机软件及计算机应用、互联网技术、自动化技术、新闻与传媒、出版、图书情报与数字图书馆、档案及博物馆

专辑	具体学科
经济与管理科学	宏观经济管理与可持续发展、经济理论及经济思想史、经济体制改革、经济统计、农业经济、工业经济、交通运输经济、企业经济、旅游、文化经济、信息经济与邮政经济,服务业经济、贸易经济、财政与税收、金融、证券、保险、投资、会计、审计、市场研究与信息、管理学、领导学与决策学、科学研究管理

（2）中国知网 CNKI 全文数据库特点

① 海量数据的高度整合，集题录、文摘、全文文摘信息于一体，实现了一站式文摘信息检索。

② 参照国内外通行的知识分类体系组织知识内容，数据库具有知识分类导航功能。

③ 有包括全文检索在内的众多检索入口。用户可以通过某个检索入口进入初级检索，也可以运用布尔逻辑算符等灵活组织检索提问式进行高级检索。

④ 具有引文链接功能，除可以构建成相关的知识网络外，还可用于个人、机构、论文、期刊等方面的计量与评价。

⑤ 全文信息完全数字化，通过免费下载的最先进的浏览器可实现期刊论文原始版面结构与样式的不失真显示与打印。

⑥ 数据库内的每篇论文都能获得清晰的电子出版授权。

⑦ 多样化的产品形式、及时的数据更新，可满足不同类型、不同行业、不同规模用户个性化的信息需求。

⑧ 遍布全国和海外的数据库交换服务中心，常年配备用户培训与高效技术支持。

中国知网 CNKI 全文数据库收录的期刊均有印刷版，电子版的速度晚于印刷版。发行方式有两种：一是以光盘形式发行，分为整库和专题库等几种不同的形式供用户按需选择；二是以网络版形式发行，提供三种类型的数据库，即题录数据库、题录摘要数据库和全文数据库。除全文数据库收费以外，其余两种均为免费服务。用户想要浏览期刊全文，必须在初次使用时首先下载和安装全文浏览器 CAJ Viewer。

9.3.1.1.2　检索方法

（1）登录数据库检索系统

登录数据库检索系统一般有两种方式。

① 登录 CNKI 官网，进入 CNKI 首页，在数据库列表中选择中国期刊全文数据库，点击进入即可。但是因为该数据库为收费检索系统，用户需注册账号与密码，购买使用权，方能进行全文文献的浏览与下载。

② 通过学校图书馆进入检索系统。因为学校图书馆已购买数据库的使用权，在校学生与教师只需要通过 IP 自动登录，不需要注册与登录，也不需要付费，就可以进行文献的浏览与下载操作。

中国期刊全文数据库提供了初级检索、高级检索、专业检索和期刊导航四种检索方式。进入检索首页后，系统默认的是初级检索的界面，用户可以点击首页界面的右上角相应按钮进行切换，选择所需的检索方式。

（2）初级检索

初级检索是一种比较简单的检索方式，它的特点是方便、快捷、效率高，为用户提供最大范围的选择空间，但往往结果的冗余比较大。因此对于那些不熟悉多条件组合的用户或者执行命中率要求不高的检索时比较适用。

（3）高级检索

高级检索可以进行一个及一个以上的检索表达式的逻辑组合检索。相对于初级检索，高级检索命中率更高，它的界面与初级检索的页面比较相似，只是增加了两行逻辑检索行，如图 9-2 所示。高级检索最大的不同就是具有多项双词功能。多项指的是可以选择多个检索项，不同检索项之间通过"逻辑与""逻辑或""逻辑非"三种关系进行组合。双词是指同一检索项可在两个不同的文本框中分别输入检索词，并且这两个检索词之间可以用五种关系进行组合。

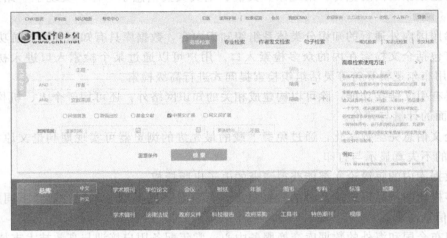

图 9-2　知网高级检索页面

（4）专业检索

专业检索是指用户根据自己的需求，运用系统的检索语法编制逻辑组合表达式来进行检索的一种方法。点击检索首页右上方的"专业检索"，切换到专业检索界面，如图 9-3 所示。

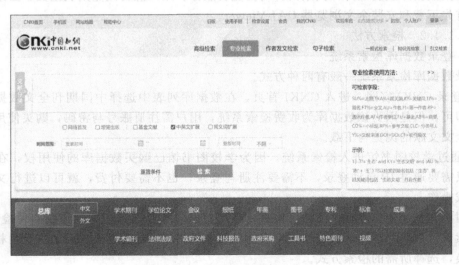

图 9-3　知网专业检索页面

（5）论文浏览及下载

要下载或浏览全文有两种方式。第一种是在检索结果页面（图 9-4）中，点击任意一篇文章后面的下载符号（⤓）可以下载或浏览 CAJ 格式的全文。

图 9-4　下载界面 1

第二种是点击篇名进入知网页面，知网页面包含有中英文篇名、作者中英文名、作者单位、文献出处、中英文关键词、中英文摘要、基金、专辑名称、图书分类号。图书分类号下面有手机阅读、HTML 阅读、CAJ 下载、PDF 下载及辅助阅读等可根据用户的需求下载或阅读，见图 9-5。再下面还有核心文献推荐及引文网络（见图 9-6），包括参考文献、引证文献、同被引文献、二级参考文献、二级引证文献等以及读者推荐文章及相似文献等。

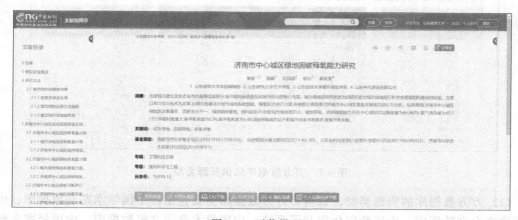

图 9-5　下载界面 2

9.3.1.2　万方数据库

9.3.1.2.1　概述

万方数据知识服务平台是北京万方数据股份有限公司，以中国科技信息研究所全部信息资源为基础建立的，整合数亿条全球优质知识资源，集成期刊、学位、会议、科技报告、专利、标准、科技成果、法规、地方志、视频等十余种知识资源类型（图 9-7）。万方数据库是覆盖自然科学、工程技术、医药卫生、农业科学、哲学政法、社会科学、科教文艺等全学科领域各方面信息的基于网络的大型综合信息资源服务系统，实现海量学术文献统一发现及分析，支持多维度组合检索，适合不同用户群研究。

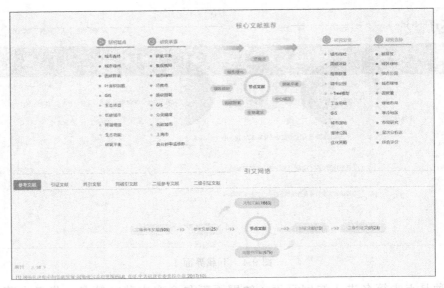

图 9-6　知网下载页面 3

图 9-7　万方数据库知识资源类型

（1）万方数据库的资源类型。目前，万方数据库主要包括：中国学术期刊数据库、中国学位论文全文数据库、中国数字化期刊子系统、中国学术会议文献数据库、中国标准文献数据库、中外标准数据库、中国法律法规全文数据库、科技信息子系统、商务信息子系统、中外专利数据库、NSTL 外文文献数据库、中国科技成果数据库、国内外文献保障服务数据库、中外科技报告数据库等，见图 9-8。

① 中国学术期刊数据库　中国学术期刊数据库（China Online Journals，COJ），收录始于 1998 年，包含 8000 余种期刊，其中包含北京大学、中国科学技术信息研究所、中国科学院文献情报中心、南京大学、中国社会科学院历年收录的核心期刊 3300 余种，年增 300 万篇，每天更新，涵盖自然科学、工程技术、医药卫生、农业科学、哲学政法、社会科学、科教文艺等各个学科。实现全文上网，论文引文关联检索和指标统计。

② 中国学位论文全文数据　中国学位论文全文数据库（China Dissertations Database），

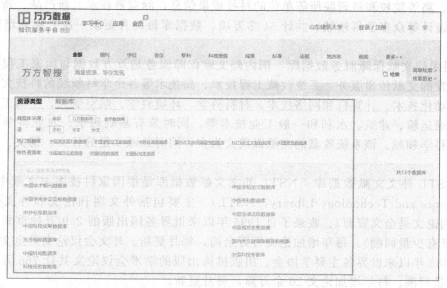

图 9-8　万方数据资源系统数据库类型

收录始于 1980 年，年增 35 余万篇，涵盖基础科学、理学、工业技术、人文科学、社会科学、医药卫生、农业科学、交通运输、航空航天和环境科学等各学科领域，是中国收录数量最多的学位论文全文库。

③ 中国学术会议文献数据库　中国学术会议文献数据库（China Conference Proceedings Database），会议资源包括中文会议和外文会议，中文会议收录始于 1982 年，年收集约 2000 个重要学术会议，年增 10 万篇论文，每月更新。外文会议主要来源于 NSTL 外文文献数据库，收录了 1985 年以来世界各主要学协会、出版机构出版的学术会议论文共计 1100 万篇全文（部分文献有少量回溯），每年增加论文 20 余万篇，每月更新。该库是国内最具权威性的学术会议文献数据库。

④ 中外专利数据库　中外专利数据库（Wanfang Patent Database，WFPD）涵盖 1.56 亿条国内外专利数据。其中，中国专利收录始于 1985 年，共收录 4060 万余条专利全文，可本地下载专利说明书，数据与国家知识产权局保持同步，包含发明专利、外观设计和实用新型三种类型，准确地反映中国最新的专利申请和授权状况，每年新增 300 万余条。国外专利 1.1 亿余条，均提供欧洲专利局网站的专利说明书全文链接，收录范围涉及美国、日本、英国、德国、法国、瑞士、俄罗斯、韩国、加拿大、澳大利亚、世界知识产权组织、欧洲专利局等的数据，每年新增 1000 万余条。

⑤ 中外标准数据库　中外标准数据库（China Standards Database）收录了所有中国国家标准（GB）、中国行业标准（HB）以及中外标准题录摘要数据，共计 200 余万条记录，其中中国国家标准全文数据内容来源于中国质检出版社，中国行业标准全文数据收录了机械、建材、地震、通信标准以及由中国质检出版社授权的部分行业标准。

⑥ 中国法律法规全文数据库　中国法律法规数据库（China Laws & Regulations Database），收录始于 1949 年，涵盖国家法律法规、行政法规、地方性法规、国际条约及惯例、司法解释、合同范本等，权威、专业。每月更新，年新增量不低于 8 万条。

⑦ 中国科技成果数据库　中国科技成果数据库（China Scientific & Technological Achievements Database）收录了自 1978 年以来国家和地方主要科技计划、科技奖励成果，

以及企业、高等院校和科研院所等单位的科技成果信息，涵盖新技术、新产品、新工艺、新材料、新设计等众多学科领域，共计 64 多万项。数据库每两月更新一次，年新增数据 1 万条以上。

⑧ 国内外文献保障服务数据库　国内外文献保障服务是万方数据与国家工程技术图书馆合作开发的文献传递服务，系统收藏工程技术、高技术等各个学科领域的科技文献，包括电子和自动化技术、计算机和网络技术、材料科学、环境科学、航空航天、生物工程、能源动力、交通运输、建筑、水利和一般工业技术等，同时兼有基础科学、农业科学、医药卫生、社会科学领域。该系统收藏的文献以英文为主，同时兼顾少量的日文、德文、俄文和法文文献。

⑨ NSTL 外文文献数据库　NSTL 外文文献数据库是指国家科技图书文献中心（National Science and Technology Library，NSTL），主要包括外文期刊论文和外文会议论文（外文期刊论文是全文资源）。收录了自 1995 年以来世界各国出版的 2.9 万种重要学术期刊（部分文献有少量回溯）。每年增加论文百万余篇，每月更新。外文会议论文是全文资源。收录了自 1985 年以来世界各主要学协会、出版机构出版的学术会议论文共计 766 万篇，部分文献有少量回溯。每年增加论文 20 余万篇，每月更新。

⑩ 中外科技报告数据库　包括中文科技报告和外文科技报告。中文科技报告收录始于 1966 年，源于中华人民共和国科学技术部，共计 10 万余份。外文科技报告收录始于 1958 年，涵盖美国政府四大科技报告（AD、DE、NASA、PB），共计 110 万余份。

9.3.1.2.2　检索方法

中国学位论文全文数据库的检索方法如下。

（1）登录检索界面

登录万方数字期刊全文数据库的方式有两种：一种是登录官网进入首页；另一种方式为通过学校图书馆进入检索系统（图 9-7）。

（2）选择检索方式

该页面一共提供两种检索方式：初级检索和高级检索。高级检索界面在首页检索栏的右方。

① 初级检索（图 9-7）　直接在首页界面中单击"期刊"按钮，并在检索框中输入要检索的主题词，单击"检索论文"按钮，即可获得相关检索结果。初级检索支持"逻辑与""逻辑或""逻辑非"，按逻辑关系的优先级，即先后顺序进行检索。

② 高级检索（图 9-9）　高级检索用以多个检索词的组合检索，可以从多途径联合进行模糊检索。在首页界面中单击"高级检索"按钮，进入"高级检索"界面，可利用主题、题名、创作者、作者单位、关键词、摘要、日期、DOI 等多种检索途径进行组合检索。

③ 专业检索　专业检索比高级检索功能更强大，但需要用户根据系统的检索语法编制检索式进行检索，适用于熟悉掌握检索技术的专业检索人员。如图 9-10 所示为万方数据库专业检索界面。

（3）检索结果处理

检索结果的页面如图 9-11 所示，用户可以分别点击在线阅读和下载查看全文来实现相应的功能。

9.3.1.3　百度学术搜索平台

百度学术于 2014 年 6 月上线，是百度旗下的免费学术资源搜索平台，提供海量中英文文献检索服务，涵盖各类学术期刊、学位、会议论文等资源，致力于将资源检索技术和大数

图 9-9　万方数据库高级检索界面

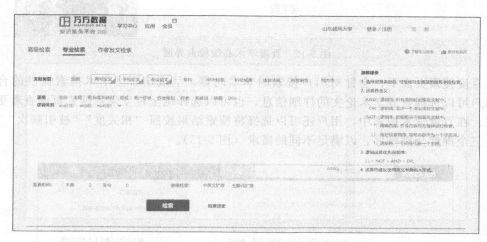

图 9-10　万方数据库专业检索界面

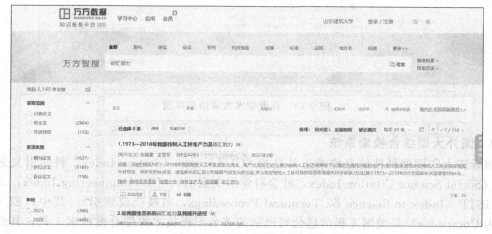

图 9-11　检索结果界面

据挖掘分析能力贡献于学术研究，优化学术资源生态，引导学术价值创新，旨在为国内外学者提供最好的科研体验。

　　百度学术搜索可检索到收费和免费的学术论文，并通过时间筛选、标题、关键词、摘要、作者、出版物、文献类型、被引用次数等细化指标提高检索的精准性（图 9-12）。

图 9-12　百度学术高级检索界面

在百度搜索页面下，会针对用户搜索的学术内容，呈现出百度学术搜索提供的合适结果。用户可以选择查看学术论文的详细信息，也可以选择跳至百度学术搜索页面查看更多相关论文。在百度学术搜索中，用户还可以选择将搜索结果按照"相关度""被引频次""发表时间"三个维度分别排序，以满足不同的需求（图 9-13）。

图 9-13　百度学术搜索结果界面

9.3.2　国外大型综合检索系统

国际四大印刷型科技信息检索工具是指 SCI（Science Citation Index，科学引文索引）、SSCI（Social Science Citation Index，社会科学引文索引）、EI（Engineering Index，工程索引）、ISTP（Index to Science &. Technical Proceedings，科技会议索引）。其中，EI（电子版称为 Compedex）是美国工程信息公司出版的著名工程技术类综合性检索工具，其余的均为美国科学信息研究所（Institute for Scientific Information，ISI）的产品。

9.3.2.1　美国《科学引文索引》

（1）概述

《科学引文索引》（Science Citation Index，SCI）1961 年创刊，是由美国费城科学情报研究所编辑出版的一种综合性科技引文检索刊物。被公认为世界范围最权威的科学技术文献的索引工具，能够提供科学技术领域最重要的研究成果。发表的学术论文被 SCI 收录或引用的数量，已被世界上许多大学作为评价学术水平的一种重要标准。

所谓引文，就是一篇论文后所附的参考文献。所谓引文索引就是从被引论文去检索引用论文的索引。

SCI 是当今世界很有影响力的一种大型的综合性文献检索工具，它重点收录的学科主要有应用科学、临床医学、物理、化学、农学、生物学、兽医学、工程技术、行为科学等基础学科和交叉科学的文献。收录文献类型主要是期刊文献，另外还有专著、丛书、会议录、论文集、专利文献、图书等。

SCI 报道的范围十分广泛，涉及学科近 100 个，收录期刊有 3200 多种，期刊来源国家有 40 多个，每年报道的文献有 50 多万篇。SCI 所选择的期刊都被认为是引用频率最高而且是高质量的期刊。

（2）SCI 的检索途径与步骤

SCI 由 4 大索引部分组成，每一个索引均为检索者提供了一种检索文献的途径和方法。因此，可以从引文、主题、团体著者和著者 4 种途径来查找文献资料。相关检索途径与步骤简述如下。

① 引文途径　从某一篇切合你所研究的课题的参考文献（用它的著者、专利号等）出发，通过适当的引文索引（如著者引文索引、专利引文索引等），找出引用这一文献的一系列引用著者姓名，然后用"来源索引"查出这一系列著者所写的文章篇名及其出处。最后根据篇名决定取舍，由文献出处索取原始文献。

② 主题途径　当检索者只知道所查课题要求，而手头没有掌握任何具体文献线索和著者姓名时，则可利用"轮排主题索引"根据课题内容的关键词来查找。具体检索步骤为：先选取与课题密切相关的若干个词对，利用 PSI 查出哪些篇名中含有这些词对的著者姓名，再查"来源索引"，得到引用文献的篇名及出处，最后根据篇名决定取舍，由文献出处索取原始文献。

③ 团体著者途径　当检索者掌握有关机构的名称，而想进一步知道该机构的研究动态或所从事的技术工作时，便可利用"团体索引"，直接查到该机构成员发表的文章。具体检索步骤为：如果预先知道该机构所在地的国名（或州名）和城市名，则可直接利用团体索引——地理部分查出该机构当年发表文章的著者姓名及其文章出处，再转查"来源索引"，得到文章的篇名及出处后根据篇名决定取舍，由文献出处索取原始文献。如果仅知道机构名称，而不知道该机构所在地的具体地理位置［国名（州名），城市名］，则应先查团体索引——机构部分，得到其所在地的国名（州名）、城市名，再转查团体索引——地理部分，其后步骤相同。

④ 著者途径　来源索引是根据引用著者姓名查找引文题目等的索引。可见，其作用与一般检索工具书中的"著者索引"相同，因此，本索引可独立作为著者索引使用。具体检索步骤为：根据已知著者姓名，直接查"来源索引"，得到发表文章的篇名及出处，再根据出处索取原始文献。

（3）SCI 的特点

① 有利于了解某位著者或某一机构发表论文的数量及其影响情况。SCI 收录的期刊均是学术价值较高、影响较大的国际科技期刊。因此，一个国家和地区乃至个人的学术论文被 SCI 收录和引用的数量多少，是其科研水平、科研实力和科研论文质量高低的重要评价指

标。同时也可反映出一个国家或地区或单位的科学活动在世界上的地位和比重。

② 有利于了解世界范围内某一学科的研究动态。SCI 收录世界各国自然科学领域所有最新研究成果，反映学科最新研究水平。

③ 有利于了解研究热点及某篇论文的被引用情况。SCI 可以使人们清楚地了解某项研究成果的继承与发展全貌。就某篇论文而言，被引用的次数越多说明该论文受关注的程度越高，其学术影响力越大。

9.3.2.2 美国《工程索引》

(1) 概述

美国《工程索引》（The Engineering Index，EI）于 1884 年 10 月创刊，是由美国工程信息公司主办的著名工程技术类综合性检索工具。EI 是工程技术领域综合性的检索工具，也是我国科技人员经常使用的一种检索工具。

EI 收录报道的范围广泛，它收录了世界工程技术领域的所有重要文献，包括土木工程、空间技术、应用物理、城市建设、环境工程、光学技术、航空航天、机械、计算机控制、石油化工、动力能源、汽车船舶、采矿冶金、材料、动力、电工、电子、自动控制、矿冶、金属工艺、机械制造、水利、交通运输等方面。每年报道的学科侧重点不同，主要以当今世界工程技术领域的科研重点为对象。EI 不报道纯理论方面的基础科学文献。

(2) EI 的检索途径及步骤

① 主题途径　拿到检索课题后，如果确定从主题途径查找文献，首先就要分析检索课题的主题内容，在此基础上自己确定合适的主题词。完成了这一步后，有两条途径：一条是直接利用主题词，查阅主题索引，获取相应文摘号，然后根据文摘号查找文摘正文，阅读文摘；另一条途径是选定主题词后，先核对词表，用规范化的主题词取代自选的词，然后用该主题词作为检索标识，直接查阅文摘正文。主题途径是一种常用的、有效的检索途径。

② 著者途径　如果已知著者姓名，需要查找该著者发表的文献，则可从著者途径查找。这时，是以著者姓名作为检索标识，查著者索引，获取相应的文摘号，然后根据文摘号查阅文摘正文。

③ 著者工作机构（单位）途径　如果已知某机构名称，需要查找该机构研究人员当年发表的文献，则可从著者工作机构途径查找。这时，以著者工作机构名称作为检索标识，查著者工作机构索引，获取相应文摘号，然后根据文摘号查阅文摘正文。

第10章 论文写作方法

10.1 论文写作方法概述

10.1.1 报告论文的意义和作用

（1）报告论文的意义

作为科学技术成果的载体，其意义与科学技术本身密不可分，科学技术的作用和意义在一定程度上就是报告论文的作用和意义。报告论文的意义是多方面的，它同时具有理论意义和实践意义，具体如下：

① 传播知识、创新知识——理论意义。

② 直接为生产服务，创造效益——实践意义。

③ 实践检验科研成果，进一步推动科学研究——理论和实践意义。

（2）报告论文的意作用

报告论文有助于进行学术交流，促进科学进步与发展，有利于传播知识、创新知识，能够直接为生产服务，创造效益。此外，通过实践检验科研成果，可以进一步推动科学研究。报告论文具有如下作用：

① 提高科研人员学术水平和综合素质 科技论文是一个科技工作者在专业领域理论联系实际的主要体现，可以反映作者在分析解决专业问题过程中的科学思维方法、最新技术策略和归纳写作能力。因此，系统的学术研究工作本身就是一个极好的全面训练过程，大学生可借此磨炼自己的意志，检验评估自己的学业成果，发表宣传自己的学术见解。从这个意义上讲，它是科技人才质量指标的一个"检测仪"，更是科技人才自我训练和提高的"大摇篮"。

② 为他人研究提供知识和方法 著文立说重在开拓创新和自成体系，科技论文作为作者的最新研究成果和独特学术见解，可以在本专业研究领域为读者提供最新的知识基础、思维方式和技术方法，并在自己研究结果的基础上提出新的问题和建议，为后人进一步研究创造新的探索起点。

③ 科学指导生产和经济活动 科技论文是科技研究工作的理论作品，是"实践＋理论→实践"这一科学认识过程中的中心环节。作者在论文中所主张的学术观点，可通过他人的进一步实践而得到验证，从而把事物的内在联系与自然规律客观真实地展现出来，为指导生产和发展经济提供可靠的理论依据。因此，研究生通过论文工作有利于提高理性认识、增加知识积累和锻炼实践生产的能力。

④ 加强学术交流和成果推广 科学技术是第一生产力，科技论文是这第一生产力的最新研究成果。作者在论文中不仅报道了研究进展和结论，而且还充分论述了自己独特的见解和观点。因此，科技论文可以加强学术间的交流和成果的延伸推广。

⑤ 推动科学技术健康持续发展 科技论文是作者在发现真理过程中建立起来的理论成果，并成为进一步提高自己和鼓励他人继续探索的精神食粮。因此，它是推动科技不断创新

的再生能源和动力。

（3）报告论文的种类

报告论文可分为如下类型：

① 报告　报告包括专题、总结、年度小结、初报、调查、读书、实验报告。

② 科技论文　科技论文包括学位论文、学术论文。

③ 专著　专著包括著、编著、译著等。

④ 综述、综合报道。

10.1.2　为何学习科技论文写作方法

10.1.2.1　科学研究与科技论文写作的关系

科学研究的目的是探索科学问题，并将其成果记录和传播。论文是科学成果的记载和媒介。没有好的研究成果写不出好的文章，不好的论文难以让好的科学研究结果广为传播。

10.1.2.2　为何学习科技论文写作方法

（1）学习科技论文写作的意义

① 科技论文是科研结果和成果的记录和表述。

② 科技论文是科学理论和知识延续与传播的载体。

③ 科技论文是一项科学研究结束的标志和符号。

④ 科技论文是对科学理论进行评价的蓝本。

⑤ 科技论文是对科学成果进行验证的依据。

（2）学习科技论文写作的重要性

好的科技论文，不仅宜于科学理论和方法的交流，而且符合现代人的思维方式和生活节奏；另外可发表性强、容易被杂志接受，还能被同行和大众理解和传播。

（3）科技论文撰写的目的

科技论文是科学技术研究的重要后续工作，是学术交流和成果转化的主要载体。从育人的角度看，它是科研工作者自我训练和不断提高的摇篮，是研究生走向社会的前奏曲。

10.2　科技论文概述

科技论文又叫科学论文，是科学研究论文和技术试验报告的总称，是科技人员以文字形式总结成果、发展理论和阐明学术观点的论理性文章。科技论文是记载原始科研结果的科学记录，一般包括学术论文和学位论文。

科技写作即科技信息形成书面形式的活动。它是以科学技术现象、科学技术活动及其成果为表述内容的一种专业写作。具体地说，根据党和国家一定时期内的路线、方针、任务和有关科学技术政策、法律、法规，以科学技术为对象，以书面语言（包括插图、表格、公式、数据、符号等）为表述手段，对科技领域里的各种现象、活动及其成果，进行记录、总结、描述、存贮、交流、传播和普及，及时沟通科技信息，处理科技领域里的各种事务，以推动科学技术的进步和国民经济全面、持续、健康地向前发展，这种创造性的认识和书写实践活动，就是科技写作。科技写作的结果是科技文献。科技文献是以书面语言（文字）为主要表达手段的科技信息的物质载体。

科技论文是科研工作的最终理论成果；是科研人员在专业学术领域不断探索创新的知识作品；是学术界快速高效进行信息交流、成果推广的主要传播载体和发布依据；也是研究生毕业前完成科研训练的主要标志。

10.2.1　科技论文的种类

根据写作目的和社会功用的不同，科技论文可大体分为学位论文、学术论文两大类。

（1）学术论文

普遍来看，学术论文可以分为理论性的学术论文和实证性的研究报告。学术论文从其研究途径和方法上看，最常见的主要是试验论文、调查报告、文献综述等，其文本格式必须按照学术会议和投稿刊物的具体要求来写作。

（2）学位论文

学位论文是指大学及以上的高等学历毕业生，为证明圆满完成学业而向学位授予机构申请相应学位所提交的答辩性论文。根据所申请学位的高低，学位论文分为学士论文、硕士论文和博士论文三种。

这三种学位论文的学术水平要求，在我国1980年颁布的《中华人民共和国学位条例》（以下简称《学位条例》）中都有明确的规定，其文本格式必须按照学位授予机构的具体要求来写作。

10.2.2　科技论文的特点

科技论文是对创造性的科研成果进行理论分析和总结的科技写作文体。科技论文不同于允许超越现实进行虚构的文学作品，也不同于来自现实生活的一般性记叙文、描写文、抒情文、说明文和议论文，而是以科学研究事实为依据的学术性成果与理论分析报告。因此，科技论文与其他文体相比，在表达内容和写作主体上有着明显不同的特点。

（1）内容特点

① 学术性　要求读者应具有某一方面的专业知识。它与科技新闻报道文章、科普文章以及科技应用文有较大的区别。

② 创新性　创新性是科技论文价值的根本所在，也是衡量科技论文学术水平高低的重要标志。

③ 科学性　科技论文的撰写必须有实验数据、论据充分，推理论证严谨、准确，要能反映出作者科学思维过程和所取得的成果。写作过程中要经过周密思考，论点应经得起推敲。

④ 再现性　根据论文中所描述的实验方法、实验条件、实验设备，重复作者的实验时，应能得到与作者相同的结果。

⑤ 可读性　文字通顺、语法正确、概念准确、表达清晰、论点鲜明、论据充分等。

⑥ 规范性　科技论文的规范性具有标准化的特性，符合期刊投稿的规定。

（2）文面表达特点

① 论点、论据、论证必须齐全　科技论文的正文一般应由绪论、本论和结论三大部分组成，俗称论文的三大要素。绪论是提出问题，本论是分析问题，结论是解决问题。这点，从表面上看与论说文相似，但在取材、研究、立论和论证的方式方法上不尽相同。

② 内容、结构、格式力求规范　无论发表交流的学术论文，还是毕业答辩的学位论文，其文本格式和内容结构都有统一要求。有些国家对科技文献的撰写和编辑都规定了国家标准，有些学科和专业学术机构还制定了国际标准。联合国教科文组织早在1968年就公布了《关于公开发表的科技论文和科技文摘的撰写指导》。我国也在1987年公布了国家标准《科学技术报告、学位论文和学术论文的编写格式》（GB 7713—1987），以后不断修订，2022年发布了《学术论文编号规则》（GB 7713.2—2022），对论文中使用的名词、术语、缩写、标

点、符号、计量单位、表格、插图和参考文献等，都有规范化标准指导。

③ 数据、图表、符号等应用较多　科技论文中研究结果的表达和论证方式，除文字阐述以外，更重要的是依靠来源于观测、调查和收集的试验数据资料。这些数据资料有些可直接引用，有些需要通过计算制成表格或图形，有些则需要归纳成公式表达，有些还需要配备照片加以说明。依学科不同，有些论文中还可能出现各种各样的特殊符号。

④ 参考文献和统计分析不可缺少　为了便于读者了解论文研究内容的先进性和结果结论的可靠性，科技论文在写作上要求必须注明参考文献的出处和重要数据资料的统计分析结果，这两方面内容往往是准确评价论文学术价值和质量等级的主要依据。因此，高层次的理论研究论文，必须通过参考文献的著录在深度和广度的双层面真实反映科技信息的含量，必须通过数据资料的统计分析，确切说明研究结果的可信度。

（3）写作特点

① 客观性　科技论文中作为重要论据的数据、照片和文字描述等，都是经试验观察和调查测试所获得的第一手资料，是研究实践和生产经验的真实写照，由此而来的学术信息不带有任何主观臆测。因此，科技论文不许半点虚构和伪造，必须如实反映研究客体的原貌与本质。

② 科学性　科学研究的目的是探求真理，为认识世界和改造自然提供科学依据。科技论文从试验到调查，从立论到结论，全过程的每个环节必须充分体现知识和方法的正确性。文章最后形成的新理论和新技术应有必然性和可验证性。因此，科学性是科技论文的灵魂。

③ 先进性　科技论文的研究内容，自课题设计开始就要求通过资料收集保证在本领域的先进性，其研究所涉及的关键问题具有前沿性和尖端性，研究方法与手段必须新颖且先进，预期研究结果在国内外具有领先地位。因此，先进性是科技论文的核心。

④ 创新性　科技论文的研究内容不能简单重复前人的研究，而是在同领域有自己的创新性。要有新问题、新方法、新见解、新理论等，只有这样，才能充分体现作者的独特思想和研究结果的学术价值，对科学技术的发展具有影响力和推动力。因此，创新性是科技论文的生命力。

⑤ 学术性　要求读者应具有某一方面的专业知识。它与科技新闻报道文章、科普文章以及科技应用文有较大的区别。学术性是指论文在专业研究领域的理论性和知识性，这是由研究内容的科学性、先进性和创新性决定的。因此，科技论文往往以理论探讨和技术分析为主，有较大的学术交流价值，能使同行读者获得专业学问，从而实现知识更新。一些重大的突破性理论研究成果常常富有批判性、论理性和立论性，在学术界往往能引起较大的共鸣和轰动。

⑥ 专业性　科技论文的研究内容与方向具有明确的学科领域，其研究成果的推广应用也有很明确的专业范围。因此，作者和读者都是学科专业上的同行和同志，在学术信息交流方面具有共同的愿望和语言，能实现真正意义上的互相学习和合作，有效解决工作中的实际问题。

⑦ 资料性　科技论文从开始研究到完成写作的全过程中，都大量参考了前人的研究成果，充分体现了知识的应用和创新。这种在学术上对专业知识的继承和发展作用，本身就决定了它对今后科技发展工作的指导功能，对后人的继续研究具有重要的参考价值。因此，一般的科技论文都会被作为图书资料长期保存下来，有的甚至能成为重要的历史文献。科技论文具有标准化的特性，符合期刊投稿的规定。

⑧ 朴实性　撰写和发表科技论文的目的，是通过向广大读者传授最新专业信息和知识、取得学术交流效应。因此，科技论文在写作技术上应力求深入浅出，文字通顺、语法正确、

概念准确、表达清晰、论点鲜明、论据充分等。在语言表达上力求简练朴实，从而使读者感到通顺易读和务实可用。并在此基础上，尽可能提高文字加工和语言修饰水平，以提高表达效果和读者的阅读兴趣。

10.2.3　科技论文的写作要求

（1）依据充分，观点鲜明

科技论文是一种依托于科学研究基础上的议论文。正文在提出问题后，必须围绕其论点充分展示试验观测和调查过程中的事实依据，并通过科学论证其在学术上提出新的见解，最终建立起一种旗帜鲜明的学术观点。

（2）逻辑严密，论述合理

科技论文写作的重点是以研究事实为依据来论证自己的学术观点，因此写作技巧主要是体现在论证的方法和技术上。即整个论证过程必须有根有据、合情合理，尤其是相关的逻辑推理必须严密，理论分析必须透彻，对读者才有说服力。

（3）写作正确，表达准确

论文的写作结构与格式一定要正确规范，每段、句、词、字、图表、数字、标点符号等的用法都必须正确无误。特别是在最后结论时一定要严谨，做到措辞恰当，文意准确，不得有半点马虎和偏差。

（4）内容完整，层次分明

科学研究从资料收集、计划制订开始，到试验处理、结果调查、数据分析和信息提取归纳，直至最后得出结论，从表面上看整个工作都是一步一步有次序地进行，但全过程却是一个十分连贯的完整体系，很多细小的环节都难以严格区分。因此，在撰写论文时一定要注意研究内容上的完整性。对较复杂的内容要加以科学组织和梳理，主次分明，由浅到深，分层逐条阐述与讨论，以体现写作技术的层次性特点。

（5）语言精练，文意清楚

在保证内容全面和结构完整的前提下，科技论文的写作要尽量避免罗列过多甚至重复的东西，力求语言精练、篇幅简短。但在表达方式上，要做到文意句意清晰明确，而不能语带双关，给人一种含糊不清、无从捉摸的感觉。

（6）结构严谨，整体连贯

写作内容的结构要严谨有序，写作主线要明确，不谈无关紧要的东西。段落间的衔接必须自然协调，文章的首尾要呼应一致，不能前言不搭后语，甚至自相矛盾。因此，结构松散和前后矛盾是科技论文写作上最忌讳的毛病。

（7）书写标准，突出分析

科技论文中涉及的专业名词术语和度量衡单位，都应按照国家出版和交流的规定要求书写，力求标准化和规范化，而不能使用方言土语和自造词语。在阐述研究结果时，应重点突出分析与讨论，通过摆事实、讲道理，解决学术理论和技术难题。不能把"试验结果的分析"看成是"试验过程的记录"。

10.2.4　科技论文的基本结构

科技论文的结构是指其整体的各个组成部分以及各个组成部分间的结合方式。结构是科技论文的骨架，不好的结构会使材料和语句散乱无序，论文内容难以得到充分有力的表现，有人将此比喻为园林布局，用同样的花木山石，布局安排散乱粗俗会使人看了索然无味，安排精巧细致就会给人以山回路转、曲径通幽的美感。任何事物的发展都有规律性，论文的结构也有规律性，这就是论文所遵循的"序"，论文遵循了序就会在布局谋篇上更完整，结构上更严谨。论文的结构安排，要在中心论点的统率和支配下，把各个论证部分严谨周密地组织起来，分清主次轻重，做到层次分明、详略疏密有致。

科技论文的内容可划分为三个部分。

① 文前部分　题名、作者署名、作者工作单位（包括省市名及邮政编码）、摘要、关键词、中图分类号、文献标识码。

② 主体部分　引言、正文、结论、致谢、参考文献。

③ 辅文部分　基金项目、作者简介、注释、英文题目、英文署名（一般为汉语拼音）、作者工作单位（英文）、英文摘要、英文关键词等。如非确有必要，一般不用符号表。

10.3　学术论文写作方法

10.3.1　学术论文概述

（1）学术论文的定义

学术论文是指以所研究信息的交流和传播为目的，把作者自己在科学试验、生产调研和专题研究过程中的新发现、新发明、新见解、新成果，通过学术会议和专业刊物正式向社会公布的科技论文。

（2）学术论文的种类

根据论文的性质、特点和写作目的，一般可以把论文分为两大类：

① 一类是理论性的学术论文，常见的形式有学术评论、理论探讨、经验总结、综合评述等。

② 一类是实证性的研究报告，常见的形式有实验报告、调查报告、观察报告、发明报告等。

（3）学术论文的特征

与其他文章不同，学术论文有其学术方面的特殊特性，也即具有科学性、学术性和创新性的特征。其中，创新性是学术论文的基本特征，是世界各国衡量科研工作水平的重要标准，是决定论文质量高低的主要标准，也是反映它自身价值的标志。

10.3.2　学术论文的一般格式

学术论文一般由三个部分：前置部分、主体部分和附录部分组成。前置部分包括题名、论文作者、中英文摘要、关键词、中国图书馆分类法分类号等；主体部分包括前言、材料和方法、结果与分析、讨论、结论、致谢、参考文献等；附录部分包括插图和表格等。

10.3.2.1　章、条的编号

参照国家标准《标准化工作导则第 1 部分：标准化文件的结构和起草规则》（GB/T1.1—2020）第 5 章第 2 节"层次的描述和编号"的有关规定，学术论文的章、条的划分、编号和排列均应采用阿拉伯数字分级编写，即一级标题的编号为 1,2,… ；二级标题的编号为 1.1,1.2,… , 2.1,2.2,… ;三级标题的编号为 1.1.1,1.1.2,…,等。详细参见 GB/T1.1—2020 和 GB/T 7713.2—2022。

上述规定的这一章、条编号方式对著者、编者和读者都具有显著的优越性，便于期刊文章的阅读、查询与管理。

10.3.2.2　题目

（1）题目的要求

题名又称题目、标题或篇名，它是学术论文的必要组成部分。写好题目是提高论文写作水平的第一关。

① 总标题是论文研究内容在广度上的高度概括和深度上的精确体现。题名应直截了当、言简意明、扼要概括、论点清楚、措辞准确，要求用最恰当、最简洁的词组反映文章的特定内容，把论文的主题准确无误地告诉读者，恰当反映所研究的范围和深度，并且使之具有画龙点睛、启迪读者兴趣的功能。如总标题因字数限制表达不完整的，可借助副标题名补充论文的下层次内容。

② 具体要求：题目要能提示文章最具先进性的内容，因此标题应包含先进点；同时，最好能与当前研究大趋势有关，即标题的含义靠近当前研究的热点；还应与研究内容相似的其他论文题目明显区别开来。

（2）题目的数量与结构

① 题名用词应精选，字数不宜过多，一般中文应控制在 20 个汉字以内，英文不宜超过 10 个实词；并且避免使用标点符号和非公知公用的缩略语、字符、代号和公式。

② 标题的排版必须居中，尽可能排成单行。字数较多时也可排成两行，要求上行长，下行短，形成倒梯形。标题编写时还应考虑必要的索引词汇，以利分类编目和文献检索。课题较大的阶段性报告论文，也可采用主标题下再设置副标题的处理方式，副标题的字数可以另计。

③ 总标题下还有较多级次的分标题。分标题是论文的内容纲要和写作框架，可使论文在整体上显得有脉络有格调，在各部分之间显得有序位有联系，从而体现文章在写作结构上的完整性、系统性、层次性和严谨性。分标题的编写就是平常所说的编写提纲，可分为一级、二级、三级等。

其中，一级分标题通常是论文的结构和格式性要求，如摘要、引言、试验材料与方法、试验结果与分析、结论与建议、参考文献、附录等。这级标题的排版格式在同一种刊物的学术论文和同一所大学的学位论文中都比较固定，一般要求居中排写，不做编号。

二级以下分标题是正文中具体研究内容的小标题，应编号写作。分标题的编写要求虽不像总标题那样严格，但也应做到简明、具体、准确。无论大小标题，在语法结构上都应采用名词和名词词组，而不采用动宾短语和完整的句子。

10.3.2.3　署名及工作单位

（1）署名与作者

署名就是注明论文工作人员的姓名。署名意义主要有三个方面：一是声明论文著作权；二是承诺文责自负；三是为读者提供联系目标。因此，署名作者不只是有享受论文成果名誉的权利，而且还有承担论文学术、道德、法律责任和为社会继续服务的义务。因此，作者必须是本文研究工作的主持者和参与者，必须对其研究背景、方法、内容、结果、结论及其意义非常熟悉，能随时回答别人的提问。因而，实际执笔作者若要把其他合作者列为作者时，必须征得本人同意，并把文稿送请过目，在主要学术观点上取得一致。

对临时或部分协助人员不应列为作者，可列入"致谢"部分表示礼谢说明。尤其是仅有支持态度的单位领导更不宜挂名。论文成果为集体完成时，署名排序一定要严肃郑重。为了尽可能公正合理，一般是论功排名，即按照对研究工作做出实际贡献的大小来排名次。

第一作者一般是研究工作方向和计划的决策者，是研究结果及其意义的判断者，也是论文实际写作和定稿者，因而知识产权和学术责任也最大。第二作者及以后，一般由课题负责人提名协商判定排序。如果集体完成的成员在一系列研究分题中贡献差不多，也可根据每个人的专长协商分工执笔撰写，执笔者优先，其他人在各个分题论文中轮流排列同一名次。这里所说的贡献是指在合作成果中所付出的劳动代价和创新努力，劳动代价可按工作量计算，创新能力则可用发现问题、解决问题和合理化建议的多少来衡量。科技论文的署名一般应用真名，并同时注明所有作者工作单位的全称、所在地、邮政编码等，以免发生误解和差错，也便于读者咨询。

著者署名是学术论文的必要组成部分，主要体现责任、成果归属以及便于研究人员追踪研究。著者指在论文主题内容的构思、具体研究工作的执行及撰稿执笔等方面的全部或局部上做出主要贡献的人员，能够对论文的主要内容负责答辩的人员，是论文的法定主权人和责任者。文章的著者应同时具备三项条件：课题的构思与设计，资料的分析和解释；文稿的写作或对其中重要学术内容做重大修改；参与最后定稿，并同意投稿和出版。

（2）工作单位

作者应标明其工作单位全称（包括部门名称）、所在省、城市名及邮政编码，加圆括号置于作者署名下方。高校作者要注明二级单位，单位如需标注重点实验室或研究中心等时，二级单位就不必写"某某学院"了，如：山东建筑大学山东省建筑节能技术重点实验室，山东建筑大学风景园林科学研究中心。

10.3.2.4　课题说明

近年来，作为学术交流和学位答辩的科技论文，一般都需要在首页下面以脚注的形式说明本文的研究内容属于什么课题项目。如国家自然科学基金、国家 863 计划、其他项目资助等。其意义有三：声明本论文研究成果的归属、说明本研究课题的进展情况、为读者判断论文的研究水平提供参考依据。

10.3.2.5　作者简介

近年来，很多学报级刊物都要求所载论文的作者提供本人的基本情况简介，包括姓名、出生年月、性别、民族、籍贯、学位、职称、所在单位、研究方向等，以便为读者提供相关信息。其写作位置一般也是在论文首页的下面，以脚注的形式用较小字号排写。

10.3.2.6　摘要

摘要是现代学术论文的必要附加部分，摘要是对论文主要内容不加任何注释和评论的简短陈述，中性描述，不使用任何评价性的语言；是在原文基础上忠于其本意的高度概括、精华提炼和准确浓缩。学术论文一般应附有中英文摘要，一个好的摘要往往起到画龙点睛的效果。一般应控制在正文的 3%～5%，200～500 字。

10.3.2.6.1　摘要的分类

（1）按摘要内容的不同分为报道性摘要、指示性摘要和报道—指示性摘要。

① 报道性摘要　指明一次文献的主题范围及内容梗概的简明摘要（也称简介）；报道性摘要也常称为信息型摘要或资料性摘要。其特点是全面、简要地概括论文的目的、方法、主要数据和结论。学术期刊论文一般常用报道性摘要，EI 收录文章大部分属于报道性摘要。通常这种摘要可以部分地取代阅读全文。

② 指示性摘要　指示一次文献的陈述主题及取得的成果性质和水平的简明摘要。指示

性摘要也常称为标题性摘要、说明性摘要、描述性摘要或论点摘要。适用于创新内容较少的论文（如综述）、会议报告、学术性期刊的简报、问题讨论等栏目以及技术类期刊等，一般只用两三句话概况论文的主题，而不涉及论据和结论，此类摘要可用于帮助潜在的读者决定是否需要阅读全文。

③ 报道—指示性摘要（介乎其间） 以报道性摘要形式表述一次文献中信息价值较高的部分，而以指示性文献形式表述其余部分的摘要。

（2）按编写的形式可分为传统式摘要和结构式摘要。

① 传统式摘要多为一段式，在内容上大致包括引言、材料与方法、结果和讨论等主要方面，即 IMRAD（Introduction, Methods, Results and Discussion）结构的写作模式。

② 结构式摘要是 20 世纪 80 年代中期出现的一种摘要文体，实质上是报道性摘要的结构化表达，即以分层次、设小标题的形式代替原来传统的编写形式。结构式摘要一般分为 4 层次：目的（Objective）、方法（Methods）、结果（Result）、结论（Conclusion），但各期刊在具体操作上仍存在细微的差异。

10.3.2.6.2　摘要的写法

一般的科技论文都应尽量写成报道性摘要，综述性、资料性或评论性的文章（如综述论文、工程实践、教研论文等）可写成指示性或报道—指示性摘要。

（1）报道性摘要

报道性摘要主要阐述研究目的、研究方法手段、研究内容和研究结论。写作内容包括：研究依据、目的、意义、试材、方法、结果、结论等，核心是结果与结论（必须是直接结论或直接结论加上间接结论）。

报道性摘要的写作模式："文章（或研究）基于……，围绕……，针对……，通过……研究，主要探索了……，结果表明：……。"（多项并列的研究结论以";"号隔开），摘要中的研究结论要与文后结论相一致。

（2）指示性或报告—指示性摘要：主要阐述研究目的、研究内容和研究结果。

10.3.2.6.3　摘要的写作内容

（1）摘要的写作内容包括：

① 一句话的研究背景（体现问题的重要性）。

② 两句话左右的研究目的（体现自己研究的创新之处及水平）。

③ 采用的研究方法手段（体现研究的可行性）。

④ 研究内容（吸引读者去了解）。

⑤ 研究的结果与结论（吸引读者去思考）；一句话强调自己研究成果的重要意义（以此彻底吸引读者有兴趣继续阅读论文），其核心是结果与结论。

（2）摘要的详简度

摘要虽然要反映上述内容，但文字必须简明，内容需充分概括，它的详简程度取决于文献的内容。

（3）摘要的字数

通常期刊论文的中文摘要以不超过 400 字为宜，纯指示性摘要可以简短一些，应控制在 200 字上下（GB 6447—1986 规定：报道性摘要和报道—指示性摘要一般以 400 字为宜；指示性摘要一般以 200 字左右为宜。GB/T 7713.2—2022 规定：中文摘要一般不宜超过 200～300 字；外文摘要不宜超过 250 个实词。如遇特殊需要字数可以略多）。对于使用英、俄、德、日、法等外文书写的一次文献，它们的摘要可以适当详尽一些。

学位论文等文献具有某种特殊性，为了评审，可写成变异式的摘要，不受字数的限制。摘要的编写应该客观、真实，切忌掺杂编写者的主观见解、解释和评论。

10.3.2.6.4　摘要的特性：

摘要必须体现三个特性：

(1) 内容上具有独立性和完整性，同论文具有等量的知识信息。

(2) 写作技术上必须体现简明性和精练性。摘要在写作上应字字推敲，做到多一字无必要，少一字显不足，摘要的字数宜少不宜多。用于刊载发表学术论文的摘要，是论文结构和格式要求的一部分。

(3) 在知识信息上体现忠实性和准确性。

① 内容上必须忠实于原文。为读者准确无偏地提供作者自己可以肯定的知识信息、研究成果和技术方法。

② 不能超越原文，谈及与原文无关的内容、无事实依据的推论和还有争论的观点。

③ 不能超越作者自己的研究结果去评述"参考文献"中他人的研究结论。

10.3.2.6.5　编写摘要时应注意的问题

① 排除在本学科领域方面已经成为常识的内容。

② 不得简单地重复文章篇名中已经表述过的信息。

③ 要求结构严谨，语义确切，表述简明，一般不分或力求少分段落；忌发空洞的评语，不作模棱两可的结论。

④ 摘要要求采用第三人称，不要使用"本人""本文""作者""我们""本研究"等作为摘要的主语；摘要中不要出现"首先""其次""最后"和"(1)…(2)…(3)…"等字样，多项结论用分号相隔。

⑤ 要采用规范化的名词术语。尚未规范化的，以采用一次文献为原则。如新术语尚无合适的中文术语译名，可使用原文或译名后加括号注明原文。

⑥ 不要使用图、表或化学结构式以及相邻专业的读者难以清楚理解的缩略语、简称、代号。如果确有必要，在摘要中首次出现时必须加以说明。

⑦ 不得使用一次文献中列出的章节号、图号、表号、公式号以及参考文献号等，必要提及的商品名应加注学名。

⑧ 必须使用法定计量单位以及正确地书写规范字和标点符号。

⑨ 进行国际交流的期刊还应该给出使用国际通用文种（通常是英文）书写的摘要。

10.3.2.7　关键词

关键词是指能代表论文主题面貌与核心内容的关键词语，是为了满足文献标引或检索工作的需要而从论文中萃取出来的，表示全文主题内容信息条目的单词、词组或术语。关键词一般是从论文"题目"中精选而来，当不足以表达全文重要信息时也可适当从"摘要"中提炼补选。关键词由单词、词组或术语组成，一般3~6个即可。

关键词作为论文的一个组成部分，列于摘要段之后。关键词选得是否恰当关系到该文被检索率和该成果的利用率。

10.3.2.8　中国图书馆图书分类号、文献标识码、文章编号

有些学报刊物为便于文献标引和检索，并向读者提供该文的价值属性和发表时间等相关信息，要求发表论文时注明其图书分类号、文献标识码、文章编号。位置多在"关键词"

下，同行编写。

中国图书馆图书分类号的查询和选用，目前应依据《中图分类法》（第五版）标出论文的学科属性。作者无查询条件时，往往由刊物编辑部代之完成。

文献标识码是表明论文所属性质的代码。每篇学术论文都可按其特定的文献价值归属到不同性质的文献类型，并用不同的英文字母表示，这就形成了文献标识码体系。

文章编号由刊物编辑部完成，信息内容包括发表该文的杂志国际连续出版物号、年限、在刊期次、所处当年刊物总页码和占有页数。

10.3.2.9　引言

论文的引言又叫绪论、前言、导言、序言等。引言是论文主体部分的前奏和序幕，它是一篇论文的开场白，主要阐述立题依据和理由，说明"为什么"要做本研究课题。写引言的目的是向读者交代本研究的来龙去脉，其作用在于唤起读者的注意，使读者对论文先有一个总体的了解。

（1）引言的主要内容

① 本研究工作的起因和历史背景。

② 研究的主题、目的、意义、依据。

③ 作者对本课题的独特见解、创新思路等。

④ 本研究领域在国内外的最新进展、技术水平、结论成果、存在问题和发展趋势等。

⑤ 阐明作者所做的研究与其有何不同和创新。

（2）引言的写作要求

① 引言应言简意赅，内容不得烦琐，文字不可冗长，应能对读者产生吸引力。学术论文的引言根据论文篇幅的大小和内容的多少而定，一般为 200～600 字，短则不足 100 字，长则达 1000 字左右。

② 引言要开门见山，不绕圈子。比较短的论文可以不单列引言一节，在论文正文前只写一小段文字即可起到引言的效果。

③ 引言不可与摘要雷同，不要写成摘要的注释。一般教科书中的知识，不要在引言中赘述。

④ 为了反映作者确已掌握了坚实的理论基础和系统的专门知识，具有开阔的科研视野，对研究方案做了充分论证，引言部分需要如实评述前人工作，并引出自己写的论文内容，但要防止吹嘘自己和贬低别人。

10.3.2.10　正文

正文是学术论文的核心组成部分，是用论据经过论证证明论点而表述科研成果的核心部分，也即主要回答"怎么研究"这个问题。正文应充分阐明论文的观点、原理、方法及具体达到预期目标的整个过程，并且突出一个"新"字，以反映论文具有的首创性。根据需要，论文可以分层深入，逐层剖析，按层设置分层标题。

正文通常占有论文篇幅的大部分，可分几个段落来写。它的具体陈述方式往往因不同学科、不同文章类型而有很大差别，不能牵强地做出统一的规定。一般应包括材料、方法、结果、讨论和结论等几个部分。

试验与观察、数据处理与分析、实验研究结果的得出是正文的最重要成分，应该给予极大的重视。要尊重事实，在资料的取舍上不应该随意掺入主观成分，或妄加猜测，不应该忽视偶发性的现象和数据。

教科书式的撰写方法是撰写学术论文的第一大忌。对已有的知识应避免重复描述和论证，尽量采用标注参考文献的方法；不泄密，对需保密的资料应做技术处理；对用到的某些数学辅佐手段，应防止过分注意细节的数字推演，需要时可采用附录的形式供读者选阅。

10.3.2.11 结论

结论又称结束语、结语。它是在理论分析和实验验证的基础上，对研究结果经过推理、判断、理论分析过程而得出的富有创造性、指导性、经验性的结果描述及总观点，是论文中心思想逻辑发展的必然，是作者学术观点的归宿。结论上能写下研究中已经证实的新成果、新发现、新见解、新材料、新方法等。表达作者对本课题的最高认识和主张，是论文的学术精华和精髓。因此，结论并不是研究结果的简单重复和罗列，既不能放过一条真正的结论，又不要勉强杜撰。

结论写作技术要点：

① 结论要新颖先进、忠诚可靠。必须与前言呼应，与主题协调，是研究结果的逻辑产品。因此，结论不能超出研究内容和结果的信息范围去虚构捏造。

② 结论是论文中心思想的完美体现和精练浓缩。写作上要求完整确切、简练鲜明和条理清楚，写结论前最好有一个引句过渡，一般可写为"根据以上研究结果可得出以下几点结论"等，结论内容较多时，应根据研究内容分别进行归纳，最好用阿拉伯数字编号分述。对于学位论文、研究类论文，要有明确的研究"结论"。

③ 一般论文常不写结论一项，而以讨论和建议的形式结尾。这是因为作者认为其研究结果尚未达到结论要求创新性的要求水平，所依据的事实材料还不够充分，形成的观点还不够成熟。但这种情况，作者可在讨论中明确提出自己的倾向性看法，在建议中提出今后的研究设想和尚待解决的问题。

④ 少数论文无结论，最后为结语或展望。对于专题综述类论文多以"展望"作为全篇文章的结束部分，对于工程实践类、教育教研类论文以"结语"作为结束部分的居多，主要考虑的是文章结构和内容的完整性，结语部分与开头的引言相呼应，主要表达的是有关全文主要内容的总结性、概括性话语；结语并不能代替学术研究最终得到的结论。

⑤ 结语一般不分条表述，一般没有传达定量信息，结语内容较宽泛，是对全篇文章的总结性、概括性表述或进一步说明。例如：再次点明论题，概括本文主要内容和研究结果，指出本研究的不足之处或局限性，提出需要深入研究的课题或指明研究的方向，阐明论题及研究结果的价值、意义和应用前景，对有关建议以及相关内容的补充说明等；语气表达的客观性较结论弱，主观性较强。

总之，结论是论文的结尾部分，对论文起着概括、总结、强调和提高的作用。写结论时要抓住本质，突出重点，揭示事物的内在联系和发展规律，把感性认识升华为理性认识。

10.3.2.12 参考文献

对于一篇完整的论文来说，参考文献著录是不可缺少的。参考文献即文后参考文献。按规定，在学术论文中：凡是引用前人（包括作者自己过去）已发表的文献中的观点、数据和材料等，都要对它们在文中出现的地方予以标明，并在文末（致谢段之后）列出参考文献。这项工作叫作参考文献著录。

参考文献引用有以下几个要点：

① 著录的参考文献应精选，只著录最必要最新的文献，采用标准化的著录格式。被列入的参考文献应该只限于那些著者亲自阅读过和论文中引用过，而且正式发表的出版物，或

其他有关档案资料，包括专利等文献；私人通信、内部讲义及未发表的著作，一般不宜作为参考文献著录，但可用脚注或文内注的方式，以说明引用一句。

② 引用的参考文献必须在正文中有具体的相一致的引用内容，且必须在正文中标明参考文献的引用位置，在引文处以上标"〔〕"等形式标出。

③ 文后参考文献的著录方法有"顺序编码制"和"著者-出版年制"。前者根据正文中引用参考文献的先后顺序排序。后者首先根据文种（按中文、日文、英文、俄文、其他文种的顺序），然后按参考文献著者的姓氏笔画或姓氏首字母的顺序排列，同一著者有多篇文献被参考引用的，再按文献出版年份的先后依次给出。其中，顺序编码制为我国学术期刊所普遍采用。

④ 文献作者应写足三个后再用等，如：王芳，刘敏，李红，等。英文作者的姓名，一律姓前名后，姓用全称，名用缩写，且字母全部大写，不加缩略点。

⑤ 参考文献的著录应项目齐全，特别是文献为期刊的其年卷期号和起止页码一定要齐全。

10.3.2.13　附录

附录是论文的附件，不是必要组成部分。它在不增加文献正文部分的篇幅和不影响正文主体内容叙述连贯性的前提下，向读者提供论文中部分内容的详尽推导、演算、证明、仪器、装备或解释、说明，以及提供有关数据、曲线、照片或其他辅助资料如计算机的框图和程序软件等。附录与正文一样，编入连续页码。附录段置于参考文献表之后，依次用大写正体 A，B，C，… 编号，如"附录 A"作标题前导词。

10.3.2.14　注释

解释题名项、作者及论文中的某些内容，均可使用注释。能在行文时用括号直接注释的，尽量不单独列出。

不随文列出的注释叫作脚注。用加半个圆括号的阿拉伯数字 1)，2) 等，或用圈码①、②等作为标注符号，置于需要注释的词、词组或句子的右上角。每页均从数码 1) 或①开始，当页只有一个脚注时，也用 1) 或①。注释内容应置于该页脚注，并在页面的左边用一段细水平线与正文分开，细线的长度为版面宽度的 1/4。

10.3.2.15　图表

（1）地图实行审核制度

根据《地图管理条例》和《地图审核管理规定》要求，论文中涉及的地图，需报送有审核权的测绘地理信息行政主管部门审核。

下列 3 种情况地图不需要审核。

① 直接使用测绘地理信息主管部门提供的具有审图号的公益性地图。

② 景区地图、街区地图、公共交通线路图等内容简单的地图。

③ 法律法规明确应予公开且不涉及国界、边界、历史疆界、行政区域界线或者范围的地图。

部分公益性地图下载平台。

① 全国或世界地图下载平台：自然资源部标准地图服务平台；天地图国家地理信息公共服务平台。

② 山东省地图下载平台：天地图山东；山东省及 17 设区市标准画法图。

（2）表图应有自明性

每个表格和图均应有表题和图题，标题在表之上，图题在图之下。图表要求线条均匀、大小适中，并放于文中相应的位置；图片应清楚，层次分明，本刊为彩色印刷，所有图表皆用彩色。还应注意：

① 图、表的设计应能正确反映正文内容，特别是图中使用的变量符号及其正斜体、大小写一定要与正文中一致。

② 图片要求分辨率：600dpi。同一篇文章，半栏图的长、宽、高一致，通栏图的长、宽、高一致。含分图时，不超过 30 个；不含分图时，不超过 20 个。

③ 定图后，图中字符一律使用 8 磅字号，汉字用宋体；数字、英文用 Times New Roman；希腊文用 Symbol。图中符号应区分正斜体。

④ 坐标图。轴标于轴线外侧居中放置；计量单位用负指数形式表示，与变量符号之间以"/"隔开；有刻度的坐标轴不画箭头，无刻度的必须加箭头；图的边框、底纹均去掉；坐标轴的刻度标注要疏密适当、清晰、明确，刻度标注线向内。

⑤ 图、表均采用阿拉伯数字顺序编号。

⑥ 表格要求三线表格式，列出表题，标清表头的名称、符号及计量单位。

10.3.2.16　英文标题

1. 结构

以短语为主要形式，尤其以名词短语最常见，基本上是由 1 个或几个名词加上其前置和后置定语构成。题名一般不应是陈述句。短语型题名要确定好中心词，再进行修饰。各个词的顺序很重要，词序不当会导致表达不准确。

2. 要求

不超过 14 个词；冠词"the"可以不用。英文标题与中文标题内容一致。目前流行的英文标题大小写的形式：第一个词的第一个字母大写，其余小写。英文图题、表题的第一个词不用定冠词。

10.3.2.17　英文摘要

（1）时态

一般现在时，用于说明研究目的、叙述研究内容、描述结果、得出结论、提出建议或讨论；一般过去时用于叙述过去某一时刻或时段的发现或研究过程。其他时态基本不用。一般过去时描述的内容往往是尚不能确定为自然规律、永恒真理的发现等，而只是当时如何如何，所描述的研究过程也明显带有过去时间的特点。

（2）语态

① 主动语态 The author introduces，必要时 The author 可以去掉，直接以 Introduces 开头。

② 被动语态用于描述事实经过。

（3）人称

都用第三人称，更倾向于用原形动词开头，如 To describe，To study，To investigate，To determine 等。

注意：避免用阿拉伯数字作首词。标题已成为摘要的第一句话，所以不要重复表达。

10.3.3　学术论文撰写的基本步骤

学术论文撰写有以下几个基本步骤：确立科研选题、制订研究方案、收集资料、组织论文撰写素材、拟定编写提纲、撰写初稿、修改定稿。

10.3.3.1　确立科研选题

通常选题过程是，先将拟写文章的材料搜集整理在一起，然后通过思考、提炼，确定一个或两个具有先进性或写作意义的写作主题。这个主题是依据写作素材而定的，而不是想写什么再找什么材料，只有这样才能保证文章内容丰满、不跑题。通过考虑以下几个方面进行选题：从作者自身的知识、兴趣、专业背景考虑；选题内容有较多的文献资料可供参阅；在理论和实践上有一定的价值和意义；比较容易进行学术创新；尽量使问题细化，大处着眼，小处落笔。

10.3.3.2　制订研究方案

研究研究方案通常需要回答以下问题：

① What to study（研究什么）？

② Why study it（为什么作此研究）？

③ How to study it（如何对此进行研究）？（按怎样的程序进行？需参阅哪些文献资料？采用哪些分析手段和工具？存在哪些局限性？研究在理论和实践方面有何价值和意义？）

10.3.3.3　收集资料

收集资料的步骤一般是：查阅文献和备案文献。

在充分收集资料后，就可根据规定格式的要求把研究资料整理成各种使用形态的标准化材料。如整理数据、制作表格、绘画图形、筛选照片和编排好参考文献等，并分别确定各自的使用位置和次序。数据和图表要考虑各种可能使用的形式，选出一些内容典型、信息充足、表达效果好的作为备用。备用的图表和照片都应在内容上突出重点项目和关键指标。

10.3.3.4　组织论文撰写素材

组织素材的步骤一般是：理清思路，拟定提纲，构建框架。

思路是思考的线索，理清思路是论文写作的基本要求，随后要拟定提纲，构建框架。

10.3.3.5　拟定编写提纲

（1）编写提纲的意义和作用

写作的材料备好后，就可开始拟定写作提纲，把作者事先头脑里想好的写作内容大纲和框架结构用文字形式固定下来，作为撰写论文的"蓝图"。论文提纲是论文写作的设计图，是全篇论文的框架，它起到疏通思路、安排材料、形成机构的作用。编写提纲的意义和作用有三个方面：

① 可使作者的写作思路条理化、明晰化、有序化和系统化，便于作者树立全局观念和掌握整体平衡，并根据研究内容的重要性、逻辑性和篇幅要求，合理安排论文的写作结构。

② 便于导师了解和掌控学生毕业论文的总格局。凡有导师指导的论文写作，都要求学生必须先提交论文提纲，经导师审定批准后，才能动笔撰文。

③ 便于作者进一步复审检查、酝酿构思和修改调整，以免在写作技术上出现较大的失误。

（2）编写提纲的步骤

论文的提纲可以分为简单提纲和详细提纲两种。简单提纲是高度概况性的，只提示论文的要点，对如何展开则不涉及。不管是哪一种提纲类型，其编写提纲的步骤基本是类似的。

编写提纲的步骤一般包括如下几点：

① 确定论文提要，再加进材料，形成全文的概要。论文提要是内容提纲的雏形。在执笔前把论文的题目和大标题、小标题列出来，再把选用的材料填进去，就形成了论文内容的提要。

② 文章篇幅的安排。写好论文的提要之后，要根据论文的内容考虑篇幅的长短，文章的各个部分，大体上要写多少字。有了安排分配便于资料的配备和安排，能使写作更有计划。

③ 编写各章节提纲。

（3）编写论文提纲的注意事项

① 学术论文提纲的写法常采用标题式写法。即用简要的文字写成标题，把这部分的内容概括出来。这种写法简明扼要，一目了然，能清晰地反映文章的结构和脉络，是最常用的一种形式，但这种形式只有作者自己看得明白。

② 学位论文提纲的写法一般是句子式写法。即以一个能表达完整意思的句子形式把该部分内容概括出来，这种形式的标题对文章每一部分的意思表达得比较详细。学位论文的提纲编写要交与指导教师阅读，因此，要求采用这种编写方法。

提纲写好后，还有一项很重要的工作不可疏忽，即提纲的推敲和修改，具体过程要把握两点：推敲题目是否恰当，是否合适；推敲提纲的机构是否合理。

10.3.3.6 撰写初稿

主要任务是实质性研究内容的写作，如"摘要""关键词""引言""材料与方法""结果与分析""结论与建议""参考文献""英文摘要""附录"等部分，至于"署名""目次""课题说明""作者简介""致谢"等非研究内容的说明，可在初稿出来后再添加完成。

初稿的写作程序不一定按照论文结构的组成顺序来写，一般可跳过"摘要"和"关键词"部分从论文的主体部分写起。因为"摘要"是以全文结果与结论内容为主的全文缩影，"关键词"又是"摘要"的词汇提炼，这二者无须先写，应在全文完成后再写。具体的起笔方法有两种：

① 从"引言"起笔，以后按论文主体部分组成结构的自然顺序写作。这样，先提出问题，在明确全文的基本论点后再展开论述和论证，最后归纳结论，符合研究的逻辑思维结构，比较自然，顺理成章。这种写法比较适合于在科研和写作方面有丰富经验的学者，对初写论文的学生来说不一定适合。

② 采用先易后难的方法，连续跳过"摘要""关键词""引言"三个部分，直接从论文主体部分的正文内容入手。这是因为"引言"同"摘要""关键词"一样，虽然文字要求不多，但内容往往贯穿全文，不易写好。初写论文的人可采取这种起笔方式。

试验论文的正文由"材料与方法""结果与分析"两个内容组成，文献综述和调研报告的正文就是作者要总结报道的具体内容。正文完成后即可写"结论与建议"。"参考文献"和"附录"可随正文相关内容对照插写，在写完"结论与建议"后再全面整理撰写，这样处理符合同类优先原理和联想思维逻辑，比较省时省事省力。

10.3.3.7 修改定稿

（1）修改定稿

修改定稿包括：通盘考虑、删减补充、反复斟酌（理论依据是否可靠；概念的使用是否准确；论据数据是否可靠；逻辑是否严密；文字标点是否正确）、最终定稿等部分。

（2）自审修改

初稿首先自己进行认真的审查修改，这是任何一个科技工作者都应具有的学术作风和态度。修改的作用是减少错误、提高认识、精练内容、突出重点和规范文法。修改的内容方法是增补遗漏、删除多余、更换用材、修改欠妥、调整结构和锤炼语言。

（3）请审再改

经过认真修改的文章可送请专家审阅，虚心听取专家的意见。再修改是专家指导下更细致的修改，重点是全面审查试验设计和研究方法，认真复核数据、图表、照片等材料依据，检查每个论点的概念、判断和推理论证的全过程，最终确认结论性观点和见解。

10.3.4 学术论文写作中常见的问题

（1）常见问题

学术论文写作中常见的问题。

① 将论文写成教材或普及读物：基本是描述，无论证。

② 将论文写成理论宣传文章：用套话和空话编织文章。

③ 将论文写成工作经验总结：基本上是新闻采访语言。

④ 理论前提不成立，引证不科学：如把引证教材、领导人讲话、新华字典、现代汉语词典作为"理论"论证。

⑤ 以偏概全，论证不清，结论草率。

⑥ 语言表述问题。

⑦ 格式篇幅问题。

⑧ 参考文献引用问题。

（2）如何发表一篇高水平学术论文？

① 一个好的课题意味着你的研究工作成功了一半（导师很关键）。

② 创新（前无古人后无来者并非创新）。

③ 有意义（科学与技术的区别）。

④ 经常与导师讨论。

⑤ 符合学术期刊录用论文的标准（两个价值）：学术价值、实践应用价值。

⑥ 研究生的论文要发表在学术期刊上的学术论文方为有效，分为社科类学术期刊与科技类学术期刊。

10.4 学位论文写作方法

10.4.1 学位论文概述

一般来说，学位论文是高等院校的毕业生在老师指导下，综合运用所学的专业知识、基本技能等，针对学科内某一现象、问题进行分析研究，从学术角度提出自己的观点，得出相应结论的研究论文。它是提供给学位答辩委员会并申请以此获得相应学位的书面材料。

撰写学位论文并进行论文答辩，是高等教育中必不可少的重要内容，也是实践性教学的重要环节。其目的是指导学生运用已有知识独立进行科学研究，学习并掌握分析和解决学术问题的方法，培养学生综合运用所学知识和技能解决实际问题的能力。它着眼于研究方法的学习和科研能力的培养，为今后的科学研究奠定基础。

10.4.1.1 学位论文的类别

（1）按照学位等级划分

根据《学位条例》的规定，我国实行国家学位制度，学位有学士、硕士、博士三级，分别对应的是学士论文、硕士论文和博士论文。博士、硕士学位论文是一类特殊的科技论文，是供专家审阅和同行参考的学术著作，学位论文将作为科技档案被永久保存，对本学科、本单位研究工作有承前启后作用。

（2）按研究领域划分

按照研究领域不同，学位论文又可分人文科学学术论文、自然科学学术论文与工程技术学术论文三大类，这三类论文的文本结构具有共性，而且均具有长期使用和参考的价值。

（3）按研究方法划分

按照研究方法不同，学位论文可分理论型、实验型、描述型三类。理论型论文运用的研究方法是理论证明、理论分析、数学推理，用这些研究方法获得科研成果；实验型论文运用实验方法，进行实验研究获得科研成果；描述型论文运用描述、比较、说明方法，对新发现的事物或现象进行研究而获得科研成果。

文科类学生一般多采用理论性的论文写法，理工科学生一般多采用实验性的论文写法。

10.4.1.2 学位论文的特点

学位论文，从文体归属上来看归属于学术论文的范畴，是学术论文的一种。学术论文标准定义是指某一学术课题在实验性、理论性或观测性上具有新的科学研究成果、创新见解和知识的科学记录，或是某种已知原理应用于实际中取得新进展的科学总结。学术论文应能够提供新的信息，其内容应有所发明、有所发现、有所创新、有所发展，而不是重复、模仿、抄袭前人已有成果。据统计，目前世界各个学科领域，每年发表的学术论文有几百万篇之多。学术论文已经成为现代学术领域交流、学习和沟通的重要手段。

虽然学位论文根源于学术论文，但较之一般叙述论文，其也有一些自身的特点。

（1）作者要求不同

只要是社会公民、有科研能力都可以撰写学术论文，没有任何条件限制。而在我国，学位论文的作者，必须是攻读相应学位的在读学生。学生以外的人即使有申请学位的能力，因为没有攻读相应学位的资格，就不能撰写学位论文用来申请学位。同时，学术论文可由研究者自己独立完成，或与他人合作（需要署名）完成；而学位论文的写作主体是学生，且一定要在教师指导下完成一系列相关的准备工作，直到论文的完成都需要得到教师的帮助与指导。所以，和正规的学术论文相比，大部分学位论文都带有习作的痕迹，它是为论文写作者今后的研究做技能的准备和铺垫。

（2）写作目的不同

学术论文是研究者在某一方向取得了一定的研究成果进行公开发表，或者促进学术交流而写作；撰写学位论文的主要目的是申请学位，是科学研究的初级形式，是学生对科学研究方法的学习和尝试。它只要求能抓住本学科的某一问题或现象，能代表写作者水平的观点、见解，形成一篇形式完整、内容有一定创新的论文即可，这是与一般学术论文最大的区别。同时可以看出，因为目的不同，学位论文是通过写作让学生建立起初步的研究意识。所以相对于学术论文的高要求来说，学位论文的学术价值相对低一些。

（3）选题范围不同

学位论文研究的内容应在学生所学范围之内，不能超出专业范围，包括公共课和专业课等，要求学生运用所学知识对确定性的问题作定向研究。因此，论文的选题被限定在一定的范围之内。通常是老师根据学生的专业提出若干参考题目，由学生自主选择。硕士生和博士生的论文题目是指导教师根据研究生的研究方向指定的，没有自由撰稿人选题时那么大的自由度。学术论文一般不限制写作范围，只要研究者有能力，任何领域、任何方向研究者都可以涉足，并以论文形式发表相关的研究成果。而学位论文则要求学生从所学专业出发，对所学知识进行梳理与运用，一般不允许超出所学专业的学科范围。

（4）限制条件不同

一般的学术论文在时间和程序等方面没有要求，由研究者根据自身情况灵活掌握，学位论文的写作则有一定的规则限制。首先题目是在指导老师的指导下选择的，接着在一定的时间内完成资料收集、实验观察、分析研究，并撰写成文；然后准备论文答辩，写出提交答辩委员会成员阅读的比较详细的论文提纲或者摘要，准备答辩内容，如制作幻灯片等，最后进行答辩。答辩没通过，还要对论文进行补充、修改、加工、提高，甚至重打鼓另开张。答辩通过后学校给予颁发学位证书，这时学位论文的写作过程才算结束。学位论文的写作在时间上来说也有一定的限制，撰写学位论文一般是在毕业前的最后一个学年，在毕业之前通过答辩，答辩专家根据论文和答辩情况给出相应成绩。另外，学位论文也是学业的一个重要组成部分，与毕业证书和学位证书的授予有密切联系。

10.4.2 学位论文的选题

选题，从字面上讲，就是选择研究的课题，即指毕业论文研究与成果撰写所选择的题目、命题，选择课题有两种意思：一是指选择科研范围，确定科研对象和科研方向；二是指选择写作文章的题目。毕业论文的选题，就是指正确选择一个写作的题目。

10.4.2.1 学位论文的选题意义

题目或命题的选择对毕业论文成果撰写的价值具有决定性意义。毕业论文选题的恰当与否，直接影响到写作的进行、论文的成败与质量的好坏，因此正确的选题既是人们从事科学研究的关键一步，也是毕业论文写作的关键一步，选题事关大局，非常重要。在研究生毕业论文撰写中，应当首先高度重视选题，选题要尽可能早确定，晚确定选题等价于晚毕业。杨振宁说："良好的选题是科研成功的一半"。

（1）影响学位论文的价值

选题是否正确，直接与论文的写作水平有关，好的选题可以提升论文的质量，不好的选题大大降低论文的水平。

选择过大的题目，以作者的科研水平或写作能力，难以掌握文章的范围，写出来的文章肯定不符合要求；选择较小的题目，又局限了作者的写作水平，使文章不能走向更高层次，也不符合写作要求。然而，选择的题目更要具有一定意义，有意义的论文才具有科研价值，才是一篇合格的论文；如果所选课题毫无意义，即使耗费数月，花费更多的精力，利用创新的研究方法，写出来的文章也是没有意义、没有价值的论文。

另外，好的选题不仅具有一定的理论价值，还对解决实际问题起到积极作用，还可以提升学位论文的实践应用价值。

（2）可以提高学术研究能力

选题位于研究工作实践的第一步，我们需要对整个选题工作进行思考，需要有一定的研究能力才能开始确定选题。从准备选题，到列出各种选题，再到确定题目的过程，我们研究工作的各种能力在锻炼中都能得到提高。一般文章在初定选题前，要对专业知识进行系统学习，了解相关知识的应用以及知识的应用方法，解决什么样的问题，更要学会怎样去收集、整理、查阅资料。论文初定选题时，结合专业知识对所要研究的问题进行认真思考，从不同角度、不同方面对问题进行认识，使自己的思维能力得到锻炼和提高，思维能力有归纳和演绎、分析和综合、联想和发挥等各种能力。

10.4.2.2 学位论文的选题原则

论文的题材范围十分广泛，社会生活方面的问题、经济建设中存在的问题，甚至是科学文化事业的各个方面、各个领域的问题，都可以从中选择论文的题目。因此，选题可以看作一项系统性工作，只有遵循一定的原则和方法，才能找到适合自己特点的题目。

选题最基本的原则之一就是要选择具有实用价值和现实意义的题目，这样才能体现论文的科学价值。学位论文的选题具体要遵循以下原则。

① 科学性　符合最基本的科学原理与客观实际，有科学理论或事实依据。

② 创新性　具有新发现、新结论、新见解、新技术、新品种（系）、新工艺、新产品、新方法特性。

③ 需要性　符合科技发展和生产实践需要，选最急需、最重要的问题来研究。

④ 可行性　要考虑时间、实验条件等因素，人力、财力、物力、条件的可行性。

⑤ 合理性　题目的难易要适中，投入合理（人、财、物），时间合理。

⑥ 严肃性　严肃认真对待，不能朝三暮四、朝令夕改。

10.4.2.3 学位论文的选题依据

① 依据各级政府下达的科研任务选题。

② 围绕某一确定的研究方向选题。

③ 从当前生产中急需解决的问题中选题。

④ 从学科领域科学研究中急需解决的问题中选题。通过阅读文献收集资料，掌握研究现状和进展，从中了解和选择研究课题。

⑤ 从科研过程中发现的新问题、新苗头确定研究课题。

⑥ 引进和推广国内外先进科研成果作为研究课题。

10.4.2.4 学位论文的选题途径

① 根据导师的研究课题或研究方向，或结合自己的兴趣爱好及擅长的专业方向与环境条件。

② 结合自己的人生目标和未来要就业的岗位。

③ 结合自己的实际水平、时间和学位级别要求。

④ 选择有前景、有潜力、容易出成果、容易创新的题目。

⑤ 选择别人没有解决、或已解决但我们可以做得比他好的题目。

⑥ 避开著名大学、著名大师长期研究的课题。

⑦ 选题适中。题目涉及面过大是低水平的重要特征、绝非高水平的特征。

10.4.2.5 学位论文的选题方法

① 由小到大　课题或题目的选择对从事科研工作的新手或高校进行毕业论文写作的毕业生来说，应该谨记"由小到大，大小并重"这样一个选题原则，课题有大有小，课题的价值和意义的大小，也往往是由课题的大小所决定的，学生务必要实事求是，量力而行，不可好高骛远，贪大求大，食而不化。

② 角度新颖　选题时，务必要考虑到这么一个情况，有时，一个课题或论题选择往往不只是一人，有时可能会多达成千上万人，固然应该尽可能避免"撞车"和重复，但这实际上有时又是不可能的，遇有这种情况，不要轻易放弃自己最初的打算，而是要继续进行思考，去寻找一个新颖的角度进行研究，进行写作。角度新颖了，就找到了突破口，就能研究出新成果，写出有新意的毕业论文。

③ 由近而远　由近而远指的是在选题时首先关注近期发表的文献，以便掌握近期该课题所达到的研究水平和研究动向，然后再看发表时间较早的文献。无论是从科研的角度还是从毕业论文写作的角度来审视，课题或题目是很多的，这些课题或题目，归纳起来有以下几种：一种是为当前的生产、管理、经济发展和社会需要服务的；一种是为今后的生产、管理、经济发展和社会需要服务的；一种是直接地为了解决生产、管理工作中的矛盾和问题的；一种则是间接地对生产、管理起指导作用的。简言之，既有宏观的，也有微观的；既有近期的，也有今后一段时期的和长期的，可供选择的天地相当宽广。

④ 能出成果　没有一个人从事科研工作却不想出成果、没有一个人撰写论文而不想上水平的。科研工作能否出成果和出大成果，毕业论文能否上水平和有多高水平，选题是个关键。选题选好了或选对了，成功就有了一半的可能；选题选不好或选错了，就会"差之毫厘，失之千里"，何来成果、水平？因此，选题的最后定夺是必须经过慎重考虑和反复斟酌的。

10.4.2.6　影响学位论文选题的因素

① 导师　有些导师给学生定题，更有稳定研究方向的导师能给学生定出高水平和前沿性的研究课题，若无导师定题的，则学生必须自主决策。

② 环境　选题适应环境（适应导师工作或研究方向、适应所在单位的工作方向）会得到许多便利，如丰富的资源，团体合作和讨论的可能性。

③ 自己对前景的取向　选题对将来的工作就业去向可能会产生影响。

④ 选题的科学意义和应用价值　任何一个研究人员必须考虑其研究工作的科学意义和应用价值。

10.4.2.7　学位论文选题必须弄清楚的几个问题

① 选题是否有科学意义和应用价值？

② 通过研究国内外研究现状和动态确定选题是否创新、是否先进？

③ 选题实施的可行性研究，时间、水平、条件是否具备？

④ 经济、技术、社会因素是否可行？

⑤ 如何规避风险；具体研究内容及预期所获得的成果？

⑥ 技术路线；成果特色和创新点；时间安排？

10.4.2.8　学位论文选题的稳定

确定选题后不可轻易改变，选题稳定，论文写作就有了一个清晰的思路，内容也有了一个完整构架，变题是研究生生涯的重大失败，变题的根本原因在于科研无法继续进行，其本质原因在于选题不当。无法继续进行的原因有：题目太大、题目太难、水平低下、没有创新、重复研究、怎么做都不如别人、缺乏时间等。

10.4.3　学位论文的要求

10.4.3.1　学位论文的总体要求

硕士、博士学位论文工作是衡量研究生培养质量的重要标志，也是学位授予的主要依据。撰写学位论文是培养硕士研究生从事科学研究工作和担负专门技术工作能力的重要环节。

（1）硕士学位论文

《学位条例》第五条规定，高等学校和科研机构的研究生，或具有研究生毕业同等学力的人员，通过硕士学位的课程考试和论文答辩，成绩合格，达到下述学术水平者，授予硕士学位：其一，在本门学科上掌握坚实的基础理论和系统的专门知识；其二，具有从事科学研究工作或独立担负专门技术工作的能力。

① 硕士论文是硕士研究生毕业时提交的硕士学位答辩论文，其学术水平相对要求较高，能体现作者坚实的基础理论和系统的专门知识，反映作者具有从事科研或独立担负专门技术工作的能力，科研成果要求有新见解，并在一门外语上有较好的运用水平。

② 硕士学位论文应综合应用基础理论、专业知识、一定的研究方法和手段，鼓励使用创新性的方法对所选课题进行研究，并得出科学的实验（分析）数据和合理的分析结论，或提出新见解。其论点、实验方法、成果或提出的意见，对社会发展或对本学科发展有一定的理论意义和实践价值，并体现作者掌握了本学科坚实的基础理论和系统的专门知识。

硕士论文虽然是在导师的指导下完成，但导师的指导只是画龙点睛，更强调硕士生个人的独立思考和见解。所以一般认为，只有一定学术水平的试验研究论文才能申请硕士论文答辩。一般来说，硕士论文能够基本上达到公开发表的水平。

（2）博士学位论文

《学位条例》第六条规定，高等学校和科学研究机构的研究生，或具有研究生毕业同等学力的人员，通过博士学位的课程考试和论文答辩，成绩合格，达到下述学术水平者，授予博士学位：其一，在本门学科上掌握坚实宽广的基础理论和系统深入的专门知识；其二，具有独立从事科学研究工作的能力；其三，在科学或专门技术上做出创造性的成果。

① 博士论文是博士研究生毕业时提交的博士学位答辩论文，其学术水平要求更高，能体现出作者坚实宽广的基础理论和系统深入的专门知识，能反映出研究生具有独立从事科研和担负专门技术工作的能力。博士研究生应能很好地运用两门外语，十分熟练地进行国内外交流。

② 博士论文更强调科研工作的独立性和学术水平的尖端性。和硕士论文相比，博士论文有更高的学术价值，对相应学科的发展具有重要的推动作用。因而，论文所涉及的课题在某一领域应处于最前沿的研究地位，有高度的理论层次和创造性成果，对学科发展能起到先导、开拓和推动作用。通过博士学位答辩的博士论文具有发表和出版价值。

10.4.3.2 学位论文的具体要求

（1）内容学术要求

学位论文是研究生学术素养的综合体现，是衡量研究生创新能力的一个重要方面。学位论文应在指导教师的指导下，由研究生本人独立完成，并达到以下要求：

① 选题要有一定的学术水准，其研究应具有一定的工作量。在老师的指导下，方案设计新颖合理，实验操作的主要环节和过程应亲自独立完成，技术方法在前人的基础上有所发展。试验结果有分析，有意义，有一定的理论深度。

② 科学论点、结论和建议正确，解决了本学科、专业范畴内前人没有解决的理论问题或某一重要问题中的一个环节；或将其他学科领域中的理论或方法引入本学科，解决了某一有意义的理论问题或实际问题。

③ 应掌握科学、先进的研究方法和实验技能。针对生产实际中的现实问题，进行理论分析，解决实际问题，取得较为明显的经济效益，并具有一定的现实意义；从新的角度，用新的方法来发掘前人所未见，或发展前人的观点，或研究前人已研究的问题，有独到见解，取得新成绩。

④ 论文撰写应严格遵守学术规范，几个人合作研究项目，论文应侧重于本人的研究工

作，有关共同工作部分应加以说明，不得抄袭他人文章和剽窃他人成果；论文中如引用他人的论点或数据资料，必须注明出处，引用合作者的观点或研究成果时，要加注说明，否则将被视为剽窃行为；凡引用他人文字资料超过 200～300 字符而未注明出处者，可视为抄袭行为。

⑤ 论文写作格式规范，概念清晰，结构合理，论证严密，表达准确，数据可靠，图表清晰，实事求是地给出结论。

(2) 内容结构要求

① 学位论文的类型、结构、格式、篇幅均有严格要求。学位论文必须是一篇系统的完整的学术论文；硕士论文应在论文选题范围内，查阅一定数量的文献资料，并做出正确的分析和评价；博士论文在研究上要有先进性、理论性和创新性，在论述上要有渊博性、精深性和逻辑性。一般用中文撰写（外国语言文学学科专业除外），硕士论文字数一般为 3 万～5 万字，参考文献一般 70 篇以上；博士论文一般为 5 万字以上，引用的参考文献应达数百篇，文科领域甚至要求 10 万字以上和上千篇参考文献。其中近 5 年的参考文献原则上不少于60%，外文参考文献原则上不少于五分之一。

② 论文的类型、结构、格式有统一要求。学位论文应采用国家正式公布实施的简化汉字和法定的计量单位。学位论文中采用的术语、符号、代号全文必须统一，并符合规范化要求。论文中使用新的专业术语、缩略语、习惯用语，应加以注释。国外新的专业术语、缩略语，必须在译文后用圆括号注明原文。

③ 内容要求　综合述评要详尽。在正文前对国内外前人在本领域的研究成果应作较为详尽的综合评述，以此作为提出论点和论证依据性的逻辑基础。研究方法与结果的交代应详细。对实验结果讨论分析要深入。

不同学位论文在学术水平上有不同的要求。学士论文只要求作者在科研训练和生产技术实践中用学到的理论知识去解释一般的专业现象和问题，并不要求有新见解。硕士论文则要求必须有新见解。博士论文要求作者在本学科领域从事前沿研究课题，并在某一方面有重要著作，能反映出新的发明、发现和发展，取得创造性研究成果。

10.4.4　学位论文的内容及格式

学位论文内容一般由以下几个主要部分组成，依次为：①封面；②扉页；③声明；④中文摘要；⑤英文摘要；⑥目录；⑦绪论；⑧正文；⑨结论；⑩参考文献；⑪附录；⑫后记（包括致谢）；⑬攻读硕士或博士学位期间论文发表及科研情况。

10.4.4.1　前置部分

(1) 封面

封面上包括分类号、密级、单位代码、研究生学号、论文题目、研究生姓名、专业名称、指导教师姓名、学院名称、入学时间、论文提交时间共 11 项内容。

其中，论文"分类号"按《中国图书馆分类法》的分类号填写；"密级"请根据情况在"无、秘密、机密、绝密"中选择其一填写；论文题目应能概括整个论文最重要的内容，一般不超过 25 个字。

(2) 扉页

包括论文题目、课题受资助项目名称及项目号、学位论文页数、统计论文中使用表格数量、插图数量、评阅人姓名、指导教师姓名、学生所在学院院长姓名、学位论文完成日期。

（3）声明

包括两部分，即原创性声明和学位论文使用授权声明。声明内容由学校统一规定，论文作者及导师认真阅读并签名。

（4）中文摘要

摘要是学位论文内容概括性的简短陈述。摘要要突出论文的创新点和新见解，内容应包括研究工作的目的、方法、成果和最终结论等，不要加评论性语言。论文的中文摘要1000～2000字，摘要之后应有3～8个关键词，以表明全文主题内容。关键词应尽可能从《汉语主题词表》中选取，新学科的重要术语也可选用。

（5）英文摘要

英文摘要上方应有题目。英文题目下面第一行写研究生姓名，专业名称用括弧括起置于姓名之后，研究生姓名下面一行写导师姓名，格式为 Directed by…。英文摘要内容应与中文摘要相对应，要符合英语语法，语句通顺，文字流畅。摘要之后另起一行为英文关键词。

（6）目录

目录既是论文的提纲，也是论文组成部分的小标题，标题应简明扼要，应能清楚表明各章节的层次关系。目录按照本学科国内外通行的范式排版，原则上只排到二级标题，目录页的文字、数字应两边对齐。

10.4.4.2 主体部分

（1）绪论（引言、前言或综述）

绪论的内容主要介绍本研究领域国内外研究现状，提出论文所要解决的问题以及该研究工作在学术发展、经济建设、科技进步等方面的实用价值与理论意义。论文运用的主要理论和方法、基本思路和行文结构等。

（2）正文

正文是论文的核心部分，呈现研究工作的分析论证过程。正文的总体要求是：实事求是、论据充分、结构合理、逻辑清楚、层次分明、重点突出、文字流畅、数据真实可靠。

正文中理论分析，对于科学论点要有充分的理论分析和实验论证，对所选用的研究方法要加以严谨的科学论证，理论分析要概念清晰，分析严谨；正文中实验设计要合理、观点要新颖，试验装置或计算方法要先进，模拟运算结果要正确，并得到实验验证；正文中各类数据要真实、可靠，数据处理部分要有足够的数据作依据，计算结果正确无误；正文中图表应清晰整齐，摄影图片一律粘贴图片原件，不得采用复印件；正文中注释可采用脚注或尾注的方式，按照本学科国内外通行的范式，逐一注明本文引用或参考、借用的资料数据出处及他人的研究成果和观点，严禁抄袭剽窃。

（3）结论

结论为经过分析、推理、判断、归纳所形成的总的观点，结论要求明确、精练、完整、准确，阐述论文创造性成果或新见解在本领域的意义（应严格区分本人的研究成果与导师或其他人科研成果）。

（4）参考文献

参考文献一般应是作者直接阅读过的对学位论文有参考价值的发表在正式出版物上的文献，除特殊情况外，一般不应间接使用参考文献；引用他人的学术观点或学术成果，必须列在参考文献中。

参考文献的排列按照学位论文中所引用的文献顺序列在正文末尾，并在文中的相应位置用上标标出，外文用原文。

10.4.4.3 后置部分

（1）附录

附录一般作为学位论文主体的补充项目，并不是必需的。主要包括：正文内过于冗长的公式推导；供读者阅读方便所需的辅助性数学工具、重复性数据图表；本专业内具有参考价值的资料；论文使用的符号意义、单位缩写、程序全文及其他有关说明等。

（2）后记（包括致谢）

后记主要用于记载作者在论文完成过程中非学术论证方面的需补充讲述的内容。其中包括对提供各类资助、指导和协助完成论文研究工作的单位和个人表示感谢，致谢应实事求是，切忌浮夸与庸俗之词。

（3）攻读硕士或博士学位期间论文发表及科研情况

论文（含著作）置前。按论文（著作）发表的时间顺序，列全本人攻读硕士或博士学位期间发表或已录用的学术论文清单。

科研成果（含获奖、专利、鉴定成果）置后。列全本人攻读硕士或博士学位期间取得的科研成果清单。

10.4.5 学位申请及评审与答辩

很多高校及博硕士人才培养单位，为保证学位授予质量，在评审答辩前增加了预答辩环节，一般较完整的环节为：预答辩、答辩申请、学位论文评阅（评审）、论文答辩、学位申请等环节。

10.4.5.1 预答辩

有预答辩环节的博硕士人才培养要求学位申请者必须进行学位论文预答辩，预答辩通过者方可向校学位办提出正式答辩申请。

学位论文预答辩时间安排在论文初稿完成后，一般在正式答辩3个月之前，由导师或学院根据博硕生的研究方向和论文内容聘请本学科或相关学科的导师、教授及相当专业技术职务人员3~5人组成预答辩委员会。学位论文预答辩参考正式答辩的程序和要求进行；预答辩委员会采取评议方式做出是否通过预答辩的意见，对有争议者，可采用无记名投票方式做出决定；如未获通过，答辩人须在导师指导下重新修改论文后，再次申请预答辩。

10.4.5.2 答辩申请

研究生完成学位论文并经导师审阅同意后，通过学位论文预答辩的研究生可以提出答辩申请。所在学位评定分委员会对申请人的课程学分、学术成果等进行初步审核，审核通过后，形成正式答辩申请人员名单。

10.4.5.3 学位论文评阅（评审）

论文定稿之后，学位申请人要按有关标准对论文进行自我评测、学术不端检测和论文盲审，然后再经过指导老师、有关专家学者和答辩委员会成员依据有关标准规定进行审阅评定，作出能否参加答辩的判定。

（1）论文盲审

提交正式答辩申请的研究生，进行学位论文不端行为检测，对于检测结果及处理办法各博硕士人才培养单位要求不甚一致，山东建筑大学对学位论文检测的结果及处理办法见表10-1。论文检测通过后的研究生，先将论文提交指导老师初审，再根据导师意见修改后，导师认可后的送审论文提交给论文评阅人，进行论文盲审。盲审论文提交时需隐去论文作者及导师姓名。

表 10-1 学位论文不端行为检测结果及处理办法

序号	处理办法	自然科学学科检测结果	人文社会学科检测结果
1	合格，可进入学位论文评阅程序	总文字复制比≤20%	总文字复制比≤30%
2	导师结合核心章节文字复制比等相关情况，负责审查并认定，做出"修改后再次检测"或"延期半年，重新申请学位论文答辩"的处理决定。做出"修改后再次检测"的，经再次检测合格后，方可进入学位论文评阅程序	20%＜总文字复制比≤30%	30%＜总文字复制比≤35%
3	校学位办直接做出"延期半年，重新申请学位论文答辩"的处理决定，并由学院实施导师质量约谈	30%＜总文字复制比≤50%	35%＜总文字复制比≤50%
4	校学位办直接做出"延期一年，重新申请学位论文答辩"的处理决定，由研究生处实施导师质量约谈，并作出导师暂停下一年度招生资格处理	总文字复制比＞50%	总文字复制比＞50%

（2）论文评审（盲审）的内容

包括论文选题、文献综述、论文成果、技术难度、理论深度与工作量、论文写作及科学作风。评阅人对论文进行认真评阅并写出评审意见后，再将论文和评审意见在答辩前送交相关管理部门，学位评定委员会主席综合审理评阅人的评价意见后作出是否同意参加答辩的决定。

① 全体评阅人认为论文达到了学位水平、可以参加答辩的，准予申请人进行论文答辩。

② 如所有评阅人的评语属否定意见，申请人需办理延期答辩申请手续。申请人应在批准的延长期限内认真修改、完善学位论文，经指导教师同意，按规定程序重新申请答辩并重新评阅论文。

③ 答辩申请生效的，研究生导师应根据论文评阅人的评阅意见，在答辩前进一步指导学生修改学位论文。

10.4.5.4 学位毕业论文答辩

国家学位条例规定学位授予单位，应当设立学位评定委员会，并组织有关学科的学位论文答辩委员会，只有通过答辩才能获得学位。毕业论文答辩，是毕业论文工作中的重要环节，它不仅关系到学生成绩的评定，也是对教、学双方情况的综合检验。

学位论文答辩会最晚应在学位评定委员会召开学位授予审批会议前完成。研究生申请学位论文答辩生效后，由所在学位评定分委员会成立学位论文答辩委员会，拟定答辩时间和地点。研究生应在答辩前准备好学位论文印刷稿，须在答辩前将学位论文连同论文评阅人的评阅意见，送交答辩委员会委员。

（1）答辩委员会组成

① 硕士学位论文答辩委员会由不少于 3 名成员组成，其中 3 人组成时不应包含导师，4 人以上组成时可包含指导教师。成员应是具有硕士生指导资格的教师或校外具有高级职称的专家。

② 博士学位论文答辩委员会一般由 5 至 7 人组成，成员应是具有博士生指导资格的教师或者正高职称的专家。

③ 论文答辩委员会成员必须严格把关，坚持实事求是的原则，充分发扬学术民主。

（2）答辩结果

① 论文答辩委员会根据答辩情况，就是否建议授予硕士学位做出决议。决议采取不记

名投票方式，经全体成员三分之二及以上同意为通过。

②论文答辩未通过建议授予学位，但答辩委员会认为该论文通过进一步修改和完善有可能达到研究生学位水平的，经论文答辩委员会全体成员采取不记名投票的方式进行表决，经全体委员过半数通过，可对学位申请人做出一年内修改论文、重新申请学位论文答辩一次的决定。再次答辩仍未通过或逾期未申请者，不得申请学位论文答辩。

10.4.5.5 学位论文答辩程序

（1）答辩委员会主席主持会议，宣布答辩委员会成员名单。

（2）答辩人报告论文的主要内容，重点介绍本人开展的主要工作、所取得的主要成果及其价值。其中，硕士学位论文报告时间应不少于 15 分钟，博士学位论文报告时间应不少于 30 分钟。

（3）答辩委员会成员提问，研究生即时回答。必要时，可由导师补充介绍研究生学习及论文工作情况，但不得代替研究生回答提问。

（4）休会，答辩人及列席人员退席，答辩委员会举行闭门会议，并进行下列工作：

① 答辩委员会成员结合研究生答辩及论文评阅情况，评议研究生学位论文的学术水平，以及是否达到相应学位的基本要求。

② 无记名投票表决。

③ 答辩秘书汇报整理答辩情况记录，答辩委员会委员讨论通过，并形成决议。

④ 论文答辩委员会全体成员在决议上签名。

（5）答辩委员会复会，答辩委员会主席宣布投票结果和决议。

（6）答辩委员会主席宣布答辩结束。答辩会结束后，答辩秘书组织答辩人逐一与答辩委员会全体委员合影。

10.4.5.6 答辩准备

要顺利通过答辩，就必须有充分的思想准备，同时也必须准备好答辩所需的内容以及技巧上的准备。

（1）答辩者的准备

答辩者是毕业论文的写作者和答辩的主体，所以更需要认真做好答辩前的各项准备，以有备而来的姿态迎接答辩，并取得好成绩，为毕业论文画上一个圆满的句号。在提交论文给答辩委员会后，答辩者应该做好以下准备：

① 拟好毕业论文"概述"。要在原文的基础上对全文内容进行综合、概括，提出要点，以便在答辩时进行介绍用。要点主要应该包括以下要素：论文的题目、指导教师姓名；研究这一论题的目的、动机、意义；论文的中心论点，采用的论据、论证方法；写作体会，论题的理论与现实意义。语言要简练，具有概括性。

② 反复熟悉论文。虽然文章是自己所写，但也有一个再次熟悉的问题，以便答辩时能做到烂熟于心，能自然应对教师的提问。这里的熟悉不是指要背下全文，而是要以理性的态度对文章的论点、论据、论证方法进行梳理、总结。尤其要厘清论点和论据之间的逻辑关系，检查二者之间的联系是否紧密，有无自相矛盾之处。另外，还要对论点进行多方面的考虑，比如其正确性是否得到体现，和现行政策、时代精神之间有无冲突；它是否成为全文的核心和灵魂；它是否有一定深度，体现出作者发现、创造的精神等。若发现问题，就要进行及时修正。答辩者一定要以认真的态度对待，反复熟悉论文，切不可掉以轻心。

③ 对论文论点的再思考。论点是毕业论文的核心和灵魂，也是答辩中回答问题的关键，

很多问题都会围绕它展开，所以答辩前对它进行反复思考是很有必要的。要考虑几点：它的价值意义何在；是否得到有效、深入的论证；有无局限性；它和论文其他部分之间是否体现出严密的逻辑联系等。

④ 对相关知识的准备。这主要指和毕业论文写作有关系的知识和材料。例如，文中运用到的文献资料，其价值、意义体现在哪些方面，文章中所用的材料的来源、真实性等。再深入一点，还可对本课题涉及问题进行拓展，如这一研究论题目前国际国内所达到的水平，存在哪些有争议的问题，有哪些观点、主张。这表明答辩者在研究工作上的充分准备和深入探索精神。这些内容虽然提问中不一定都会问到，但有备无患，准备的过程也是一个全面回顾的过程，对答辩者来说是有益处的。对答辩者来说，准备的过程既是对论文的复习，也是提高思想水平的过程。应该从不同角度、以不同方法多给自己提出问题，也可以从指导教师或者同学那里寻求帮助，请他们对自己的论文"挑刺"，提出不同意见和看法，使自己从中得到有益的启示。这一过程准备得越充分，答辩时就越有信心和勇气。

（2）内容范围

答辩教师提问的目的是通过毕业论文考查学生的实际能力，涉及的范围主要以论文为主，也会有所拓展。一般可能涉及的问题范围有以下几方面：

① 论文选题理由、文章形成过程、文章结构。

② 论文涉及的一些重要概念、定义。

③ 学位论文的基本观点、立论根据和主要思想。

④ 学生对论文的设想，还有哪些问题需要进一步研究和探讨。

⑤ 与学位论文相关的其他问题。

答辩教师一般有三个提问的机会，在遵循以上原则要求的基础上，还要根据毕业论文的具体内容提出问题。总之，通过提问既要体现出教师的水平，又要给学生发挥"辩"才的机会，在回答阐释中展示出其真实水平。

（3）答辩注意事项

① 讲究文明礼貌。文明礼貌是一种修养，主要体现在个体的言谈举止上。在答辩会场上，对面坐的是学生和教师，学生应该对教师体现出必要的敬重。中国自古就是礼仪之邦，有尊师重教的优良传统。答辩会上的文明礼貌，只会增加人们对答辩者的良好印象，如进场、退场时都应该有礼貌用语，有身体的体态语，让人感知到答辩者的修养。

另外，在倾听提问时要全神贯注，和教师有目光的交流，体现出应有的尊重和礼貌。在回答问题时则要有谦虚的态度，坦诚相待，把自己对问题的理解有条理地表达出来。除尊重教师外，对旁听的同学也应该体现出礼貌和修养，和他们有适当的交流，如果有人提问也要认真回答。文明礼貌的行为，虽然是一种外在的表现，但却是修养的体现。在答辩会场这种精神和思想交流的高雅场所，它是必需的行为，对毕业论文的答辩可以起到良好的辅助作用。

② 分清问题的主次。这主要针对教师提问而言。教师一连两三个问题提出来，都需要答辩者现场进行回答。这时就要充分发挥自己的主观能动性，调动思维能力参与到对问题的分析判断中去。关键要学会分清主次，两三个问题中哪个是最重要的，哪个是次要的，都要有清醒的把握。对重要的问题要深入分析，抓住要害。次要的问题则安排在后面回答。对问题作所谓主要和次要之分，是指它们对答辩者的意义而言。有的问题有一定理论深度，能展示出答辩者的知识和理论水平；有的问题只是对一般知识的检测；有的问题和中心论点紧密相关；有的只是一般印证。

③ 回答问题的技巧。首先，认真听清教师提问，并做好记录。其次，在很短的时间内，要对所提问题进行分析判断，经过认真思考找到正确答案。最后，就是语言表达的方法技巧，即回答问题时声音要洪亮、清晰，以自信的语调阐释自己对问题的理解。切忌犹豫、含混、声音太低，否则容易给人造成不自信的印象。

回答问题还要注意理清楚问题之间的逻辑关系，对它们进行简明扼要的表述。对某些有难度，回答不出的问题，不可强辩。有的同学因为要面子，对自己不理解的问题会硬着头皮回答，结果反倒暴露出自己的弱点。学生应该明白一点，你面对的是教师、专家，在他们面前偶尔有一个问题回答不上来是正常的。可以当场向教师请教，倾听他们对问题的解答并致谢。遇到和教师观点不一致的问题时，可以适当展开辩论，以澄清对问题的认识。但必须是有独到的理解，或者确有新的发现，以求知的态度进行求证。不可强辩，注意分寸感，也可以在答辩结束后另找时间和教师进行交流。

总之，答辩是一门艺术，需要我们平时就注重学习和训练，提高自己的综合素质，以扎实的专业基础和良好的个人素养使自己向成才的方向迈进。

参考文献

[1] 陈俊愉. "二元分类"——中国花卉品种分类新体系 [J]. 北京林业大学学报, 1998 (2): 5-9.

[2] 邓富民, 梁学栋. 文献检索与论文写作 [M]. 2版. 北京: 经济管理出版社, 2017.

[3] 高业林. 基于3S技术的城市森林碳汇能力研究 [D]. 济南: 山东建筑大学, 2021.

[4] 耿志博. 茶旅融合背景下传统村落景观资源评价与优化研究 [D]. 福州: 福建农林大学, 2022.

[5] 郭振. 污水生态处理人工湿地植物净化功能的研究 [D]. 济南: 山东建筑大学, 2011.

[6] 康世磊, 岳邦瑞. 后常规科学思想对景观规划的启示 [J]. 国际城市规划, 2022, 37 (1): 78-84.

[7] 李科科. 毛白杨受大气 SO_2-Pb 复合污染胁迫的抗性机理机制研究 [D]. 济南: 山东建筑大学, 2015.

[8] 李哲, 宋爽, 何钰昆. 基于美景度评价法（SBE）的当代新中式景园材质建构研究 [J]. 中国园林, 2018, 34 (11): 107-112.

[9] 李振华. 文献检索与论文写作 [M]. 北京: 清华大学出版社, 2016.

[10] 廖明安. 园林植物研究方法 [M]. 北京: 中国农业出版社, 2005.

[11] 刘超. 基SBE法的长沙洋湖湿地公园植物景观评价研究 [D]. 长沙: 中南林业科技大学, 2015.

[12] 刘魁英, 王有年, 赵宗芸等. 园艺植物试验设计与分析 [M]. 3版. 北京: 中国科学技术出版社, 2009.

[13] 鲁敏, 徐晓波, 李东和等. 风景园林生态应用设计 [M]. 北京: 化学工业出版社, 2015.

[14] 鲁敏, 孙有敏, 李东和. 环境生态学 [M]. 北京: 化学工业出版社, 2012.

[15] 鲁敏, 王菲, 杨盼盼. 低碳森林城市建设途径与策略——以济南市为例 [J]. 山东建筑大学学报, 2012, 27 (5): 496-498.

[16] 鲁敏, 刘国恒, 刘振芳. 基于GIS技术的济南市公园绿地空间可达性研究 [J]. 山东建筑大学学报, 2011, 26 (6): 519-523.

[17] 鲁敏, 罗晓楠, 王永华等. 济南城市森林景观生态格局 [J]. 应用生态学报, 2019, 30 (12): 4117-4126.

[18] 鲁敏, 宗永成, 杨盼盼等. 济南市绿地建设水平综合评价研究 [J]. 山东建筑大学学报, 2015, 30 (6): 519-526.

[19] 鲁敏, 高凯, 李东和. 山东地区湿地园林植物生态效能综合评价及分级 [J]. 山东建筑大学学报, 2011, 26 (1): 55-60.

[20] 罗丽娟. 植物分类学 [M]. 北京: 中国农业大学出版社, 2007.

[21] 牛学森. 河南省森林公园景观质量评价系统研究 [D]. 郑州: 河南农业大学, 2018.

[22] 秦碧莲. 基于碳氧平衡的低碳森林城市构建研究 [D]. 济南: 山东建筑大学, 2015.

[23] 史可昕. 郑州地区屋顶绿化植物景观调查与美景度评价研究 [D]. 郑州: 华北水利水电大学, 2020.

[24] 孙敬三, 钱迎情. 植物细胞学研究方法 [M]. 北京: 科学出版社, 1987.

[25] 汪晓菲. 景观规划中的格局—过程关系理论研究进展 [J]. 安徽农业科学, 2021, 49 (14): 18-21.

[26] 吴勃. 科技论文写作教程 [M]. 2版. 北京: 中国电力出版社, 2014.

[27] 吴文, 吴德雯, 李月辉. 美景度评价在森林景观美学评估中的应用 [J]. 北方园林, 2018 (9): 121-126.

[28] 许也, 李鹏波, 吴军. 生态视角下乡村景观资源评价体系初探 [J]. 山西农经, 2020 (20): 83-85.

[29] 叶璐. 宁夏木本观果植物资源调查与观赏性评价研究 [D]. 银川: 宁夏大学, 2016.

[30] 岳邦瑞, 康世磊. 景观规划理论的类型与范式研究综述 [J]. 风景园林, 2020, 27 (3): 63-68.

[31] 赵洁. 室内植物对苯污染的耐胁迫能力及吸收净化效果研究 [D]. 济南: 山东建筑大学, 2015.

[32] 赵岩碧. SCI的版本及其检索 [J]. 西北工业大学学报（社会科学版）, 2001 (3): 92-94.

[33] 周帅. 文冠果观赏性综合评价及景观应用研究 [D]. 银川: 宁夏大学, 2021.